ÉTUDES

THÉORIQUES ET PRATIQUES

SUR LE MOUVEMENT DES EAUX.

Paris.—Imprimé par E. Thunot et Ce, 26, rue Racine.

ÉTUDES

THÉORIQUES ET PRATIQUES

SUR LE MOUVEMENT

DES EAUX

DANS LES CANAUX DÉCOUVERTS ET A TRAVERS LES TERRAINS PERMÉABLES

AVEC DES

CONSIDÉRATIONS RELATIVES AU RÉGIME DES GRANDES EAUX,
AU DÉBOUCHÉ A LEUR DONNER,
ET A LA MARCHE DES ALLUVIONS DANS LES RIVIÈRES A FOND MOBILE;

PAR J. DUPUIT,
INSPECTEUR GÉNÉRAL DES PONTS ET CHAUSSÉES.

DEUXIÈME ÉDITION,
revue et considérablement augmentée.

PARIS
DUNOD, ÉDITEUR,
Précédemment Carilian-Gœury et Vor Dalmont,
LIBRAIRE DES CORPS IMPÉRIAUX DES PONTS ET CHAUSSÉES ET DES MINES,
Quai des Augustins, n° 49.
1863

AVANT-PROPOS DE LA PREMIÈRE ÉDITION.

Une foule de questions de l'art de l'ingénieur dépendent de la théorie du mouvement des eaux courantes. Les ponts, les digues, les écluses, les barrages, les épis et tous les travaux si nombreux que l'on exécute dans les vallées ont en général pour résultat de changer le régime des cours d'eau qui les parcourent; il est donc essentiel de calculer les dimensions de ces divers ouvrages sur le régime actuel des rivières, ou sur celui qu'elles doivent produire. Notre but, dans ces Études, est de faire connaître les ressources que la théorie peut offrir à la pratique dans ces sortes de questions. Nous avons voulu, soit en reproduisant les anciennes formules, soit en en proposant de nouvelles, indiquer d'une manière précise le degré d'exactitude et les limites d'application de chacune d'elles, ce qu'il est toujours indispensable de savoir pour en faire un usage rationnel. Lorsque malheureusement l'état de la science ou l'incertitude des données dont on dispose ne permet pas d'arriver à un résultat exact, il faut que l'ingénieur en soit averti pour qu'il puisse exagérer les chiffres obtenus dans un sens ou dans l'autre et se mettre ainsi à l'abri de toutes les chances d'erreurs possibles; il faut que la théorie sache mettre à profit ce qu'il y a d'inconnu dans le problème pour substituer, à un échafaudage de laborieux calculs qui ne peut conduire à la vérité, des procédés et des formules beaucoup plus simples qui n'y arriveront pas davantage sans doute, mais qui en arriveront aussi près, plus vite et sans peine.

Pour remplir la tâche que nous nous sommes imposée, nous avons cru devoir étudier d'abord les propriétés mécaniques des fluides. Leur mouvement éprouve deux sortes de résistances distinctes: la première provient de la cohésion des molécules fluides entre elles; la seconde, de leur adhérence aux solides le long desquels elles se meuvent. De l'analyse du phénomène du mouvement uniforme des fluides, nous déduisons les propriétés générales de ces deux résistances, de même que l'on pourrait conclure de la vitesse des solides qui glissent sur divers plans inclinés, les lois du frottement des solides. C'est ainsi que nous arrivons d'abord à démontrer que la formule si connue de M. de Prony :

$$\frac{\Omega}{\chi} i = \alpha U + \beta U^2$$

n'est exacte qu'autant que U exprime la vitesse à la paroi et que cette vitesse est la même pour tous les filets contigus à cette paroi; de sorte que l'extension qu'on a donnée à cette formule pour en tirer la vitesse moyenne, n'est plus qu'une approximation plus ou moins grossière. Nous faisons voir ensuite que rien ne justifie l'hypothèse, admise par tous les hydrauliciens, d'une couche d'eau adhérente à la paroi sur laquelle s'opérerait le glissement, d'où l'on tirait cette conséquence, qu'on doit regarder maintenant comme très-douteuse, que toutes les parois se comportent de la même manière sous le rapport de la résistance qu'elles opposent au mouvement des fluides. Enfin nous établissons les propriétés générales et les expressions analytiques de la cohésion et de l'adhérence, et nous les comparons avec les notions physiques émises sur le même sujet par MM. de Prony et Navier, et récemment par M. Sonnet. Ce dernier savant, dans un mémoire qui a été l'objet, de la part de l'Académie des sciences, d'un rapport très-favorable (*), a repris le travail de M. Navier. Abandonnant le cas général traité par cet illustre ingénieur, il a appliqué la considération de la différence des vitesses à quelques cas pratiques et en a déduit des formules qui nous paraissent de la plus haute importance, formules conformes à celles que nous a données pour les mêmes cas une analyse différente.

Lorsqu'on connaît la hauteur et la pente d'un canal de largeur indéfinie, la formule de M. de Prony, avec des coefficients convenablement déterminés, ne peut donner, comme nous venons de le dire, que la vitesse à la paroi qui est la plus petite de toutes les vitesses. Pour avoir celle des autres filets, il faut lui ajouter une quantité qui dépend à la fois de la distance de ces filets à la paroi et de la cohésion du fluide. Si, à partir d'une normale à la surface, on porte sur chacun des filets des longueurs proportionnelles à leurs vitesses, on forme une parabole dont le paramètre ne varie qu'avec l'inclinaison du canal. De l'aire du segment parabolique, on déduit immédiatement la vitesse moyenne de la section et son rapport avec la vitesse à la surface. Cette dernière vitesse est, en effet, une des données de toutes les questions d'hydraulique, parce que c'est un résultat d'observation assez facile à déterminer. Aussi depuis longtemps on a fait des expériences ou proposé des formules pour déterminer ce rapport, et tous les ouvrages d'hydraulique

(*) Voir les *Comptes rendus de l'Académie*, 1845, p. 786.

contiennent la table calculée par M. de Prony sur les expériences de Dubuat pour déduire la vitesse moyenne de la vitesse à la surface. Or si d'une part nous démontrons que ce rapport est compris entre $\frac{2}{3}$ et 1, nous faisons voir d'autre part qu'il croît ou décroît en sens inverse de la table de M. de Prony, à l'usage de laquelle on doit renoncer désormais. La vitesse moyenne n'est pas une fonction seulement de la vitesse à la surface, mais aussi de la pente et de la hauteur du canal ou de la vitesse à la paroi.

En résumé nous obtenons, entre la hauteur et la pente du canal, la vitesse à la surface, la vitesse moyenne et la vitesse à la paroi, trois équations qui donnent toujours trois de ces quantités en fonction des deux autres, et qui résolvent par conséquent le problème pour le cas d'un rectangle indéfini. Nous établissons des formules semblables pour le cas du tuyau, du rectangle fini et du trapèze, et enfin d'une section quelconque. En comparant ces résultats avec ceux donnés par la formule de M. de Prony, nous faisons voir que les coefficients de cette formule doivent varier d'une section à une autre, mais que cependant en prenant des valeurs moyennes, on peut, comme approximation, appliquer cette formule à des parties de cours d'eau dans lesquelles la pente et la hauteur n'éprouvent pas de grandes variations; qu'on a commis une étrange confusion en cherchant, comme l'a fait Eytelwein, à déterminer la valeur de ces coefficients au moyen d'expériences variées dans lesquelles ils devaient avoir des valeurs très-différentes. Il suit de là que la plus grande incertitude règne sur la valeur des coefficients qu'on emploie, et qu'il ne faut accorder aux résultats de la formule de M. de Prony qu'une confiance très-limitée. Toute cette partie de l'hydraulique est donc à refondre sous le rapport expérimental. Il faut demander à un système d'expériences, dont nous traçons le programme, d'abord les coefficients constants qui déterminent la vitesse à la paroi, ensuite le coefficient de la quantité, qui, ajoutée à la vitesse à la paroi, donne a vitesse moyenne, et enfin l'influence des variations de section des cours d'eau naturels, de manière à pouvoir passer des résultats théoriques, donnés par des formules qui supposent les filets parallèles, aux résultats réels. En attendant qu'un pareil travail ait été fait, les formules rationnelles établies dans ce premier chapitre peuvent servir à apprécier les circonstances où les anciennes formules sont plus ou moins exaxtes, et indiquer les limites des erreurs possibles.

Le second chapitre de ces études est consacré au mouvement varié. La formule qui représente ce mouvement ne diffère de celle du mouvement uniforme que par l'addition d'un terme qui exprime la variation de la force vive du produit du cours d'eau. On avait d'abord calculé ce terme en supposant que tous les filets étaient animés de la vitesse moyenne, mais M. Coriolis fit observer avec raison, qu'à cause de l'inégalité des vitesses, la force vive d'un cours d'eau était réellement plus considérable, et que par conséquent on devait augmenter ce terme au moyen d'un coefficient de correction plus grand que l'unité. C'est ce qui est admis aujourd'hui dans tous les traités d'hydraulique. Nous faisons voir que c'est là une erreur qui tient à ce qu'on n'a pas tenu compte des variations que subissait la distribution des vitesses dans chaque changement de section, qu'en ayant égard à cette variation, le coefficient de correction qui doit multiplier la différence des forces vives de deux sections rapprochées est une fraction. Du reste il résulte de cette discussion que, comme il est impossible de déterminer la vitesse de chacun des filets de la section irrégulière d'un cours d'eau naturel, même d'une manière approximative, toute solution qui reposera sur la différence de force vive de deux sections sera nécessairement erronée. Il ne faut donc s'attendre à quelque exactitude, dans l'application de la formule du mouvement varié, que dans le cas où les sections seront assez éloignées.

L'équation du mouvement varié avait déjà servi à calculer la surface d'un courant permanent dans un canal découvert, mais dans quelques cas particuliers seulement. Les méthodes de calcul longues et compliquées qui avaient été données n'étaient applicables qu'à des cas où précisément la formule du mouvement uniforme suffit; elles devenaient impraticables pour celui des grandes eaux, par exemple. Nous faisons voir dans le troisième chapitre que la formule du mouvement varié représente toutes les surfaces sous lesquelles l'eau peut se mouvoir dans un canal. La section en changeant de forme, la pente en changeant d'intensité ne modifient que les coefficients constants qui entrent dans l'équation générale et donnent lieu à des courbes qui, quoique géométriquement différentes, sont représentées analytiquement par une seule équation, comme les sections coniques le sont par l'équation générale du second degré. Les diverses variétés de cette courbe du remous nous paraissent donc mériter une étude particulière de la part des ingénieurs; l'intégrale de l'équation se présente dans tous les cas sous une forme simple et commode pour le calcul. Dans les cours d'eau naturels dont la largeur est assez grande, la courbe du remous présente cette circonstance particulière, qu'elle est toujours semblable à une courbe type qui aurait lieu dans un canal dont la hauteur d'eau normale serait 1 mètre; il s'ensuit que les ordonnées de cette courbe, étant calculées dans une table, peuvent servir à calculer toutes les courbes de remous sur un cours d'eau quelconque. Nous ramenons ainsi tout problème de remous à la recherche de deux chiffres dans une table que nous donnons. Appliquant ce procédé si simple à deux problèmes résolus par MM. Belanger et Vauthier, nous trouvons immédiatement les résultats que ces deux ingénieurs n'avaient obtenus que par des calculs extrêmement longs. Cet inconvénient si grave pour la pratique, avait déterminé plusieurs savants et ingénieurs à proposer diverses formules empiriques. Nous faisons voir que ces formules, établies sur certains cas particuliers, conduisent toutes à des résultats complétement faux, et sont par conséquent d'une application dangereuse.

La simplicité à laquelle se trouve ramenée l'équation de la courbe du remous en révèle immédiatement des propriétés extrêmement importantes que l'ingénieur doit toujours avoir présentes à l'esprit, lorsqu'il projette des travaux qui doivent avoir pour résultat de modifier le régime d'un cours d'eau; propriétés qui démontrent l'énorme influence que peuvent avoir les travaux publics et particuliers sur les inondations des fleuves et des rivières.

On n'avait guère considéré jusqu'à présent que les remous de gonflement. Il arrive souvent cependant que des travaux de dragage ou d'élargissement ont pour résultat d'abaisser la surface de l'eau, et qu'il est essentiel de se rendre compte de cette altération. Nous faisons voir que les mêmes formules et les mêmes procédés de calcul sont applicables à cette espèce de remous.

Nous consacrons quelques pages à l'examen du remous à ressaut observé la première fois par Bidone. La condition nécessaire pour que le remous se présente sous cette forme particulière avait déjà été établie; mais on n'en avait pas apprécié la signification géométrique, de sorte qu'il restait du doute dans l'esprit sur la nature du remous qui pouvait se produire dans tel ou tel cours d'eau. Nous faisons voir que ce phénomène ne peut avoir lieu dans les cours d'eau qu'autant que la pente dépasse 0,0035 par mètre, et que par conséquent un remous ne peut se terminer par un ressaut que dans des cours d'eau torrentiels ou dans des canaux d'expériences. Le calcul de la courbe de ce remous particulier ne présente du reste pas plus de difficulté que celui du remous ordinaire.

M. Vauthier avait rattaché l'explication du mascaret à la théorie du remous à ressaut; nous opposons à l'opinion de ce savant ingénieur quelques considérations théoriques qui tendraient à faire considérer ce phénomène comme n'étant que la croupe arrondie de la courbe suivant laquelle s'avance un courant d'une grande hauteur dans un canal à sec ou peu profond.

Dans le quatrième chapitre nous cherchons à déterminer le mouvement varié dans un canal irrégulier, c'est-à-dire à rendre compte des effets des étranglements et élargissements naturels ou artificiels que présentent la plupart des cours d'eau. Ces étranglements et élargissements peuvent être de plusieurs espèces : graduels ou brusques, de fond ou de rive, très-longs ou très-courts. Nous examinons en détail et avec des applications numériques tous ces cas divers, attendu que les résultats du calcul sont presque toujours en contradiction complète avec les idées reçues, et qu'ils peuvent avoir une grande importance pratique. Ainsi l'effet d'un étranglement graduel et court est presque toujours un abaissement de la surface de l'eau, tandis que celui d'un élargissement est au contraire un relèvement. On doit considérer la vitesse de l'eau qui coule dans un canal comme pouvant se transformer en hauteur, lorsqu'elle n'est pas détruite par des forces retardatrices. Ainsi un fleuve qui rompt les digues qui le contiennent et perd dans une section plus large la vitesse qu'il a en amont dans une section rétrécie, peut s'élever dans cet élargissement accidentel à une grande hauteur, si sa vitesse primitive était considérable. De même, il arrive que la hauteur se transforme en vitesse : ainsi lorsqu'on resserre un courant il s'abaisse d'une quantité telle que la chute donne une vitesse suffisante à la section rétrécie. Les nombreuses formules que nous donnons pour les divers cas que nous considérons, pourront être utilement appliquées dans une foule de projets, soit qu'il s'agisse de relever des eaux trop basses ou de contenir des eaux trop élevées.

Quant aux effets des étranglements brusques, leur connaissance repose sur celle des forces retardatrices spéciales qui se développent dans ces parties. Or, si la science est encore si incertaine en ce qui concerne celles qui se manifestent dans les canaux réguliers, il faut bien avouer son impuissance absolue à révéler ce qui se passe dans le désordre général, dans le pêle-mêle confus de tous les filets convergeant, divergeant et tourbillonnant au passage d'un étranglement brusque. Cette question est, il faut le dire, d'autant plus en arrière qu'on la croyait complétement résolue. Tous les traités d'hydraulique donnent, pour le cas du remous occasionné par un étranglement brusque, une formule assez simple dont les résultats se sont trouvés d'accord avec quelques expériences mal observées. Or cette formule n'a aucun rapport avec la hauteur à déterminer : elle exprime la quantité dont les eaux doivent *s'abaisser* au passage de l'étranglement, et nullement celle dont elles doivent *se relever* pour vaincre l'excès des forces retardatrices développées dans l'étranglement. Sur cette question, nous nous bornons à débarrasser la science d'une formule complétement erronée, du moins quant à l'application qui en est faite, et à mettre en avant quelques considérations générales qui pourront par la suite résoudre le problème d'une manière satisfaisante pour la pratique et servir dès à présent à apprécier les circonstances qui augmentent et diminuent le remous.

Ici se termine la partie de nos Études relative au mouvement des eaux courantes : il ne faudrait pas conclure des nombreuses lacunes que nous y avons signalées que les notions vagues qu'on possède maintenant, que les nouvelles formules proposées pour les compléter ne peuvent être d'aucune utilité pour la pratique, et qu'à cause de l'incertitude des données on peut demander aux caprices de l'imagination, ou à une routine aveugle, des résultats que le calcul ne peut fournir avec exactitude. La pratique n'a presque jamais besoin d'un résultat précis, il suffit ordinairement de savoir que le produit de tel cours d'eau est au moins ou au plus de tel volume, que le tirant d'eau que peut espérer la navigation sera au moins de telle hauteur, que les crues ne dépasseront pas telle limite, que la vitesse ne sera pas telle qu'elle puisse entraîner tel terrain, tel ouvrage. Dans ces circonstances, les considérations que nous avons exposées, les données expérimentales que nous avons rappelées peuvent fournir une solution suffisante et même servir à apprécier la distance qui la sépare de la solution exacte. Enfin dans d'autres circonstances l'homme pratique n'y trouvera peut-être que la conviction de son ignorance, et cela suffira pour éviter ces grandes erreurs, ces fautes irréparables qui n'ont jamais pour cause ce qu'on ignore d'une science, mais bien ce qu'on croit en savoir.

La dernière partie de notre travail est consacrée à l'étude de quelques questions importantes de l'art de l'ingénieur des ponts et chaussées, celles qui concernent le régime des grandes eaux et le débouché à leur laisser. Nous avons cherché à donner une idée précise de ce régime, qu'on croit généralement avoir subi de grandes variations dans ces derniers siècles, et nous avons examiné les preuves qu'on apporte à l'appui de cette opinion. Nous faisons voir que les considérations sur lesquelles on avait établi les calculs du débouché à donner aux grandes eaux, soit dans les ponts, soit dans les endiguements, n'étaient nullement rationnelles, et qu'il pouvait en résulter d'immenses désastres. Nous avons été ainsi conduit à examiner les causes des inondations fréquentes dont sont désolées nos grandes vallées, et les moyens qu'on a proposés pour en prévenir le retour. Tout le monde s'en prend au déboisement de la France, tout le monde répète à l'envi qu'il faut reboiser la France, sans trop s'inquiéter de ce que deviendraient les nombreuses populations qui n'auraient plus que des fagots au lieu de pain. Peut-être que si l'on se rendait mieux compte de l'influence immédiate des altérations qu'a pu subir le lit des fleuves débordés, on n'aurait pas cherché si loin une cause problématique et un remède impossible. Peut-être que l'influence des travaux publics et particuliers, mieux étudiée, eût amené et amènerait d'abord plus de circonspection dans l'établissement des travaux d'art dans les vallées, et ensuite des modifications importantes dans quelques théories fondamentales de l'art de l'ingénieur.

Nous avons cherché à prouver par de nombreux exemples que ces questions sont éminemment complexes; que leur solution dépend d'une foule de circonstances locales, d'éléments divers que mathématiquement on ne peut toujours exprimer ni combiner; que si l'analyse est indispensable pour calculer et prévoir certains effets et certains résultats, elle est complétement impuissante pour indiquer la solution qui donne le plus d'avantages avec le moins d'inconvénients. Dans ces sortes de questions c'est l'invention, appropriée à chaque cas, qui doit dominer, diriger et enfin résoudre. Les mathématiques sont à l'ingénieur ce que la grammaire est à l'écrivain; elles dirigent les idées, mais elles n'en donnent pas. Il n'y a donc plus de solution absolue, de formule résolvant immédiatement telle ou telle série de questions. Il n'y a plus de possible que des considérations générales indiquant les écueils à éviter et les principes généraux à suivre. C'est à ce point de vue que nous avons considéré et examiné avec quelques détails les questions relatives au débouché des ponts, aux endiguements et aux variations du lit des rivières à fond mobile. Le phénomène du transport et du dépôt des alluvions est aujourd'hui expliqué d'une manière ou incomplète ou erronée. Nous présentons à ce sujet une théorie nouvelle. Nous faisons voir qu'il y a dans tout courant qui a lieu sur un fond mobile deux forces distinctes : la puissance d'entraînement sur le fond qui dépend de la vitesse absolue du courant, la puissance de suspension du courant qui dépend de la vitesse relative des filets. A l'aide de ces deux actions qui ont lieu simultanément dans tous les cours d'eau naturels, mais avec une intensité qui varie sans cesse et dont les effets tantôt s'ajoutent, tantôt se contrarient, nous croyons qu'on peut expliquer tous les phénomènes que présentent les rivières à fond mobile d'une manière simple et rationnelle, et en tirer des principes importants pour la pratique.

Ce dernier chapitre de nos Études est assez distinct des premiers pour qu'il puisse être lu séparément par les personnes qui voudraient connaître immédiatement les considérations que nous avons présentées sur ces questions si importantes de l'art de l'ingénieur. D'ailleurs, quoique nous ayons cherché à classer les diverses parties de notre travail dans un ordre méthodique qui permît de suivre plus facilement l'enchaînement des principes, cependant nous avons traité chacune d'elles de manière qu'elle peut être consultée à part; à l'aide d'une table détaillée, le lecteur pourra toujours arriver directement à la question qui est l'objet de ses études du moment, ou à la formule dont il a besoin, ou aux explications qui lui sont nécessaires pour en faire usage.

PRÉFACE DE CETTE DEUXIÈME ÉDITION.

Nous présentons aujourd'hui au public une seconde édition de nos *Études théoriques et pratiques* sur le mouvement des eaux courantes, publiées en 1848. Le sujet de ce livre ayant été l'objet de la préoccupation constante de notre vie d'ingénieur, nous ne pouvions, après quinze ans d'études, de réflexions et d'expériences nouvelles, penser à n'en faire qu'une simple reproduction. La science, pendant ce long espace de temps, a fait quelques progrès, et nous avons cherché à en faire profiter notre ouvrage en revoyant avec soin tous les chapitres dont il se compose, et en ajoutant tout ce qui nous a paru pouvoir les compléter utilement.

Le premier chapitre a été presque entièrement refondu ; tous les physiciens et géomètres qui s'étaient occupés de la résistance due à la cohésion des molécules fluides avaient été d'accord pour la représenter par un terme de la forme $\varepsilon \frac{dv}{dz}$, c'est-à-dire qu'ils supposaient cette résistance proportionnelle à la vitesse relative des filets. Cette loi avait pour elle sa simplicité et de nombreuses analogies avec d'autres propriétés de la résistance des molécules solides ; nous avions donc cru pouvoir l'adopter dans notre première édition et en faire la base des formules de l'écoulement dans les sections régulières. Notre collègue et bien regrettable ami, M. Darcy, dans des expériences variées, nombreuses, et qui, comme nous le disons dans le texte, laissent bien après elles toutes celles faites antérieurement, a cherché à mettre en évidence les lois de cet écoulement et les valeurs des coefficients de diverses espèces de résistance que l'eau éprouve dans son mouvement régulier dans les tuyaux. Laissant de côté toute hypothèse, toute théorie préconçue, il a demandé la solution de la question à l'expérience seule. Il a ainsi confirmé certains résultats déjà acquis à la science, mais sur d'autres il a jeté au moins du doute. Ainsi, d'après ses expériences, la cohésion se trouverait représentée beaucoup mieux par l'expression $\varepsilon\left(\frac{dv}{dz}\right)^2$ que par $\varepsilon\left(\frac{dv}{dz}\right)$. Nous avons donc repris les formules de ce qu'on pourrait appeler l'écoulement théorique en y introduisant l'expression plus générale $\varepsilon\left(\frac{dv}{dz}\right)^n$, et en faisant voir que, quelle que fût la valeur de n, il n'en résultait pas de changement notable dans l'intensité et la position de la vitesse moyenne et dans les propriétés de l'écoulement. On s'en rend facilement compte en remarquant que les courbes de vitesses auxquelles donnent lieu les diverses valeurs de l'exposant n se confondent sensiblement près de leur sommet, et que ce n'est précisément que près de ce sommet que l'expérience permet d'en déterminer les points. Quoi qu'il en soit, nous faisons voir que les résultats de ces expériences, comme on l'a trop facilement admis, n'autorisent pas l'introduction de nouvelles formules qui s'écartant de toute idée théorique, n'ont d'autre mérite que de représenter plus exactement certaines séries d'expérience, et qu'à l'aide de quelques corrections les anciennes formules peuvent réunir à cet avantage celui de se concilier parfaitement avec une théorie rationnelle du mouvement des filets fluides.

Nous nous sommes borné à revoir avec soin les chapitres II, III et IV, mais le chapitre V est entièrement nouveau, et nous demandons toute l'indulgence du lecteur pour la manière dont nous avons, non pas traité, mais effleuré la question *du mouvement des eaux à débit variable*. Jusqu'à présent on n'avait considéré que le mouvement permanent des eaux, celui dans lequel le débit de toutes les sections est constant. Cependant, même dans les cours d'eau naturels, le débit est presque toujours variable, soit d'une manière continue par la filtration des rives, soit d'une manière discontinue par la rencontre de divers affluents. Lorsque l'augmentation ou la diminution du débit se fait d'une manière constante, c'est-à-dire qui ne varie pas avec le temps, la surface du cours d'eau est permanente, c'est-à-dire qu'elle ne varie pas elle-même avec le temps. Concevons par exemple un aqueduc à parois perméables, parcourant une nappe imprégnée d'eau et lui soutirant 1 litre par mètre courant; il est clair que la surface de l'eau dans l'aqueduc sera permanente quoique son débit d'une section à une autre soit variable. Nous faisons voir que toutes les fois que le débit est donné en fonction de la distance on peut en déduire la surface de l'eau presque aussi facilement que dans le cas où le débit est constant. Mais il est des cas plus compliqués; ainsi, quand une crue s'écoule dans le lit d'un cours d'eau, non-seulement le débit varie en chaque point, mais à chaque instant; il en est de même quand un courant est tout à coup retardé ou précipité par la fermeture ou l'ouverture d'un barrage, comme cela arrive dans certains cours d'eau munis de portes de flot; il en est encore de même quand la marée monte ou descend dans un fleuve, alors la surface de l'eau n'est plus permanente, il faut la déterminer en fonction de temps; c'est une nouvelle variable à introduire dans les formules. Si difficiles que soient ces questions, nous ne les croyons pas inaccessibles à l'analyse, et nous avons essayé de poser un premier jalon pour indiquer la route qui nous paraît devoir conduire à leur solution. Nous serions heureux que cette tentative provoquât de plus habiles que nous à poursuivre des recherches qui nous paraissent intéresser l'art de l'ingénieur à plus d'un titre.

Nous avons augmenté le chapitre VI, relatif au régime des grandes eaux et au débouché à leur donner, de considérations sur le système des réservoirs appliqué comme moyen préventif des inondations. Après les désastres occasionnés par les crues de 1856, on chercha partout un remède contre ce redoutable fléau. Celui qui sembla un instant prévaloir consistait à retenir par des barrages établis à l'origine des vallées les eaux d'inondation, de manière que leur arrivée ne fût pas simultanée. Beaucoup d'ingénieurs publièrent alors des ouvrages sur la question, nous-même crûmes devoir prendre part à la discussion par une publication intitulée: *Des inondations, examen des moyens proposés pour en prévenir le retour.* Nous avons cru devoir extraire de cet ouvrage les considérations générales qui nous paraissent démontrer que ce système est impraticable, et indiquer les seuls remèdes qui, selon nous, peuvent être rationnellement opposés à ces désastres périodiques.

Le VIIIe et dernier chapitre, entièrement nouveau, traite du mouvement de l'eau à travers les terrains perméables. Ce n'est pour la plus grande partie que la reproduction d'un mémoire, que nous avons présenté en 1857 à l'Académie des sciences. Nous insérons à la suite de cette préface le rapport qui en a été fait le 5 juin 1861, par M. Combes, au nom d'une commission composée de MM. Dupin, Poncelet et Combes. Cette insertion nous dispense d'en faire l'analyse et fait connaître sur cette partie de notre travail l'opinion des hommes les plus compétents. Nous ne dirons qu'un mot de quelques additions que nous y avons faites.

Les constructions hydrauliques sont souvent soumises aux pressions des eaux souterraines. Lorsque ces eaux sont stagnantes, le calcul de la pression s'en fait facilement au moyen des principes de l'hydrostatique, mais lorsqu'elles sont en mouvement, ce calcul n'est plus aussi simple, parce qu'il faut retrancher de la pression qui aurait lieu au repos la perte de charge due au frottement qu'a éprouvé le fluide pour traverser le terrain perméable. Nous n'avions fait qu'indiquer ce résultat dans notre mémoire, nous avons cru, à cause de son importance pratique, devoir le développer dans cet ouvrage au moyen d'une série d'exemples destinés à faire ressortir les phénomènes particuliers et quelquefois singuliers auxquels donne lieu le mouvement de l'eau par les modifications qu'il apporte à l'intensité de la pression. Comme cette pression est dans les constructions hydrauliques une cause de dépense, parce qu'elle exige, pour être combattue, de grandes épaisseurs de maçonnerie, nous avons pensé que c'était fournir à l'art de l'ingénieur de nouvelles ressources que d'indiquer les moyens de l'atténuer ou de la faire disparaître.

Dans notre mémoire qui contient nécessairement une théorie des puits artésiens, nous avions émis plusieurs conjectures sur le résultat que devait donner le forage de Passy sous le rapport du débit et de son influence sur le puits de Grenelle. Nous avons laissé subsister ces conjectures, et nous les avons mises en regard des résultats obtenus pour démontrer que, loin d'infirmer nos considérations théoriques, ils les confirmaient complétement.

Nous avons discuté ces résultats et fait voir que les formules de notre mémoire sont les seules qui puissent représenter d'une manière satisfaisante tous les phénomènes que présentent les puits artésiens. Cet examen nous conduit à signaler une anomalie remarquable que présente le puits de Passy par rapport à celui de Grenelle : c'est qu'en calculant leurs niveaux piézométriques au moyen de leurs débits observés à diverses hauteurs, on trouve une différence de 35 mètres.

Or, comme il est bien démontré que les nappes souterraines qui alimentent ces deux puits sont en communication, il n'est guère possible d'admettre une pareille différence entre les niveaux piézométriques de deux forages placés à une aussi faible distance. L'hypothèse la plus probable qu'il soit permis de faire, c'est qu'il existe des fuites dans la colonne ascensionnelle du puits de Passy ; le calcul démontre en effet que si ces fuites existent, elles auraient en effet pour résultat de modifier les débits au-dessus du sol, suivant une loi semblable à celle qu'on a trouvée au puits de Passy.

Les eaux artésiennes paraissent devoir fournir à l'industrie de nouvelles ressources, il est donc important de connaître dans quelles conditions il est possible d'en tirer le parti le plus avantageux. A ce titre nous espérons qu'on ne lira pas sans intérêt les développements que nous avons donnés à cette partie de notre travail, où nous avons cherché à déterminer aussi rigoureusement que possible la relation qui existe entre le diamètre de la colonne ascensionnelle, le niveau du déversement et le débit d'un puits artésien.

RAPPORT

Sur un Mémoire de M. DUPUIT, *intitulé :*

Mémoire sur le mouvement de l'eau à travers les terrains perméables (*).

Commissaires : MM. Dupin, Poncelet, Combes, *rapporteur*.

« Le mouvement de l'eau dans les terrains perméables voisins de la surface ou situés dans la profondeur, sous des assises qui les soustraient à nos regards et au libre contact de l'atmosphère, se dérobe à l'observation directe. Les phénomènes qu'il présente ont été peu étudiés, et le petit nombre de faits isolés que l'on a recueillis ne sont rattachés entre eux ou subordonnés les uns aux autres par aucune vue théorique. C'est cette lacune que M. Dupuit, inspecteur général des ponts et chaussées, a essayé de combler, dans le mémoire dont l'Académie nous a chargé de lui rendre compte.

« Il est divisé en deux parties. Dans la première, l'auteur établit les formules du mouvement des eaux à travers les terrains perméables ; dans la seconde, il applique les principes qu'il a développés aux questions qui intéressent l'agriculture, l'économie domestique et l'art de l'ingénieur. Il traite d'abord des eaux traversant des filtres naturels ou artificiels et des terrains accessibles à la pression atmosphérique, comme celles qui alimentent un grand nombre de sources naturelles, remplissent des tranchées superficielles et auxquelles on donne écoulement par des fossés découverts ou des drains. Il examine ensuite le cas des eaux coulant en nappes souterraines, comme celles que l'on rencontre dans le creusement de certains puits de mines, ou que l'on atteint par les puits forés dits artésiens.

« M. Dupuit rappelle d'abord la formule $i = \frac{\chi}{\Omega}(\alpha u + \beta u^2)$ que les hydrauli-

(*) Extrait des *Comptes rendus des séances de l'Académie des Sciences*, tome LII, séance du 3 juin 1861.

ciens appliquent au mouvement uniforme de l'eau dans un canal découvert, dont le fond serait incliné à l'horizon d'un angle dont i désigne le sinus, et fait remarquer que si le canal est rempli par un terrain perméable, du sable, par exemple, l'eau y prendra une vitesse beaucoup moins grande en coulant à travers les interstices des grains, qui forment comme une infinité de tuyaux très-déliés. Si le sable est bien homogène, tous les filets liquides auront même vitesse, puisque la force mouvante et les résistances à vaincre seront les mêmes partout, et l'on pourra appliquer la formule du mouvement uniforme dans un canal libre en donnant au rapport $\frac{\chi}{\Omega}$ du périmètre mouillé à la section une certaine valeur μ qui dépendra de la nature du terrain perméable. Comme d'ailleurs la vitesse u est toujours fort petite, βu^2 sera très-petit par rapport à αu et pourra être négligé, de telle sorte qu'on pourra poser simplement l'équation $i = \mu u$, dans laquelle les deux facteurs $\frac{\chi}{\Omega}$ et α sont confondus dans un même coefficient numérique μ.

« La justesse de ce premier aperçu est confirmée par les faits observés, dont on aurait pu déduire la formule fondamentale précédente. Plusieurs ingénieurs, et notamment feu M. Darcy, ont en effet constaté que le débit par unité de surface d'un filtre de composition déterminée varie proportionnellement à la charge d'eau sur la surface filtrante et en raison inverse de l'épaisseur du filtre. Pour un filtre de gros sable dans lequel la somme des espaces vides était les $\frac{38}{100}$ du volume total, M. Darcy a trouvé que le débit par mètre carré de surface filtrante et par seconde, exprimé en mètres cubes, était représenté par la formule

$$Q = 0{,}0003 \frac{H}{e},$$

où H est la charge d'eau sur la base et e l'épaisseur du filtre traversé. Or le débit est proportionnel à la vitesse de l'eau dans les interstices du filtre, le rapport $\frac{H}{e}$ de la charge d'eau à l'épaisseur est la même chose que le rapport i de la chute à la longueur du terrain perméable traversé. L'observation est donc d'accord avec la formule $i = \mu u$.

« M. Dupuit fait remarquer que, si l'on assimile un filtre à un faisceau de tubes capillaires d'une longueur égale à son épaisseur et offrant ensemble au passage de l'eau des sections dont la somme serait à la section transversale du filtre dans le rapport de la somme des interstices vides au volume total de celui-ci, on déduira du débit observé la vitesse u correspondante, dans cette hypothèse, au cas où la charge est égale à l'épaisseur du filtre et la valeur du coefficient μ égale à l'unité divisée par cette vitesse. On trouve, en opérant ainsi, pour des filtres grossiers tel que celui de M. Darcy, des vitesses inférieures à 1 millimètre par seconde et des valeurs de coefficient μ supérieures à 1000; pour les filtres usuels, on arrive, en partant des débits observés, à des valeurs plus petites encore de la vitesse. Les terrains naturels étant plus serrés que les filtres dont nous faisons usage, la vitesse de l'eau s'y trouve réduite à des dixièmes, des centièmes et des fractions encore plus petites de millimètre par seconde, d'où M. Dupuit conclut qu'on est parfaitement autorisé à considérer la fonction de la vitesse qui exprime la résistance au mouvement comme étant réduite à son premier terme.

« La vitesse de l'eau restant toujours extrêmement petite, la partie de la charge qui correspond à la variation de la force vive de l'eau, lorsque le mouvement à travers les terrains perméables n'est pas unifrmo, est négligeable par rapport à celle qui est employée à surmonter les résistances au mouvement. L'équation $i = \mu u$, qui caractérise le mouvement uniforme, peut donc aussi représenter le mouvement varié.

« Ceci admis, l'auteur en déduit facilement l'équation générale du mouvement varié de l'eau à travers une couche perméable et homogène de largeur indéfinie, accessible dans toute son étendue à la pression atmosphérique et reposant sur un sol imperméable horizontal ou uniformément incliné soit dans le sens du mouvement, soit en sens inverse. Il met en évidence par la discussion et quelques transformations qu'il fait subir à cette formule, les circonstances principales propres à ce genre de mouvement, ses analogies et ses différences avec le régime des rivières ou canaux découverts sur lequel l'auteur a publié en 1848 des études étendues et bien connues de tous les hydrauliciens. Comparant, comme il l'a fait dans cet ouvrage, les ordonnées du profil qu'affecte la surface de l'eau coulant d'un mouvement varié à travers un terrain perméable, reposant sur un sol incliné dans le sens du mouvement, à la profondeur qu'elle prendrait pour un même débit et dans le même terrain, si la vitesse et la section restaient constantes, c'est-à-dire si le régime était uniforme, M. Dupuit arrive à une équation renfermant seulement les rapports des coordonnées de ce profil à la profondeur du régime uniforme et de laquelle le débit est éliminé. Il résulte de là que le profil correspondant au cas où la hauteur du régime uniforme égale l'unité étant une fois construit, on peut en déduire les profils correspondants à des hauteurs différentes du régime uniforme, ou bien construire des tables qui dispensent, dans chaque cas particulier, de longs calculs numériques. Les courbes des remous de gonflement ou d'abaissement résultant d'un trouble apporté dans l'uniformité du régime par une cause quelconque, telle que des travaux exécutés ou un épuisement opéré artificiellement en un point d'un cours d'eau qui traverse un terrain perméable, sont déterminées directement par cette équation. Elles sont indépendantes du coefficient qui exprime le degré de perméabilité du terrain, parce que l'influence de celui-ci est implicitement comprise dans la hauteur du régime uniforme qu'on suppose connue. Une conséquence de cette discussion est que l'influence d'une même dénivellation déterminée par une cause quelconque qui vient troubler l'uniformité du régime, se fait sentir à des distances beaucoup plus grandes dans une nappe traversant un terrain perméable que dans une rivière où l'eau coule librement.

« Passant au cas où le terrain perméable est contenu entre des parois imperméables à l'air, M. Dupuit discute l'équation $\frac{H}{l} = \mu u$, qui résulte des expériences directes sur le débit des filtres, aussi bien que des considérations développées au début de son mémoire. Elle s'applique au cas des deux réservoirs mis en communication par une conduite remplie d'une masse homogène et perméable que l'eau doit traverser. Les conséquences sont faciles à apercevoir. Si la section de la conduite est uniforme, la pression en un point quelconque sera mesurée par une colonne d'eau de hauteur égale à l'abaissement de ce point au-dessous du niveau supérieur diminué d'une quantite proportionnelle à la longueur développée de la conduite que le liquide a dû traverser pour arriver en ce point. Il suit de là que, pour une conduite rectiligne et inclinée sous un angle quelconque à l'horizon, la ligne des pressions manométriques est une droite joignant les extrémités des ordonnées qui mesurent les pressions à ses deux extrémités d'amont et d'aval. Si ces deux dernières pressions sont égales, la pression est constante dans toute l'étendue de la conduite, et quand elles sont nulles, comme cela arrive quand il n'existe aucune charge d'eau sur sa partie supérieure et qu'elle débouche librement dans l'atmosphère, ses parois n'éprouvent aucune pression de la part de l'eau filtrante. Ainsi lorsqu'un filtre se vide, la pression exercée sur ses parois par l'eau en mouvement est nulle et son débit est uniforme, à partir du moment où sa surface supérieure cesse d'être couverte d'eau. Les barbacanes ménagées dans les murs destinés à soutenir des terrains aquifères, en laissant à l'eau un libre écoulement, déchargent ces murs de la pression que l'eau en repos exercerait sur eux.

« Si la conduite se compose de plusieurs parties successives de sections et de perméabilités différentes, le débit et les courbes des pressions s'obtiennent sans difficulté. Il en est de même dans le cas où la section varie d'une manière continue en fonction de sa longueur. Dans tous les cas, le débit est indépendant de l'ordre dans lequel se présentent les divers tronçons de la conduite au passage du liquide.

« Ces principes fondamentaux du mouvement de l'eau à travers les terrains perméables sont très-simples et présentés dans la première partie du mémoire de M. Dupuit avec un talent remarquable d'exposition.

« Les applications dont il s'occupe dans la seconde partie sont précédées de considérations générales sur l'origine, la distribution et le mouvement des eaux dans les terrains perméables découverts d'où sortent la plupart des sources naturelles, et dans les couches recouvertes par des assises imperméables, du sein desquelles l'eau remonte à la surface, quand la sonde lui a ouvert un passage. L'eau, en traversant incessamment les terrains perméables, peut y créer, par dissolution ou par entraînement mécanique, des canaux larges, à peu près libres d'obstructions, où le régime serait le même que dans les canaux découverts ou des tuyaux de conduite. Ces sortes de drains naturels, irréguliers, alimentés par les eaux égouttées des terrains perméables dans lesquels ils existent, donnent lieu à des sources. Il est vraisemblable qu'ils se rencontrent plus fréquemment dans les terrains voisins de la surface et d'une petite étendue que dans les couches recouvertes par des roches imperméables et où les eaux pluviales introduites par les affleurements supérieurs vont se déverser à des distances très-grandes par les affleurements inférieurs que recouvrent fréquemment les eaux des rivières ou de la mer. Quoi qu'il en soit, la vitesse de l'eau dans les terrains perméables est uniquement déterminée par la pente à la surface ou la charge, et n'augmente pas, comme dans les cours d'eau naturels et les conduites libres, avec la section du lit. Pour donner passage à une quantité d'eau double ou triple, à égalité de charge ou de pente, il faut une section double ou triple. Cela atténue grandement l'influence de l'irrégularité des pluies sur les variations du débit des sources. Si, par exemple, un filtre qui débite 1 mètre cube d'eau par vingt-quatre heures sous une charge d'eau de 10 mètres est rechargé une seule fois par jour de tout le volume d'eau qu'il débite dans cet intervalle de temps, non-seulement son débit ne sera jamais interrompu, mais ses variations extrêmes ne dépasseront pas $\frac{1}{10}$. Elles se réduiraient à $\frac{1}{20}$, à $\frac{1}{30}$, etc., si l'épaisseur du filtre était doublée, triplée, etc. Ainsi les couches superficielles perméables d'une petite étendue pourront bien s'égoutter complétement et les sources qui en sortent tarir, par de longs intervalles de sécheresse; mais il n'en sera pas de même des puits artésiens alimentés par des couches d'une très-grande étendue, lorsque le point de déversement de ces puits sera à un niveau notablement inférieur aux affleurements supérieurs des couches. Les plus longs intervalles de sécheresse auront une influence à peine sensible sur le débit.

« Citons maintenant quelques-uns des résultats fournis à M. Dupuit par l'application de ses formules. Il traite d'abord des puits et galeries creusés dans les couches perméables voisines de la surface et accessibles à la pression atmosphérique. Il considère le cas d'un puits ordinaire qui traverserait complétement un terrain aquifère perméable reposant sur un sol imperméable horizontal. Il suppose ce puits percé au centre d'un massif filtrant, de forme cylindrique, d'un rayon beaucoup plus grand que celui du puits, et sur tout le contour duquel l'eau serait entretenue à un niveau constant, tandis qu'un épuisement régulier maintiendrait la surface de l'eau dans le fond du puits à une hauteur déterminée et constante au-dessous du niveau extérieur. La surface supérieure de l'eau, dans le massif perméable et homogène, est une surface de révolution dont l'axe se confond avec celui du puits et ayant pour méridien une courbe convexe vers le ciel, dont les carrés des ordonnées verticales, comptées à partir du sol sur lequel repose le massif, croissent comme les logarithmes des abscisses comptées à partir du centre du puits. Le rayon du puits et celui du massif filtrant étant donnés, la courbe méridienne de la surface de l'eau est complétement déterminée par les hauteurs constantes du niveau de l'eau dans le puits et sur le pourtour du massif. Elle est indépendante du degré de perméabilité du terrain et du volume d'eau débité qui varient simultanément. Pour une même différence de niveau dans le puits et sur le pourtour du massif, le volume d'eau débité reste le même, quand le rayon du puits et celui du massif augmentent ou diminuent ensemble, de manière que leur rapport reste constant. Le volume d'eau débité augmente, toutes choses égales d'ailleurs, avec le rayon du puits, mais dans une proportion généralement beaucoup moindre que ce rayon, et lorsque celui-ci reste toujours une petite fraction du rayon du massif, comme cela a généralement lieu dans la nature, l'accroissement du rayon du puits n'accroît pas sensiblement le volume d'eau débité. L'auteur démontre ensuite que la forme du puits et sa position plus ou moins excentrique dans le massif filtrant ne sauraient exercer une grande influence sur le débit.

« Le volume d'eau débité par mètre courant d'une galerie, qui serait percée suivant l'axe d'un massif rectangulaire allongé et indéfini de terrain perméable reposant sur un sol horizontal et baigné latéralement par de l'eau entretenue à un niveau constant, est donné directement par une des formules établies dans la première partie du mémoire. M. Dupuit remarque que, lorsque le massif a une grande largeur, le débit par mètre courant de galerie est une petite fraction de celui que fournirait, pour une nouvelle dénivellation, un puits creusé au centre du massif. Mais nous devons dire qu'on ne saurait tirer de cette observation aucune conséquence relative aux volumes d'eau respectifs que pourraient fournir un puits et une galerie limitée creusés dans un massif de terrain aquifère perméable. Dans ce cas, l'eau n'arriverait pas dans la galerie seulement sur les côtés, mais aussi par les deux extrémités, et la surface du liquide dans le terrain perméable serait tout autre qu'autour d'un puits ou sur les côtés d'une galerie de longueur indéfinie. M. Dupuit n'insiste pas, du reste, sur cette question qui se rattache à la théorie du drainage, et sur laquelle il se propose de revenir plus tard.

« Les équations applicables aux puits ordinaires alimentés par des eaux filtrées à travers les terrains superficiels, le deviennent également aux puits absorbants creusés dans ces mêmes terrains, moyennant un simple changement de signe. Le débit de ces puits, quand le terrain perméable dans lequel ils sont creusés a une étendue quelque peu considérable, restant à peu près indépendant de leur diamètre, on comprend comment, pour les pièces d'eau, les réservoirs, les canaux, etc., l'importance des fuites ne peut se mesurer à la grandeur des des orifices, mais dépend surtout de leur position. Quelques fissures distribuées sur toute la surface donneront lieu à une perte d'eau plus grande qu'une fissure unique même beaucoup plus large que leur somme, ou que plusieurs fissures rapprochées dans un petit espace.

« La dernière partie du mémoire de M. Dupuit est consacrée aux puits forés ou artésiens. Il considère un puits foré au centre d'un massif de terrain perméable circulaire, compris entre deux assises imperméables et baigné sur tout son pourtour par des eaux dont le niveau est supérieur à celui de l'orifice du puits.

« Dans cette hypothèse, le débit du puits est, pour un terrain de perméabilité déterminée, proportionnel à la charge sur l'orifice de déversement, c'est-à-dire à la distance verticale de cet orifice au-dessous du plan qu'atteindrait la surface de l'eau en équilibre dans le tuyau ascensionnel, si celui-ci était suffisamment élevé pour qu'il n'y eût pas d'écoulement, à l'épaisseur de la couche perméable et en raison inverse du logarithme du rapport du rayon du massif perméable au rayon du puits.

« La pression dans la couche aquifère augmente proportionnellement au logarithme de l'abscisse ou de la distance au puits et la courbe des pressions reste indépendante du débit et du degré de perméabilité de la masse filtrante.

Dans le cas des puits artésiens, comme dans les puits ordinaires, le rayon du puits ne peut avoir d'influence sensible sur ce débit, quand les dimensions du massif filtrant sont considérables. Ce résultat doit toutefois être corrigé de l'influence des résistances que l'eau en mouvement éprouve dans le parcours du tuyau ascensionnel ; mais cette correction sera toujours très-petite. On peut en effet considérer la charge d'eau comme décomposée en deux parties dont l'une, proportionnelle au débit et par conséquent à la vitesse de l'eau dans le tuyau, serait employée à surmonter les résistances au mouvement de l'eau à travers la couche perméable et dont l'autre, à peu près proportionnelle au carré du débit, serait absorbée par les résistances dans le parcours du tuyau. Désignant donc par H la hauteur du niveau hydrostatique du puits au-dessus d'un plan horizontal fixe, qui sera par exemple la surface du sol, par y la hauteur de l'orifice de déversement au-dessus du même plan, et par q le volume d'eau débité, on aura l'équation

$$H - y = aq + bq^2,$$

a et b étant des coefficients numériques. Trois expériences faites en coupant le tuyau ascensionnel à diverses hauteurs et mesurant les volumes d'eau débités correspondants suffiraient à la rigueur pour déterminer la hauteur H du niveau hydrostatique, et les deux coefficients a et b dont le second peut être considéré comme constant, aussi bien que le premier, pour peu que le puits soit profond. Le dernier coefficient b peut d'ailleurs être calculé directement, par les formules usuelles de l'hydraulique pratique, en partant des dimensions du tuyau ascensionnel et du volume q observé.

« L'augmentation de débit qu'on pourrait obtenir à une hauteur y au-dessus du sol, par une augmentation quelconque du diamètre du tube ascensionnel et du puits foré lui-même, est mesurée par la différence entre l'abscisse q de la parabole à axe vertical représentée par l'équation

$$H - y = aq + bq^2,$$

et l'abscisse correspondante à la même ordonnée verticale y de la droite représentée par l'équation $H - y = aq$, qui est tangente à la parabole au point dont les coordonnées sont $y = H$, $q = 0$, c'est-à-dire à la hauteur même du niveau hydrostatique.

« MM. Mary et Lefort ont fait, comme délégués d'une commission municipale, sur le débit du puits artésien de Grenelle, des expériences qui ont été publiées et discutées dans l'ouvrage de M. Darcy sur les fontaines de Dijon. Le rapport des accroissements de débit obtenus par des diminutions successives des hauteurs de l'orifice de déversement au-dessus du sol à ces diminutions respectives varie entre des limites peu écartées; ces variations ne suivent d'ailleurs aucune loi régulière, et il est permis de les attribuer, en grande partie, à des erreurs d'observation qui sont assez difficiles à éviter dans les essais de ce genre. La loi suivant laquelle le débit varie avec la hauteur paraît donc être exprimée par une équation de la forme $H - y = aq$, comme si les résistances au mouvement de l'eau dans le tube ascensionnel étaient tout à fait insensibles par rapport aux résistances du lit souterrain. Les expériences citées conduisent à fixer la hauteur du niveau hydrostatique du puits de Grenelle à 90 mètres au-dessus de la surface du sol. Le tube étant coupé à 33 mètres, la charge d'eau qui détermine l'écoulement serait donc de 57 mètres. M. Darcy, en calculant par les formules usuelles de l'hydraulique, la perte de charge due au mouvement dans le tube ascensionnel, trouve cette perte égale à 1 mètre; la hauteur de 56 mètres serait donc absorbée par les résistances du lit souterrain.

« La justesse de cette conclusion concernant la petite fraction de la charge totale absorbée par les résistances que l'eau éprouve dans le parcours du tuyau ascensionnel est confirmée par ce fait que le débit du puits de Grenelle, toutes choses restant égales d'ailleurs, n'a subi aucune réduction appréciable, à la suite d'un rétrécissement considérable du passage de l'eau dans la partie inférieure du tuyau ascensionnel, occasionné par l'introduction d'une forte tige quadrangulaire en fer, terminée en pyramide aiguë, qu'on a enfoncée et enracinée dans le sol inférieur aux excavations formées dans la couche aquifère par l'érosion des eaux, afin de maintenir le tuyau dans la situation verticale.

« Le jaugeage des volumes d'eau que débite un puits foré, garni d'un tube parfaitement étanche, suivant que ce tube est coupé à diverses hauteurs, fait connaître le niveau hydrostatique du puits et son débit par mètre de charge sur l'orifice de déversement. On a ainsi une mesure du degré de perméabilité de la couche aquifère. Mais quelle est la distribution des pressions dans la nappe souterraine tout autour du puits? Jusqu'où s'étend son influence suivant chaque direction? Les données manquent pour résoudre ces questions. On ne peut donc prédire à l'avance si le régime d'un puits artésien sera troublé par le forage d'un autre puits sur la même nappe en un point déterminé par rapport au premier. Il est possible cependant de former à cet égard des conjectures fondées sur la forme plus ou moins hypothétique de la couche aquifère, la situation connue ou présumée des affleurements supérieurs par lesquels elle est alimentée, et des orifices naturels inférieurs d'écoulement.

« Si, au lieu d'un seul puits, il en existe plusieurs voisins les uns des autres dont on ait observé le régime et constaté l'influence réciproque, ces nouvelles données permettront de prévoir presque sûrement l'influence qu'un nouveau puits creusé dans un emplacement voisin exercerait sur les premiers.

« M. Dupuit aborde ce sujet délicat dans la dernière partie de son mémoire. Il présente à cet égard des considérations judicieuses qui ne doivent pas être généralisées, mais qui, admises avec la circonspection que l'auteur lui-même recommande, fourniront, dans beaucoup de cas, des indications sur les résultats à espérer de puits artésiens, et le choix de l'emplacement convenable pour un nouveau forage, dans une localité où il existerait déjà plusieurs puits de ce genre.

« En résumé, M. Dupuit, partant d'un principe posé depuis longtemps et admis par les hydrauliciens, soit comme une conséquence ou plutôt un cas particulier de l'équation fondamentale qui donne la vitesse moyenne de l'eau dans les canaux et conduites ordinaires, soit comme étant établi directement par les expériences de Girard et de M. Poiseulle sur le mouvement de l'eau dans des tubes de très-petits diamètres, et de feu M. Darcy sur le débit des filtres, à savoir que dans les cas extrêmes où les parois mouillées ont une très-grande surface et où la vitesse de l'eau est très-petite, la résistance des parois est en raison de la première puissance de la vitesse, en déduit les équations du mouvement de l'eau à travers une couche perméable et homogène de largeur indéfinie reposant sur un sol horizontal ou incliné. Il fait voir que ces équations, quoique fondées sur des hypothèses qui ne sont pas exactement réalisées dans la nature, rendent cependant raison des faits observés sur l'écoulement des eaux à travers les filtres, les terrains perméables superficiels ou situés dans la profondeur et sont en parfaite harmonie avec eux. Il établit ainsi une théorie qui jette une vive lumière sur un grand nombre de questions intéressant le drainage et le régime des sources qui alimentent les puits ordinaires ou artésiens.

« Votre commission estime que le travail de M. Dupuit est digne de l'approbation de l'Académie. Elle a l'honneur de vous proposer d'encourager l'auteur à le compléter par de nouvelles recherches expérimentales et théoriques, et d'ordonner l'insertion de son mémoire dans le recueil des *Savants étrangers*. »

Après une discussion à laquelle prennent part MM. Morin, Duhamel, Clapeyron et M. le maréchal Vaillant, les conclusions de ce rapport sont mises aux voix et adoptées.

ÉTUDES

THÉORIQUES ET PRATIQUES

SUR LE MOUVEMENT DES EAUX.

CHAPITRE PREMIER.

DU MOUVEMENT UNIFORME DES EAUX COURANTES.

1. Des résistances qui retardent le mouvement de l'eau dans les canaux. — Le mouvement des liquides donne lieu à deux espèces de résistances bien distinctes : 1° celle que les molécules éprouvent à changer de position les unes par rapport aux autres, qu'on appelle cohésion ; 2° celle qu'elles éprouvent à se détacher des surfaces solides avec lesquelles elles sont en contact qu'on appelle adhérence. Si ces deux résistances étaient bien connues, les principes de mécanique et les procédés d'analyse ordinaires suffiraient pour résoudre d'une manière complète toutes les questions d'hydrodynamique. Nous allons donc exposer d'abord les recherches faites jusqu'à présent pour constater la nature de ces deux résistances, en essayant d'y ajouter quelques notions nouvelles.

Leur existence et quelques-unes de leurs propriétés nous sont révélées par un phénomène que nous avons tous les jours sous les yeux ; la vitesse des cours d'eau naturels, quelle que soit leur pente, est sensiblement uniforme, et n'est jamais en rapport par conséquent avec la hauteur de la chute depuis la source jusqu'au point considéré. Il faut donc nécessairement que dans ce mouvement se développent des forces retardatrices qui croissent avec la vitesse, de manière à faire équilibre à la force accélératrice de la pesanteur.

Lorsque des solides sont placés sur un plan incliné de longueur indéfinie, et de pente uniforme, le mouvement qui se produit, quand cette pente dépasse un certain angle, est toujours accéleré, parce que le frottement est indépendant de la vitesse. L'adhérence et la cohésion des liquides présentent donc, quant à la vitesse, une propriété essentiellement différente de celle du frottement des solides sur les solides. Nous disons l'adhérence et la cohésion, parce qu'il suffirait que l'intensité d'une de ces deux résistances fût indépendante de la vitesse pour que le mouvement devînt accéléré dans tout ou partie de la masse liquide.

Une autre propriété des forces retardatrices que nous considérons, et qui a été démontrée par des expériences de Dubuat, c'est qu'elles sont indépendantes de la pression. Il est facile surtout dans les tuyaux de faire varier la pression, sous laquelle s'opère l'écoulement, dans des limites trop étendues pour qu'il puisse rester le moindre doute à l'égard de cette propriété. Si, comme pour les solides, la résistance était proportionnelle à la pression, il y aurait de telles variations dans le débit d'un tuyau, suivant que la pression serait plus ou moins grande, qu'elles ne pourraient échapper aux expériences les plus grossières.

Ainsi, les résistances dues à l'adhérence et à la cohésion des molécules croissent avec leur vitesse relative et sont indépendantes de la pression à laquelle elles sont soumises.

2. Équations d'équilibre d'une masse liquide coulant d'une vitesse uniforme dans un canal découvert. — Ces simples notions ont suffi à M. de Prony pour établir les équations d'équilibre d'une masse liquide coulant dans un tuyau avec une vitesse quelconque (*). Nous allons reproduire ses calculs; mais pour plus de simplicité, nous supposerons qu'il s'agit d'un rectangle d'une largeur indéfinie, ou dont les parois latérales n'opposent aucune résistance. Dans ce cas, il est évident que tous les filets, situés dans une couche parallèle au fond, ayant une vitesse égale, il suffit de considérer (*fig.* 1) ce qui se passe dans une section verticale parallèle à la vitesse.

Soient : i le sinus de l'angle du fond du canal avec l'horizon (quantité toujours assez petite dans les cours d'eau naturels pour être confondue avec l'arc ou la tangente).

(*) Recherches physico-mathématiques sur la théorie des eaux courantes (N° 143).

H la hauteur de l'eau sur le fond du canal.
z une partie de la hauteur comptée à partir de la surface.
$v^{(n)}$, $v^{(n-1)}$,..... v'', v' les vitesses de n diverses couches depuis celle de la surface $v^{(n)}$ jusqu'à celle du fond v'.
Π la densité du liquide.

Le filet de la surface, dont la vitesse uniforme est $v^{(n)}$, se trouve dans le même cas qu'un solide glissant le long d'un plan incliné, et son équation d'équilibre est la même. La force accélératrice de la pesanteur agit sur lui avec une intensité proportionnelle à son poids et au sinus de l'angle d'inclinaison. La force retardatrice, qui lui fait équilibre, dépend évidemment de la vitesse relative $(v^{(n)}-v^{(n-1)})$ du filet supérieur par rapport au filet immédiatement inférieur, et croît avec elle, car cette condition est essentielle pour que le mouvement puisse se maintenir uniforme sous une inclinaison quelconque. On aura donc pour équation d'équilibre du filet supérieur

$$\Pi g i \Delta z = f(v^{(n)}-v^{(n-1)}),$$

ou plus simplement, en supposant les coefficients de la fonction qui exprime la résistance due à la cohésion divisés par Πg, produit qui ne varie que d'un liquide à un autre,

$$i\Delta z = f(v^{(n)}-v^{(n-1)}),$$

la fonction f étant indéterminée, mais de nature à croître avec sa variable.

Le filet placé immédiatement au-dessous de celui qui est à la surface reçoit évidemment de la pesanteur une force accélératrice proportionnelle à $i\Delta z$, et, de son glissement sur le filet inférieur, une force retardatrice proportionnelle à $f(v^{(n-1)}-v^{(n-2)})$; mais en outre, le filet supérieur en glissant sur lui, l'entraîne avec une force accélératrice précisément égale à la force retardatrice qu'il en éprouve. C'est ainsi qu'un corps solide en glissant sur un plan, tire ce plan dans le sens de son mouvement avec une force égale au frottement qui retarde sa chute. On a donc pour équation d'équilibre du filet immédiatement inférieur à celui de la surface

$$i\Delta z = f(v^{(n-1)}-v^{(n-2)}) - f(v^{(n)}-v^{(n-1)});$$

on aurait pour un filet quelconque de l'ordre m

$$i\Delta z = f(v^{(m)}-v^{(m-1)}) - f(v^{(m+1)}-v^{(m)}),$$

et pour le second filet en partant du fond

$$i\Delta z = f(v'' - v') - f(v''' - v'').$$

Quant au filet qui glisse immédiatement sur la paroi, il éprouve, suivant M. de Prony, deux espèces de résistances : l'une particulière à cette paroi qu'il exprime par $F(v')$, et l'autre qui proviendrait du glissement de ce filet sur une couche liquide adhérente à la paroi, et par conséquent de la même nature que celle que nous venons de considérer, et qui serait exprimée par $f(v')$. Nous reviendrons tout à l'heure sur cette supposition d'une couche liquide adhérente à la paroi ; mais pour le moment nous conserverons cette notation que la suite du calcul rectifiera.

En réunissant toute ces équations d'équilibre on forme la série suivante :

Couche de la surface : $i\Delta z = f(v^{(n)} - v^{(n-1)})$ (A)

$$i\Delta z = f(v^{(n-1)} - v^{(n-2)}) - f(v^{(n)} - v^{(n-1)})$$

. . . .

. . . .

. . . .

$$i\Delta z = f(v'' - v') - f(v''' - v'')$$

Couche du fond : $i\Delta z = F(v') + f(v') - f(v'' - v').$

3. **Relation entre la vitesse à la paroi, la pente et la hauteur du canal.** — En ajoutant toutes ces équations ensemble, on obtient la suivante :

$$in\Delta z = Hi = F(v') + f(v') \qquad (1)$$

ou

$$Hi = \Phi(v'),$$

équation très-remarquable, en ce qu'elle est indépendante des forces retardatrices qui n'ont pas lieu à la paroi, et qui permet de connaître i en fonction de v', et v' en fonction de i ; mais il est essentiel d'observer que v' est ici la vitesse à la paroi que nous désignerons par W, et non pas la vitesse moyenne de la section. Il est d'ailleurs facile de généraliser ce résultat et d'y arriver directement sans passer par les équations d'équilibre des diverses couches. En effet, en considérant le volume d'eau débité par une section quelconque Ω, on voit que la force accélératrice imprimée par la pesanteur à la couche qui coule le long de la paroi solide est proportionnelle au poids des couches supérieurs Ωi, que la force retardatrice qui agit sur cette couche se réduit à l'adhérence de la paroi. Or si l'on appelle χ_1, χ_2, χ_3 ..... chacun des éléments du périmètre χ de la section Ω et W_1, W_2 ..... les vitesses des filets qui glissent sur ces éléments, on aura

$$\Omega i = \chi_1 \Phi(W_1) + \chi_2 \Phi(W_2) \ldots\ldots$$

Si les vitesses à la paroi sont toutes égales à W, on aura simplement

$$\Omega i = \chi \Phi(W).$$

On peut supposer la fonction Φ développée suivant les puissances ascendantes de sa variable $aW + bW^2 + cW^3 \ldots\ldots$ en déterminant par expérience les coefficients a, b, c ..... Cette équation est loin de résoudre le problème sous le rapport pratique. En effet, ce qu'il importe d'avoir, c'est la résistance non pas en fonction de la vitesse du fond, mais en fonction de la vitesse moyenne. Car cette vitesse est presque toujours une des données ou une des inconnues de toutes les questions d'hydrodynamique, tandis que la vitesse à la paroi n'a pas la même importance pratique, et ne peut être connue que par des expériences spéciales et très-difficiles. Il est donc indispensable, pour la pratique, d'avoir l'expression de la résistance en fonction de la vitesse moyenne.

4. Inexactitude de la substitution dans cette relation de la vitesse moyenne à la vitesse à la paroi. — C'est par ce motif qu'après avoir démontré l'équation précédente, M. de Prony, partant de quelques expériences de Dubuat, desquelles ce physicien avait conclu que la vitesse moyenne était une fonction de la vitesse du fond indépendante de la figure, de la grandeur et de la pente du canal, a cru pouvoir substituer la vitesse moyenne à la vitesse du fond et écrire

$$\Omega i = \chi(\alpha U + \beta U^2) \qquad \text{U vitesse moyenne.}$$

« Il est cependant difficile, dit M. de Prony (*Recherches physico-mathématiques*, page 79), de se persuader que ces divers éléments n'aient aucune « influence sur les relations entre la vitesse du fond, la vitesse moyenne et « la vitesse à la surface. Mais il fallait pourvoir aux besoins de la pratique par « des règles suffisamment exactes pour les cas qu'elle a à traiter, et les re- « cherches des lois générales et rigoureuses auxquelles les phénomènes sont « assujettis offrent encore un problème où les géomètres et les physiciens

« trouveront à s'exercer sur des sujets dignes de leur attention et de leur « intérêt. »

Ainsi l'illustre géomètre que nous venons de citer, en substituant à l'équation

$$\Omega i = \chi\Phi(W) \qquad W \text{ vitesse du fond}$$

$$\Omega i = \chi\Phi(U) \qquad U \text{ vitesse moyenne,}$$

savait fort bien qu'il s'écartait de la vérité pour satisfaire aux besoins de la pratique. Mais il nous semble que, des équations même qu'il avait posées, il aurait pu tirer la confirmation de ses conjectures et des conséquences importantes, entre autres, la relation qui existe entre la vitesse à la paroi et la vitesse moyenne. C'est ce que nous allons essayer de faire maintenant.

5. L'hypothèse d'une couche d'eau adhérente à la paroi, sur laquelle se ferait l'écoulement, est inadmissible. — Si au lieu d'ajouter les n équations d'équilibre (A) nous ne faisons la somme que des $n-1$ premières, nous aurons

$$i(H-\Delta z) = f(v''-v').$$

Si nous rapprochons ce résultat de l'équation (1) (N° 3), que nous avons obtenue en faisant la somme de toutes les équations (A), nous aurons, en remarquant que $(H-\Delta z)$ ne diffère pas essentiellement de H, l'équation suivante :

$$f(v') + F(v') = f(v''-v')$$

qu'on pourrait poser immédiatement en disant que la force $f(v') + F(v')$, qui retient la couche contiguë à la paroi, est égale aux forces $f(v''-v') + i\Delta z$ qui l'entraînent, puisque le mouvement est uniforme, et en remarquant que le poids $i\Delta z$ est négligeable par rapport aux deux autres forces.

Or il faut remarquer que v' est une vitesse finie qui peut être de plusieurs mètres, tandis que $(v''-v')$ est un infiniment petit, puisque c'est la différence de vitesse de deux couches consécutives. De plus nous avons déjà fait remarquer que la fonction f croissait avec sa variable. Il est donc impossible que le terme $f(v')$ existe dans l'équation précédente, car v' étant infiniment grand par rapport à $v''-v'$, on ne peut avoir

$$f(v''-v') = f(v'),$$

et *à fortiori*

$$f(v''-v') = f(v') + F(v').$$

Or ce terme provient de l'hypothèse d'une couche d'eau adhérente à la paroi, dont la vitesse serait nulle et sur laquelle glisserait la seconde couche avec une vitesse finie v'. Cette hypothèse, qui n'est d'ailleurs nullement nécessaire à l'explication du phénomène, est donc inadmissible (*). Si une paroi sur laquelle de l'eau a coulé reste mouillée, cela tient à ce que nécessairement l'écoulement s'y est terminé dans un moment où l'épaisseur H était sensiblement nulle, car la nature des choses s'oppose à ce qu'un écoulement d'une hauteur finie puisse être interrompu brusquement. Or si nous avons posé sans y introduire de terme constant l'équation

$$\frac{\Omega}{\chi} i = aW + bW^2 + cW^3 \ldots\ldots,$$

c'est uniquement pour la mettre de suite d'accord avec l'expérience qui prouve que quand W est très-petit, Hi est sensiblement nul. Mais cela n'est pas rigoureusement vrai, et il y a nécessairement un terme constant dans le développement de la fonction, puisque un plan incliné reste mouillé après l'écoulement. Nous insistons sur ce sujet, non-seulement parce qu'il nous paraît important de débarrasser la question d'une hypothèse inutile quoique généralement admise (**), mais parce qu'on en tirait cette autre conséquence qui est loin d'être démontrée : c'est que l'eau éprouve la même résistance de la part d'une paroi quelconque, car quelle que soit cette paroi, elle ne glisse jamais que sur de l'eau (***).

Nous avons admis, il est vrai, dans ce raisonnement que la vitesse au fond v' était finie, ce qui est conforme à ce que nous voyons tous les jours ; car si nous ne voyons pas la vitesse du fond des courants d'eau, nous voyons fort bien la vitesse sur les rives, vitesse qui éprouve de la part de la paroi la même résistance.

6. Distinction essentielle entre la cohésion et l'adhérence. — Or

(*) Ou du moins si cette couche adhérente existe, elle a nécessairement perdu, par rapport à la couche supérieure, sa puissance de cohésion, et le calcul ne doit pas en tenir compte.

(**) C'est sur un tel revêtement ou enduit aqueux, fixé contre les parois du canal, que coule la masse fluide qu'il conduit. (*D'Aubuisson*, p. 126.)

(***) Dubuat n'a trouvé *aucune variation dans le frottement, pour les différents cas où l'eau coulait sur du verre, du plomb, de l'étain, du fer, du bois et différentes espèces de terres.*

Ce dernier fait pourrait toutefois s'expliquer par l'observation que dans tous les cas le frottement n'a lieu que sur la couche aqueuse qui revêt la paroi du lit. (*Idem*, p. 126.)

de ces deux faits, que la vitesse du filet à la paroi est une vitesse finie, que la vitesse relative du filet supérieur est un infiniment petit, découle une conséquence très-importante qui distingue la résistance qu'éprouve le mouvement du liquide sur les solides que nous appelons *adhérence*, de la résistance qu'il éprouve en glissant sur lui-même que nous appelons *cohésion*. Nous avons en effet entre ces deux résistances les équations

$$Hi = \Phi(v') = f(v'' - v').$$

Hi est un produit fini, v' une vitesse finie, $(v'' - v')$ une quantité extrêmement petite. Donc pour que ces équations puissent subsister, il faut que la fonction Φ soit d'une nature tout à fait différente de celle de la fonction f.

Il suffit d'une très-petite vitesse du liquide glissant sur lui-même, pour faire naître une résistance, égale à celle qui est engendrée par une vitesse finie du liquide glissant sur la paroi solide et égale à la force accélératrice imprimée par la pesanteur à toute la masse supérieure. Ainsi la cohésion des molécules entre elles est infiniment plus grande que leur adhérence aux solides et que la force de la pesanteur. Si donc on développait la fonction $f(v'' - v')$, elle aurait des coefficients infiniment grands, tandis que la fonction $\Phi(v')$ n'en a que de finis. Nous allons essayer d'éclaircir cette difficulté, qui tient à l'hypothèse admise par M. de Prony, sur la cause de la résistance due à la cohésion.

7. Dans l'hypothèse de M. de Prony, la cohésion peut être considérée comme proportionnelle à la vitesse relative des couches. — Ce géomètre a supposé, comme on vient de le voir, que les deux résistances qui sont en jeu dans le phénomène, croissaient avec la vitesse relative. Pour la résistance à la paroi, point de difficulté ; la vitesse le long de cette paroi étant finie, on conçoit fort bien qu'une fonction de cette vitesse fasse équilibre au poids du liquide ; mais pour la cohésion cette supposition est inadmissible, ou du moins a besoin d'être rectifiée : en effet, la vitesse relative de deux couches contiguës est un infiniment petit, et une fonction d'infiniment petit ne peut égaler une quantité finie.

Remarquons en effet, que si nous faisons la somme des équations d'équilibre (A) non plus jusqu'à H, mais jusqu'à une profondeur quelconque z, à laquelle correspond la vitesse v, nous avons

$$iz = f(-\Delta v),$$

car on a évidemment

$$v^{(m)} - v^{(m-1)} = -\Delta v.$$

Si nous développons la fonction $f(-\Delta v)$ suivant les puissances ascendantes de sa variable nous aurons

$$iz = -(K\Delta v + K'\Delta v^2 + K''\Delta v^3 \ldots\ldots)$$

Or Δv étant très-petit, il est permis de négliger les puissances supérieures à la première et d'écrire

$$iz = -K\Delta v.$$

Ainsi M. de Prony, sans nuire en rien à la généralité de l'hypothèse qu'il avait posée, aurait pu simplifier ses équations, en substituant simplement $-K\Delta v$ à la fonction indéterminée $f(-\Delta v)$.

8. Défaut d'homogénéité dans l'expression de cette résistance, lorsqu'on suppose que le coefficient qui multiplie la vitesse est fini. — Mais l'équation précédente, dont un seul membre est affecté d'un facteur infiniment petit, tandis que l'autre est fini, reproduit, par son défaut d'homogénéité, la difficulté que nous avons signalée et que nous allons encore faire ressortir par des chiffres, pour qu'elle soit parfaitement saisie.

Donnons au canal rectangulaire indéfiniment large, que nous avons considéré tout à l'heure, une pente de $0^{m},001$; divisons-le en couches parallèles au fond du lit de l'épaisseur de un centimètre. Voyons d'abord ce qui se passe dans la première couche comprise entre la surface et le plan N° 1. Un mètre carré de cette couche est entraîné par la pesanteur avec une intensité proportionnelle à son poids 10^{k} multiplié par le sinus de l'angle d'inclinaison 0,001, ou 10 grammes; puisque le mouvement est uniforme, il faut en conclure que la résistance qu'oppose le plan N° 1 au glissement de la couche supérieure est de 10 grammes par mètre carré. Si nous considérons maintenant un mètre carré de la couche immédiatement inférieure nous trouverons qu'il est entraîné :

1° Par le frottement de la couche supérieure avec une intensité égale à. . . . . 10 grammes.

2° Par son poids avec une intensité égale aussi à. . . . . . . 10 grammes.

Nous en conclurons que la résistance est sur le plan N° 2 de. . . 20 grammes.

On conclurait de même qu'elle est sur le plan N° 3 de. . . . . 30 grammes.

Parce qu'un mètre carré de cette troisième couche est entraîné avec une intensité de 20 grammes par l'effet du frottement de la couche supérieure, et de 10 grammes par l'effet de son poids.

Ainsi, à mesure que l'on considère des plans de glissement plus profonds, on a des résistances qui croissent comme la profondeur à laquelle ils se trouvent. Or maintenant quelle est la cause de cette augmentation de résistance? Dans tous ces glissements, c'est toujours de l'eau glissant sur de l'eau, c'est toujours la même nature de surface; la pression varie il est vrai, mais nous avons déjà dit que cette circonstance n'influait pas sur la résistance, il est d'ailleurs facile de s'assurer que, quand même la pression aurait une influence dans le phénomène, il ne faudrait pas moins chercher ailleurs la cause de la différence de résistance que nous signalons ici. En effet, si nous comparions les résultats que nous venons de trouver à ceux que donnerait un canal dont la pente serait double ($0^m,002$, au lieu de $0^m,001$), nous trouverions sur tous les plans situés à la même profondeur, et par conséquent soumis à la même pression, des résistances très-différentes, puisqu'elles seraient précisément le double dans le canal qui aurait la pente la plus forte. On est donc amené à chercher uniquement dans la vitesse relative des couches la cause de la différence des résistances qu'elles éprouvent; puisqu'on ne peut la trouver, ni dans la nature des surfaces de glissement, ni dans la différence de pression.

9. L'intensité de la cohésion est proportionnelle à la tangente trigonométrique de l'inclinaison de la courbe des vitesses, ou au rapport de la vitesse relative à la distance moléculaire. — A partir d'une normale OF (*fig.* 1), portons sur le plan de division de chaque couche élémentaire une longueur horizontale proportionnelle à la vitesse de cette couche. Les différences de longueur de ces horizontales seront ce que nous avons appelé Δv. Supposons qu'on détermine pour ce système de division, de $0^m,01$ en $0^m,01$, la relation qui existe entre les différentes valeurs de Δv et les profondeurs z, et qu'on trouve, comme tendrait à le faire croire l'hypothèse de M. de Prony, que ces différences sont proportionnelles aux profondeurs. On aura l'équation

$$iz = -K\Delta v,$$

la valeur de K étant donnée par l'expérience même. Ainsi, pour une hauteur $z = 1^m$ par exemple, on aura une certaine différence $\Delta v = 0,01$, et on en déduira

$$K = \frac{iz}{\Delta v} = \frac{0,001 \times 1}{0,01} = 0,10.$$

Mais il est évident, qu'au lieu de ce système de $0^m,01$, on peut en prendre un autre moitié plus petit, et par ce système, on trouvera à très-peu près le Δv, correspondant à la profondeur 1^m, égal à la moitié du Δv précédent, et on aura

$$K_1 = \frac{iz}{\Delta v} = \frac{0,001 \times 1}{0,005} = 0,20.$$

Ainsi, suivant le système de division adopté, la valeur de K augmentera en raison inverse de la grandeur des divisions et deviendra infinie pour l'épaisseur réelle et infiniment petite des couches du fluide. Le coefficient K est donc nécessairement de la forme $\frac{\varepsilon}{\Delta z}$, ε étant une constante, et la résistance fournie par la cohésion se trouve alors représentée non plus par $\varepsilon\Delta v$, comme le supposait M. de Prony, mais par $\varepsilon\frac{\Delta v}{\Delta z}$. C'est une conséquence à laquelle on pourrait d'ailleurs arriver plus directement que nous ne l'avons fait, en suivant pas à pas les calculs de M. de Prony. Dès qu'on admet que la résistance est proportionnelle à la vitesse infiniment petite des molécules les unes par rapport aux autres, il faut pour exprimer cette résistance prendre une mesure de cette vitesse. Or il est bien clair que toute unité finie, comme le mètre, ne peut servir à cet usage et qu'il faut recourir à une unité de longueur de même ordre que cette vitesse. Une fraction de millimètre, si petite qu'elle fût, ne pourrait exprimer l'espace parcouru par la molécule de la couche supérieure par rapport à celle de la couche inférieure. Pour exprimer cet espace par un nombre fini, il faut prendre pour unité la distance de ces deux couches. Alors on trouvera que la molécule supérieure a parcouru une fraction finie de cette distance, ou même un certain nombre de ces distances. Si les molécules A et B (*fig.* 2) sont sur la même verticale, et qu'au bout de chaque seconde de temps, la molécule A ait occupé les positions équidistantes a, a', a''..... la vitesse $\Delta v = Aa$ sera dans un rapport fini avec la distance Δz, et ce rapport exprimera la tangente trigonométrique de l'inclinaison de la tangente à la courbe des vitesses (*fig.* 1). Si nous descendons sur cette courbe à une profondeur telle que $\frac{\Delta v}{\Delta z} = 1$, nous en conclurons que sur cette couche Bb, les molécules parcourent précisément une distance moléculaire par chaque seconde, et que le travail consommé par cette vitesse, ou la résistance à la cohésion est la constante ε. Faisons remarquer que cette expression $\varepsilon\frac{dv}{dz}$ de la résistance de la cohésion des fluides, offre l'analogie la plus complète avec celle qu'on emploie en mécanique pour mesurer celle des solides. On sait en effet, que lorsqu'on écarte deux molécules solides, l'énergie de la force qui tend à les rapprocher, n'est pas mesurée simplement par leur distance, mais par le rapport de leur distance actuelle à leur distance primitive.

Lorsqu'on substitue dans l'expression de la résistance à la cohésion $f\left(\frac{dv}{dz}\right)$ à $f(dv)$, il n'est plus permis de ne conserver dans le développement de la fonction que la première puissance de la variable, parce que la quantité $\left(\frac{dv}{dz}\right)$ n'est pas en général assez petite pour que les puissances supérieures à la première soient toujours négligeables. On doit alors écrire

$$iz = -\left(\varepsilon\left(\frac{dv}{dz}\right) + \varepsilon'\left(\frac{dv}{dz}\right)^2 + \varepsilon''\left(\frac{dv}{dz}\right)^3 \ldots\right)$$

Cette équation donnera v en fonction de z, et de la cohésion du liquide, déterminée par les coefficients ε, ε'. On devra d'ailleurs avoir $v = \mathrm{W}$, pour $z = \mathrm{H}$; la constante amenée par l'intégration sera donc déterminée en fonction de W, cette quantité elle-même sera donnée par l'équation

$$\mathrm{H}i = a\mathrm{W} + b\mathrm{W}^2.$$

Tous les problèmes du mouvement uniforme des eaux courantes sont donc résolus par les deux équations précédentes, comme on le verra tout à l'heure. Mais nous croyons devoir insister encore sur les considérations physiques dont nous avons déduit les expressions analytiques des deux résistances, pour établir entre elles une distinction essentielle qui nous semble avoir échappé à tous ceux qui se sont occupés de cette question.

10. Notions physiques données sur la cohésion et l'adhérence par M. de Prony. — M. de Prony dit (*Recherches*, page 41) : « Cette cohésion des molécules entre elles et celle des mêmes molécules à la matière « dont le tuyau est formé ou dans laquelle le canal est creusé doivent en général être représentées par des valeurs différentes, mais *comparables* ou *de* « *même ordre les unes par rapport aux autres.* »

Selon nous, ces deux forces ne sont ni de même ordre ni comparables entre elles ; il est impossible de les mettre dans des conditions telles qu'on puisse leur appliquer une mesure commune. On sait, par exemple, que si on faisait glisser avec une vitesse d'un mètre par seconde, une couche d'eau d'un mètre carré de base et d'une hauteur quelconque, sur la surface horizontale d'un solide, il faudrait lui appliquer une force horizontale d'environ 360 grammes (*ce chiffre résulte de coefficients numériques que nous donnerons plus loin*). Quelque faible que soit cet effort, il est cependant très-appréciable et on peut le comparer, soit avec la pression, soit avec le frottement des solides ; mais il est impossible d'exprimer en nombres le rapport qui existe entre la cohésion et l'adhérence ; parce qu'il faudrait, pour déterminer ce rapport, faire glisser cette même colonne d'eau avec cette même vitesse de 1^m sur la surface d'une eau immobile. De quelque manière qu'on fasse l'expérience (*), la cohésion sera toujours assez énergique pour que la vitesse relative des deux surfaces en contact soit sensiblement nulle. Ainsi pour vaincre l'adhérence sur un espace fini, pour que la couche liquide parcoure sur la surface solide 1^m, par exemple, on aura trouvé qu'il fallait faire tomber 360 grammes d'un mètre de hauteur. Mais la couche d'eau mobile n'aura parcouru sur la couche d'eau immobile que quelques distances moléculaires dont les longueurs cumulées, si nombreuses qu'elles soient, ne pourront produire une distance finie, comme un mètre, la vitesse relative étant toujours infiniment petite et ne pouvant être mesurée que par des longueurs infiniment petites. Ainsi l'adhérence, qui peut être expérimentée sous une vitesse finie quelconque, ne peut être comparée à la cohésion, qui ne peut être expérimentée que sous une vitesse infiniment petite, c'est une force d'un ordre tout à fait différent.

11. Notions physiques données sur la cohésion et l'adhérence par M. Navier.— M. Navier, dans un Mémoire inséré au tome VI du Recueil de l'Académie des sciences, a traité la question du mouvement des fluides, en ayant égard aux forces d'adhérence et de cohésion.

« Nous prendrons pour principe, dit ce savant ingénieur, que par l'effet du « mouvement du fluide, les actions répulsives des molécules sont augmentées « ou diminuées d'une quantité proportionnelle à la vitesse avec laquelle les « molécules s'éloignent ou s'approchent les unes des autres. Il s'établit même « dans l'état d'équilibre des actions répulsives entre les molécules du fluide « et celles des parois solides dans lesquelles il est contenu. Ces actions doivent « être également modifiées ou diminuées de quantités proportionnelles aux « vitesses avec lesquelles chaque molécule s'approche ou s'éloigne de chaque « molécule immobile appartenant à la paroi. »

(*) On peut concevoir qu'on réalise cette expérience, en promenant un vase renversé rempli d'eau, au-dessus d'un récipient contenant lui-même de l'eau.

On peut conclure de cette définition que M. Navier place ces deux forces sur la même ligne ; une seule et même hypothèse sert de base à la formule qui les représente : la résistance est proportionnelle à la vitesse avec laquelle les molécules s'éloignent ou s'approchent les unes des autres. On verra plus loin que cette hypothèse de M. Navier se trouve non-seulement en contradiction complète avec l'expérience en ce qui concerne l'adhérence, mais que des expériences récentes ne permettraient même pas de l'admettre pour la cohésion. Ainsi nous verrons plus tard, lorsque nous nous occuperons des valeurs numériques des coefficients, que l'adhérence dans les limites de la pratique est à peu près proportionnelle au carré de la vitesse. Or il s'agit ici d'une vitesse quelconque ; on ne peut donc substituer la première puissance à la seconde sans commettre une erreur grave.

Ainsi tous les calculs de M. Navier, qui d'ailleurs s'est tenu dans des généralités théoriques, n'auraient abouti qu'à des résultats complétement erronés si on en avait fait des applications à des cas pratiques. Il ne doit rester de ce mémoire que l'expression de la résistance due à la cohésion $\varepsilon \frac{dv}{dz}$ qui est un progrès sur les notions inexactes présentées par M. de Prony.

12. Notions physiques données sur la cohésion et l'adhérence par M. Sonnet. — M. Sonnet, qui a eu d'ailleurs le mérite de faire voir tout le parti pratique qu'on pouvait tirer des tentatives stériles de M. Navier, ne nous paraît pas avoir fait faire les mêmes progrès à la théorie physique des deux résistances. Voici comment il s'exprime dans son mémoire (pages 3 et 4) :

« Quant à l'action mutuelle des filets fluides, elle a été également constatée « par l'expérience et en particulier par celle de Venturi sur la communication « latérale du mouvement. *Elle est de même nature* que celle qui s'exerce sur « la paroi et un filet en contact, ou plutôt entre ce filet et la couche liquide « qui demeure adhérente à la paroi. Cette résistance peut donc être représentée « par un développement analogue au précédent, dans lequel on représenterait « non plus la vitesse réelle d'un filet, mais la vitesse relative de deux filets con- « sidérée. »

Il nous semble résulter de ce passage et surtout des mots que nous soulignons, que M. Sonnet a confondu la nature de ces deux résistances, qu'il n'a pas établi entre elles la distinction essentielle, que nous avons cherché à faire ressortir de plusieurs manières, parce que nous la considérons comme étant d'une importance capitale dans toute question d'hydrodynamique.

13. Résumé des propriétés générales de la cohésion et l'adhérence. — En résumé, le mouvement d'un fluide dans un canal donne lieu à deux résistances ; l'adhérence du fluide aux parois du canal ; la cohésion des molécules entre elles. Ces deux résistances ont pour propriétés communes d'être proportionnelles aux surfaces en contact ; d'être indépendantes de la pression, de croître pour l'adhérence avec la vitesse absolue, pour la cohésion avec le rapport entre la vitesse relative des couches et leur épaisseur. Ces propriétés que mettent en évidence les expériences les plus simples, distinguent complétement ces deux résistances du frottement des solides sur les solides, qui ne dépend ni de la vitesse, ni de la superficie du contact et croît au contraire avec la pression. Cependant l'adhérence du liquide au solide est une force de même ordre et comparable au frottement ordinaire, on pourrait déterminer l'épaisseur d'une feuille de tôle qui éprouverait en glissant sur une surface solide la même résistance qu'y rencontrerait une couche d'eau de même surface. Quant à la cohésion des molécules entre elles, c'est une espèce d'affinité chimique d'un ordre complétement différent et qui agit avec une intensité incomparablement plus grande que l'adhérence. C'est là une distinction essentielle que nous ne trouvons établie dans aucun traité d'hydrodynamique ; qu'on nous permette de signaler en passant quelques phénomènes qui nous paraissent en être une conséquence immédiate et une confirmation éclatante.

14. Application de ces propriétés à quelques phénomènes. — Considérons, par exemple, un bateau qui s'avance dans une eau tranquille d'une vitesse uniforme, entretenue par des coups de rame réguliers. Il est évident que la résistance opposée au mouvement de la rame est égale à celle qui est opposée au mouvement du bateau. Or, si on compare la surface mouillée du bateau avec celle de la rame, on est de suite frappé de la disproportion énorme qui existe entre ces deux quantités. Cette disproportion ne peint cependant que d'une manière tout à fait incomplète celle qui existe entre l'adhérence et la cohésion. Car quoique le bateau soit construit de manière à mettre le moins possible en jeu la résistance due à la cohésion, elle agit cependant encore avec une certaine intensité contre lui. Dans le mouvement de la rame, on ne cherche au contraire qu'à déplacer l'eau, à la faire glisser sur elle-même, et la résistance que la cohésion oppose au mouvement de la rame suffit pour faire équilibre à celle qui s'oppose au glissement de la surface entière du bateau. Supposons au lieu d'eau, un liquide ayant beaucoup moins de cohésion avec une adhérence égale, le bateau aura moins de résistance à vaincre pour avancer, cependant la rame séparant le liquide presque sans effort ne pourra plus y trouver une résistance suffisante pour faire avancer le bateau. Ce que nous avons dit des liquides s'applique aux fluides élastiques; si l'air frappé par l'aile de l'oiseau s'enfuyait derrière lui sans fournir une résistance suffisante, si cet air frappé glissait au milieu de l'air qui l'environne avec autant de facilité que le corps de l'oiseau le fait lui-même, l'oiseau ne pourrait pas plus voler dans l'air que l'homme ne pourrait marcher sur une glace parfaitement dure et polie; le point d'appui manquerait. C'est en vertu du même principe que l'énergie d'un courant d'air chassé par un soufflet diminue rapidement à mesure qu'on s'éloigne de l'orifice, tandis qu'on la porte facilement à une grande distance à l'aide d'un tuyau. Il en est de même pour un jet d'eau dont on peut arrêter la puissance jaillissante en noyant l'orifice sous une charge d'eau très-faible. C'est ainsi que dans certaines constructions hydrauliques, on paralyse les effets destructeurs d'une chute d'eau en recevant le choc sur une masse d'eau stagnante. Tous les phénomènes de la communication latérale du mouvement, les pertes de force vive qui ont lieu dans les changements brusques de section, la contraction de la veine fluide nous paraissent devoir trouver une explication simple et naturelle dans la distinction essentielle que nous avons établie entre l'adhérence et la cohésion. Ainsi de l'énergie de la cohésion découle ce principe général, que la différence de vitesse entre deux filets contigus est toujours infiniment petite, et ce principe suffit pour se rendre compte des effets de certains phénomènes naturels, tels que les vents, les tourbillons, les courants de la surface ou du fond des eaux..... ou au moins pour en rejeter les explications qui en sont données. Ainsi nous lisons dans l'hydraulique de M. Daubuisson, page 194.

« L'eau du remous semble souvent n'être que superposée au courant et ne « pas participer entièrement à ses mouvements : les ingénieurs qui ont fait le « nivellement du Weser ont observé qu'encore à 1184^{m} de la digue, la vitesse « était presque insensible à la surface, tandis qu'elle était forte au fond. »

Il suffit d'apporter dans l'examen de cette assertion quelques-unes des notions que nous venons d'exposer pour reconnaître qu'elle est complétement inexacte, et qu'elle repose sur un fait mal observé. En effet, nous avons vu qu'on est obligé d'admettre que ce qui empêche dans les courants ordinaires la vitesse du filet de la surface de s'accélérer avec la chute, c'est la résistance qu'oppose le filet inférieur qui marche moins vite, et voilà maintenant qu'on suppose que le filet inférieur marche plus vite, sans entraîner avec lui le filet supérieur qui résiste même aux efforts de la pesanteur, puisque sa vitesse reste presque insensible !

15. Détermination de la courbe des vitesses des filets dans un canal rectangulaire de largeur indéfinie. — Voyons maintenant comment les notions générales que nous venons d'exposer peuvent servir à établir, au lieu des formules empiriques dont on se sert aujourd'hui, des formules rationnelles fondées sur les propriétés réelles de ces deux résistances si distinctes.

L'équation générale

$$iz = -\left(\varepsilon \frac{dv}{dz} + \varepsilon' \left(\frac{dv}{dz}\right)^2 + \varepsilon'' \left(\frac{dv}{dz}\right)^3 \ldots\right)$$

peut être remplacée par

$$iz = -\varepsilon \left(\frac{dv}{dz}\right)^n,$$

sans perdre de sa généralité au point de vue pratique, attendu que dans toute espèce de canal l'expression $\frac{dv}{dz}$ est toujours comprise entre 0 et une quantité assez petite.

Maintenant prenons dans le plan vertical ZOX parallèle au courant (fig. 4) des ordonnées v proportionnelles aux vitesses, leurs extrémités m, p, q, n traceront une courbe qui sera représentée par l'équation différentielle précédente. En intégrant cette équation et remarquant qu'on doit avoir $v = V$ pour $z = 0$, il vient

$$v = V - \frac{n}{n+1} \left(\frac{i}{\varepsilon}\right)^{\frac{1}{n}} z^{\frac{n+1}{n}},$$

équation qui détermine la vitesse d'un filet quelconque en fonction de la vitesse à la surface. Si au contraire la vitesse au fond était donnée par l'équation

$$Hi = aW + bW^2,$$

on aurait, en faisant $z = H$ dans l'équation précédente,

$$W = V - \frac{n}{n+1} \left(\frac{i}{\varepsilon}\right)^{\frac{1}{n}} H^{\frac{n+1}{n}};$$

posons pour abréger $C = \left(\frac{n}{n+1}\right) \left(\frac{i}{\varepsilon}\right)^{\frac{1}{n}} = \frac{V - W}{H^{\frac{n+1}{n}}}$,

les équations précédentes deviendront

$$v = V - Cz^{\frac{n+1}{n}}, \quad V = W + CH^{\frac{n+1}{n}}.$$

Si l'on connaît V et W, on peut éliminer C de la courbe des vitesses qui devient

$$v = V - (V - W)\left(\frac{z}{H}\right)^{\frac{n+1}{n}}$$

et ne contient plus que la vitesse du fond, la vitesse à la surface et la profondeur. C'est une parabole du degré $\frac{n+1}{n}$ dont l'axe se trouve dans la surface naturelle du courant. On ferait disparaître de son équation le terme constant en transportant l'origine des coordonnées au sommet M de la parabole. Appelant alors x les abscisses $V - v$, l'équation de la courbe se réduirait à

$$x = Cz^{\frac{n+1}{n}} = (V - W)\left(\frac{z}{H}\right)^{\frac{n+1}{n}}.$$

16. Propriétés de la courbe des vitesses.—Cette équation fait voir que la parabole des vitesses est la même, quelle que soit la profondeur du canal, quand la pente ne change pas. Ainsi la profondeur du canal a pour effet d'augmenter toutes les vitesses d'une quantité égale. Si le fond du canal F*n* se transporte en F'*n'*, la courbe M*n* prolongée M*nn'* représentera l'extrémité des vitesses par rapport au nouvel axe O'Z' en arrière du premier. La position de cette ligne sera telle que la distance F'*n'* sera plus grande que F*n*; car ces deux quantités expriment les vitesses du fond qui croissent avec la profondeur. Quant à l'inclinaison i, elle a pour effet de changer le paramètre de la parabole. La parabole *mn* appartient à un canal dont la pente est moindre que celle du canal qui donne la parabole *mn'* (fig. 5).

17. Comparaison avec les résultats d'expériences connus. — On a fait des expériences déjà assez nombreuses pour déterminer cette courbe des vitesses, mais la difficulté de mesurer la vitesse d'un courant à diverses profondeurs a empêché les expérimentateurs d'arriver à la découverte de la loi précise. Ils n'ont trouvé qu'une indication générale du sens de la courbe, parfaitement d'accord avec les résultats théoriques précédents, qui d'ailleurs peuvent maintenant être facilement vérifiés, comme nous le ferons voir plus tard.

M. Daubuisson, après avoir rappelé les tentatives faites par Ximénès, Brunings, Woltmann, Funk, par M. Raucourt et par M. Défontaine, pour obtenir cette loi des vitesses, les résume ainsi (p. 177) : « La seule conséquence que

« l'on puisse tirer des observations connues, et en particulier de celles que « M. Défontaine a faites sur le Rhin, à l'aide du moulinet de Woltmann, c'est « que en général et à mesure que l'on s'enfonce au-dessous de la surface, dans « une rivière, la vitesse de l'eau diminue graduellement; d'une manière d'abord « insensible, puis de plus en plus prononcée et croissant assez rapidement aux « approches du fond où la vitesse est encore presque toujours plus que la moitié « de la vitesse à la surface. »

La théorie ne fait donc que démontrer ici ce que l'expérience avait déjà fait entrevoir.

Nous parlerons plus loin des remarquables expériences entreprises par M. Darcy, pour déterminer l'influence de la cohésion sur les vitesses relatives des filets fluides, et desquelles il semble ressortir que pour représenter les résultats obtenus il conviendrait de faire plutôt $n=2$ que $n=1$. Quant à présent nous nous bornons à faire observer que quand on connaît V et W, la connaissance de la valeur de n n'influe sensiblement ni sur la forme de la courbe *mpqn*, ni sur l'intensité et la position de la vitesse moyenne. En effet, pour $n=1$, les équations précédentes donnent une parabole du second degré, et pour $N=\infty$, on a la corde *mn*; la courbe inconnue est donc comprise entre deux limites assez rapprochées.

18. Détermination de la vitesse moyenne. — La vitesse moyenne se déduit immédiatement des équations que nous avons établies plus haut. On a, en appelant U cette vitesse

$$\mathrm{UH}=\int_0^{\mathrm{H}} v\,dz=\int_0^{\mathrm{H}}\left(\mathrm{V}-(\mathrm{V}-\mathrm{W})\left(\frac{z}{\mathrm{H}}\right)^{\frac{n+1}{n}}\right)dz$$

d'où l'on tire $\mathrm{U}=\dfrac{(n+1)\mathrm{V}+n\mathrm{W}}{2n+1}=\dfrac{\mathrm{V}+\mathrm{W}}{2}+\dfrac{\mathrm{V}-\mathrm{W}}{2(2n+1)}.$

19. Comparaison avec les formules empiriques de Dubuat et de Prony. — La formule donnée par Dubuat, et qu'on trouve dans tous les traités d'hydraulique, est pour une section quelconque

$$\mathrm{U}=\frac{\mathrm{V}+\mathrm{W}}{2}.$$

La différence avec la valeur de U que nous venons de trouver n'est que de $\dfrac{\mathrm{V}-\mathrm{W}}{2(2n+1)}$ et diminue rapidement à mesure que n augmente. Dans le cas le plus défavorable, pour $n=1$, cette différence n'est que de $\frac{1}{6}(V-W)$, et on verra plus tard qu'elle ne tient qu'au cas particulier que nous considérons d'un rectangle de largeur indéfinie, ou de parois latérales sans frottement, et que la formule de Dubuat se trouve vérifiée par la théorie, du moins comme approximation suffisante pour la pratique. Mais il n'en est pas de même d'une autre formule de Dubuat qui donne la vitesse moyenne en fonction de la vitesse à la surface. Car comme la vitesse du fond est très-difficile à déterminer expérimentalement, ce n'est pas la formule précédente qu'on emploie pour calculer la vitesse moyenne. Elle sert au contraire à déterminer la vitesse du fond en fonction de la vitesse à la surface et de la vitesse moyenne. Quant à cette dernière, Dubuat avait cru pouvoir la déduire de la seule vitesse à la surface, et M. de Prony avait établi sur ses expériences la formule empirique suivante, pour laquelle il avait calculé une table spéciale :

$$U=V\frac{V+2.37}{V+3.15}.$$

D'après cette formule, le rapport de la vitesse moyenne à la vitesse à la surface ne dépendrait absolument que de l'intensité de cette dernière vitesse, et serait indépendant de la pente du canal, de sa hauteur et même de la vitesse du fond. De plus il ressort des coefficients de cette formule empirique que ce rapport est toujours compris entre 0,75 et 1 et qu'il augmente avec la vitesse

$$\text{pour } V=0 \quad \text{on a} \quad \frac{U}{V}=0{,}75$$

$$V=1\ldots\ldots \frac{U}{V}=0{,}81$$

$$V=2\ldots\ldots \frac{U}{V}=0{,}85$$

$$V=3\ldots\ldots \frac{U}{V}=0{,}87$$

La théorie que nous venons d'exposer démontre que ce rapport est en effet toujours compris dans des limites assez restreintes; mais la loi de son accroissement est précisément en sens inverse de celui de la formule empirique. En effet l'équation de la vitesse moyenne peut se mettre sous cette forme :

$$\frac{U}{V}=\frac{n+1}{2n+1}+\frac{n}{2n+1}\frac{W}{V}$$

qui fait voir que le rapport de la vitesse moyenne à la vitesse à la surface est toujours compris entre

$$\frac{n+1}{2n+1} \quad \text{et} \quad 1$$

soit entre 0,67 et 1 pour $n=1$,
0,60 et 1 pour $n=2$,
. . . .
0,50 et 1 pour $n=\infty$.

Dans la pratique, et pour les calculs approximatifs, on emploie ordinairement le rapport constant 0,80, qui suppose que le rapport $\frac{W}{V}$ est lui-même constant et égal à 0,40 dans l'hypothèse de $n=1$, et à 0,50 dans l'hypothèse de $n=2$.

Si, dans la valeur de $\frac{U}{V}$, on met celle de V tirée de l'équation de la courbe des vitesses (§ 15), et si l'on remplace W par $\left(\frac{Hi}{b}\right)^{\frac{1}{2}}$, il viendra

$$\frac{U}{V}=\frac{n+1}{2n+1}+\frac{n}{2n+1}\,\frac{1}{1+\frac{n}{n+1}\left(\frac{1}{\varepsilon}\right)^{\frac{1}{n}} b^{\frac{1}{2}}\, i^{\frac{2-n}{2n}}\, H^{\frac{n+2}{2n}}}$$

La valeur de $\frac{U}{V}$ mise sous cette forme démontre que, quelle que soit n, elle diminue quand H et i (*), et par conséquent V augmentent. La formule de Dubuat est donc complétement inexacte, au reste elle a toujours été suspecte à tous ceux qui ont réfléchi sur le phénomène. Nous avons signalé les doutes de M. de Prony, voici comment s'exprime M. Daubuisson, page 180.

« Mais peut-on admettre un rapport entièrement indépendant? peut-on « étendre le résultat d'observations faites sur de forts petits canaux en bois « bien réguliers, où la profondeur de l'eau n'a pas dépassé $0^m,27$, à des ri- « vières dont le lit n'est qu'une suite de fortes inégalités et dont la profondeur « excède souvent 3 et 4 mètres, etc. »

(*) L'influence de i disparaît dans l'hypothèse de $n=2$, et alors le rapport de $\frac{U}{V}$ ne dépend que de la grandeur de la section. Nous reviendrons plus loin sur ce résultat.

Nous verrons tout à l'heure que les canaux de Dubuat, ayant à peine $0^m,50$ de large, se trouvaient dans les plus mauvaises conditions pour révéler la loi des vitesses.

20. Position du filet doué de la vitesse moyenne. — Si l'on met dans l'équation de la courbe des vitesses la valeur de la vitesse moyenne, on en déduit pour la profondeur du filet doué de cette vitesse

$$z = H\left(\frac{n}{2n+1}\right)^{\frac{n}{n+1}}.$$

Soit

$$z = 0,58\,H \quad \text{pour} \quad n = 1,$$
$$z = 0,55\,H \quad \text{pour} \quad n = 2,$$
$$z = 0,50\,H \quad \text{pour} \quad n = \infty.$$

On voit que, quelle que soit la valeur de n, la position de la vitesse moyenne est toujours au-dessous de la demi-hauteur du courant et ne diffère pas sensiblement de $0,58\,H$.

D'après cette analyse, en appelant C la quantité $\frac{n}{n+1}\left(\frac{i}{\varepsilon}\right)^{\frac{1}{n}}$, on a entre les vitesses du fond, à la surface et la vitesse moyenne les relations suivantes :

$$Hi = aW + bW^2,$$
$$V = W + CH^{\frac{n+1}{n}},$$
$$U = W + \frac{n+1}{2n+1}CH^{\frac{n+1}{n}},$$

qui, avec l'équation de la courbe

$$v = V - Cz^{\frac{n+1}{n}},$$

résolvent tous les problèmes qu'on peut se proposer sur le mouvement de l'eau dans un canal rectangulaire de largeur indéfinie.

On remarquera qu'il résulte de ces équations des rapports simples, indépendants de i, ε, b et H, entre les différences des vitesses, qu'on a par exemple

$$\frac{U-W}{V-W} = \frac{n+1}{2n+1}, \quad \frac{V-U}{U-W} = \frac{n}{n+1}.$$

21. Détermination de la courbe des vitesses dans un tuyau cylindrique. — Voyons maintenant comment les résultats que nous venons d'obtenir se modifient dans un tuyau cylindrique.

Nommons V la vitesse dans l'axe,
W la vitesse à la paroi,
R le rayon du tuyau cylindrique,
r le rayon d'un tuyau concentrique quelconque,
v la vitesse correspondant à ce rayon,
ζ la différence de niveau des deux bassins réunis par le tuyau;
λ la longueur du tuyau,
i le rapport $\frac{\zeta}{\lambda}$.

Si nous considérons l'équilibre d'un cylindre concentrique quelconque, il est clair qu'il éprouve de la part de la pesanteur une force accélératrice proportionnelle à $\zeta r^2\pi$, et de la part de la couche extérieure une force retardatrice proportionnelle à $2\pi r\lambda \times \varepsilon \left(\frac{dv}{dr}\right)^n$, on aura donc

$$\zeta r^2\pi = -2\pi r \times \varepsilon \left(\frac{dv}{dr}\right)^n,$$

et par conséquent
$$\left(\frac{dv}{dr}\right)^n = -\left(\frac{i}{2\varepsilon}\right) r;$$

équation tout à fait semblable à celle que nous avons obtenue dans le cas du rectangle.

Appelant C la quantité $\left(\frac{n}{n+1}\right)\left(\frac{i}{\varepsilon}\right)^{\frac{1}{n}}$, nous avons de même :

$$v = V - \left(\frac{n}{n+1}\right)\left(\frac{i}{2\varepsilon}\right)^{\frac{1}{n}} r^{\frac{n+1}{n}}, \qquad v = V - \left(\frac{1}{2}\right)^{\frac{1}{n}} Cr^{\frac{n+1}{n}}$$

$$V = W + \left(\frac{1}{2}\right)^{\frac{1}{n}} CR^{\frac{n+1}{n}}, \qquad v = V - (V - W)\left(\frac{R}{r}\right)^{\frac{n+1}{n}}.$$

Comme pour le rectangle indéfini, il est permis de conclure de ces équations : 1° que la courbe des vitesses ne change pas avec le diamètre du tuyau qu'elle ne fait que se prolonger jusqu'à la nouvelle paroi en se déplaçant parallèlement à elle-même; 2° que l'effet de l'inclinaison i se borne à changer le paramètre de la parabole.

22. Détermination de la vitesse moyenne. — De cette similitude de la courbe des vitesses, il ne faudrait pas conclure que la vitesse moyenne est donnée par la même formule que dans le cas du rectangle. Les couches concentriques d'égale vitesse n'étant pas de surface égale dans le cylindre, il en résulte que la couche animée de la vitesse moyenne se trouve plus près de la paroi que dans le rectangle.

En ayant égard à cette considération, on a, pour déterminer la vitesse moyenne de la section, l'équation

$$\Omega U = \int_0^R v\omega dr.$$

En appelant ωdr la surface d'un anneau d'égale vitesse, et en mettant pour Ω, v, ω, leurs valeurs

$$\pi R^2 U = \int_0^R \left(V - \frac{V - W}{R^{\frac{n+1}{n}}} r^{\frac{n+1}{n}} \right) 2\pi r dr,$$

d'où $$U = \frac{(n+1)V + 2nW}{3n+1} = \frac{V+W}{2} - \frac{n-1}{2(3n+1)}(V-W)$$

pour $n = 1$, $U = \dfrac{V+W}{2}$ qui est, comme nous l'avons déjà dit, la formule générale de Dubuat, pour $n = 2$

$$U = \frac{V+W}{2} - \frac{1}{7}(V-W),$$

pour $n = \infty$ $$U = \frac{V+W}{2} - \frac{1}{6}(V-W);$$

on voit que, quelle que soit n, la vitesse moyenne diffère toujours très-peu de $U = \dfrac{V+W}{2}$.

23. Position du filet animé de la vitesse moyenne. — La distance de la vitesse moyenne à l'axe se détermine en portant la valeur de U dans l'équation de la courbe ; il vient

$$R_m = \left(\frac{2n}{3n+1}\right)^{\frac{n}{n+1}} R,$$

qui, pour $n=1$ donne $R_m = 0,707\,R$
pour $n=2$ $R_m = 0,689\,R$
pour $n=\infty$ $R_m = 0,667\,R$.

On voit que la distance à l'axe du filet, animé de la vitesse moyenne, est à peu près indépendante de la valeur de n.

24. Équations générales du mouvement uniforme de l'eau dans un tuyau cylindrique. — En résumé, pour le tuyau cylindrique, les équations qui déterminent trois des quantités W, U, V, R, i en fonction des deux autres sont

$$\frac{1}{2} Ri = aW + bW^2 \quad (*)$$

$$V = W + \left(\frac{1}{2}\right)^{\frac{1}{n}} CR^{\frac{n+1}{n}}$$

$$U = W + \frac{n+1}{3n+1}\left(\frac{1}{2}\right)^{\frac{1}{n}} CR^{\frac{n+1}{n}}.$$

On a de même des rapports simples entre les différences des vitesses tels que

$$\frac{U-W}{V-W} = \frac{n+1}{3n+1}.$$

Ces équations ainsi que celle de la courbe auraient lieu pour le demi-cylindre comme pour le cylindre entier ; par conséquent on pourrait les vérifier par des observations directes de la vitesse des divers filets superficiels.

On peut d'ailleurs en étendre l'application aux sections irrégulières présentant une certaine analogie avec le cercle.

25. Équations générales du mouvement uniforme dans une section circulaire quelconque. — Soit maintenant ABCD (*fig.* 10), une sec-

(*) On obtient cette équation en considérant le cylindre entier glissant sur la paroi. On a alors $\pi R^2 i = 2\pi R\,(aW + bW^2)$.

tion quelconque, mais telle cependant qu'à sa surface un seul filet O ait a propriété d'avoir une vitesse maximum. Du point O comme centre, menons divers rayons au périmètre mouillé ADCB, divisons chacun de ces rayons en un nombre égal d'éléments et joignons tous les éléments correspondants par une ligne polygonale. Il est clair que nous formerons ainsi une série de surfaces et de courbes semblables à la section du canal et à son périmètre.

Soient Ω la section totale,
χ son périmètre,
R le rayon OD contenant les vitesses moyennes des périmètres concentriques,
ω, ψ, r les quantités correspondantes d'un périmètre a, d, c, b.
μ l'angle du rayon OD, avec la normale comprise entre deux périmètres,
dz la longueur de cette normale $=\cos \mu dr$.

Nous aurons à cause de la similitude des figures

$$\omega=\Omega\frac{r^2}{R^2}, \qquad \psi=\chi\frac{r}{R}.$$

Or la section quelconque O$adcb$ est entraînée par la pesanteur avec une intensité proportionnelle à ωi et retenue par la résistance due à son glissement sur la couche concentrique inférieure, résistance qu'on peut exprimer par $-\varepsilon\psi\left(\frac{du}{dz}\right)^n$, en appelant $\frac{du}{dz}$ une valeur moyenne de la quantité $\frac{dv}{dz}$ qui dans chaque section concentrique se trouvera toujours très-peu distante de celle qui a lieu sur le rayon OD.

On aura donc

$$\omega i=-\varepsilon\psi\left(\frac{du}{dz}\right)^n.$$

Mettant pour ω, ψ, dz leurs valeurs, il vient

$$\frac{du}{dr}=-\left(\frac{i}{\varepsilon}\frac{\Omega}{R\chi}\right)^{\frac{1}{n}}\cos\mu\,.\,r^{\frac{1}{n}}$$

et en intégrant $$u=V-\left(\frac{n}{n+1}\right)\left(\frac{i}{\varepsilon}\frac{\Omega}{R\chi}\right)^{\frac{1}{n}}\cos\mu\,.\,r^{\frac{n+1}{n}}.$$

En appelant W′ la vitesse moyenne à la paroi, donnée par l'équation précédente, quand on y fait $r=R$, on en déduira

$$\frac{V-W'}{R^{\frac{n+1}{n}}}=\frac{n}{n+1}\left(\frac{i}{\varepsilon}\frac{\Omega}{R\chi}\right)^{\frac{1}{n}}\cos\mu.$$

Posant
$$C=\left(\frac{n}{n+1}\right)\left(\frac{i}{\varepsilon}\right)^{\frac{1}{n}},$$

il vient
$$u=V-C\left(\frac{\Omega}{R\chi}\right)^{\frac{1}{n}}\cos\mu r^{\frac{n+1}{n}}.$$

$$W=V-C\left(\frac{\Omega}{R\chi}\right)^{\frac{1}{n}}\cos\mu R^{\frac{n+1}{n}}$$

$$u=V-(V-W)\left(\frac{r}{R}\right)^{\frac{n+1}{n}}.$$

La vitesse moyenne se déduirait de l'équation $U\Omega=\int_0^\Omega u d\omega$ et l'on obtiendrait comme pour le tuyau cylindrique

$$U=\frac{(n+1)V+2nW}{3n+1}=\frac{V+W}{2}-\frac{n-1}{2(3n+1)}(V-W).$$

On a d'ailleurs
$$\frac{\Omega}{\chi}i=aW+bW^2.$$

On voit que les équations relatives au rectangle indéfini et au tuyau cylindrique ne sont que des cas particuliers qu'on peut déduire d'une formule plus générale en donnant à ω et à χ les valeurs spéciales qui conviennent à la section.

26. Détermination de la surface des vitesses dans un rectangle fini. — Cherchons maintenant comment se distribuent les vitesses dans un canal rectangulaire (*fig.* 7). Prenons pour axe de coordonnées dans une section l'horizontale OY et la verticale méridienne OZ. Nommons

V la vitesse centrale en O,
W la vitesse au fond en F,
V_1, W_1 les vitesses à la paroi en A et en C,
H la hauteur du rectangle,
L sa demi-largeur
w la vitesse variable des filets contigus à la paroi horizontale FC,
w_1 la vitesse variable des filets contigus à la paroi verticale AC,
i, ε, v conservant les mêmes significations que daus les paragraphes précédents.

Il est clair qu'un filet quelconque dont les dimensions sont dz et dy est soumis :

1° De la part de la pesanteur à une force proportionnelle à $idzdy$;

2° De la part du filet supérieur, à une force proportionnelle à $-\varepsilon\left(\frac{dv}{dz}\right)dy$;

3° De la part du filet inférieur, à une force proportionnelle à $\varepsilon\frac{d(v+dv)^n}{dz}dy$.

Soit pour ces deux forces, à une résultante $-\varepsilon d\left(\frac{dv}{dz}\right)^n dy$.

Il est de même entraîné par le filet de droite et retardé par le filet de gauche par deux forces dont la résultante est $-\varepsilon d\left(\frac{dv}{dy}\right)^n dz$.

La surface des vitesses est donc représentée ici par l'équation aux différences partielles

$$i = -\left(\varepsilon'\frac{d\left(\frac{dv}{dz}\right)^n}{dz} + \varepsilon\frac{d\left(\frac{dv}{dy}\right)^n}{dy}\right). \qquad (1)$$

Quand on fait $n = 1$, cette équation est identique avec celle donnée par M. Navier (page 417 du mémoire cité) et dont il a donné une solution complète dans le cas du mouvement varié. Mais les résultats sont inexacts, en ce que la résistance à la paroi est représentée dans le calcul comme simplement proportionnelle à la vitesse.

Soit, $v = F(z, y)$, la solution du problème ; pour $z = H$ et $y = L$, on aura les vitesses w, w_1, en un point quelconque des parois horizontales et verticales.

$$w = F(H, y), \quad w_1 = F(L, z).$$

Or, comme nous l'avons vu, la résistance due au frottement de la paroi, $aw + bw^2$, doit être égale à la résistance du filet contigu sur le filet supérieur ; on doit donc avoir

$$(2) \quad aw + bw^2 = -\varepsilon\left(\frac{dv}{dz}\right)^n_{z=H}, \qquad (3) \quad aw_1 + bw_1^2 = -\varepsilon\left(\frac{dv}{dy}\right)^n_{y=L};$$

telles sont, avec l'équation (1), les conditions générales auxquelles doit satisfaire la surface des vitesses. Pour éviter les difficultés d'analyse peut-être insurmontables que présenterait la solution rigoureuse du problème, remarquons que l'équation $$v = V - Az^{\frac{n+1}{n}} - By^{\frac{n+1}{n}} \tag{4}$$

est une solution de l'équation différentielle (1), car on en déduit

$$\frac{dv}{dz} = -\frac{n+1}{n} A z^{\frac{1}{n}} \quad \text{et} \quad \frac{d\left(\frac{dv}{dz}\right)^n}{dz} = -\left(\frac{n+1}{n}\right)^n A^n.$$

En opérant de même par rapport à y et substituant les valeurs obtenues dans l'équation différentielle (1) il vient

$$\frac{i}{\varepsilon} = \left(\frac{n+1}{n}\right)^n (A^n + B^n) \tag{5}$$

qui donnera une des constantes A ou B; on pourra donc disposer de l'une d'elles et de la vitesse centrale V pour satisfaire aux autres conditions du problème avec une approximation suffisante, comme nous allons le faire voir tout à l'heure.

Au lieu des équations (2) (3) auxquelles la valeur approximative de v ne pourrait satisfaire, nous écrirons que la résistance sur la paroi horizontale ou verticale est égale à la résistance sur la dernière couche horizontale ou verticale; nous aurons ainsi

$$\int_0^L (aw + bw^2)\, dL = \varepsilon\left(\frac{n+1}{n} A\right)^n HL, \tag{6}$$

$$\int_0^H (aw_1 + bw_1^2)\, dH = \varepsilon\left(\frac{n+1}{n} B\right)^n LH. \tag{7}$$

Les variables w, w_1 s'exprimeraient en y et z; en faisant $z = H$ et $y = L$ dans l'équation (4), on aurait

$$w = V - AH^{\frac{n+1}{n}} - By^{\frac{n+1}{n}}, \quad w_1 = V - BL^{\frac{n+1}{n}} - Az^{\frac{n+1}{n}}.$$

Les trois équations (5) (6) (7) déterminent évidemment les trois coefficients V, A, B, qui sont les seules quantités inconnues qui entrent dans l'équation (4) de la surface des vitesses.

Remarquons qu'en ajoutant les équations (6) et (7) et en se servant de la relation

$$LHi = \int_0^L (aw + bw^2)\, dy + \int_0^H (aw_1 + bw_1^2)\, dz,$$

on reproduit l'équation (5).

Il est plus commode de remplacer dans l'équation générale des vitesses des filets, les coefficients indéterminés A et B par les vitesses de la paroi W, W_1, V_1. Il suffit pour cela de faire tour à tour z et y nuls, il vient alors

$$v = V - (V - W)\left(\frac{z}{H}\right)^{\frac{n+1}{n}} - (V - V_1)\left(\frac{y}{L}\right)^{\frac{n+1}{n}}. \qquad (8)$$

En faisant $z = H$, $y = L$, on a la vitesse W_1 du filet situé à l'angle C qui est la plus petite de toutes les vitesses,

$$W_1 = W - V + V_1,$$

d'où l'on tire

$$W_1 + V = W + V_1,$$

c'est-à-dire que la somme des vitesses situées à l'extrémité des deux diagonales du demi-rectangle est la même.

27. Détermination de la vitesse moyenne. — La vitesse moyenne est donnée par l'équation

$$LHU = \int_0^H \int_0^L \left(V - (V - W)\left(\frac{z}{H}\right)^{\frac{n+1}{n}} - (V - V_1)\left(\frac{y}{L}\right)^{\frac{n+1}{n}}\right) dz dy,$$

d'où l'on tire la relation fort simple

$$U = \frac{V + n(W + V_1)}{2n + 1} = \frac{V + W + V_1}{3} - \frac{n - 1}{3(2n + 1)}(2V - W - W_1).$$

On voit que quel que soit n, la vitesse moyenne ne diffère pas sensiblement de la moyenne entre les trois vitesses V, W, V_1, et que dans tous les cas les relations entre ces vitesses ne dépendent ni de la pente ni de la section du canal.

Si dans l'équation (8) on fait à la fois $y = 0$ et $v = U = \dfrac{V + n(W + V_1)}{2n + 1}$, on aura pour la profondeur Z à laquelle se trouve la vitesse moyenne

$$Z = H\left(\frac{2n}{2n + 1}\right)^{\frac{n}{n+1}}\left(\frac{1}{2} + \frac{1}{2}\,\frac{V - V_1}{V - W}\right)^{\frac{n+1}{n}}$$

qui différera en général assez peu de

$$Z = H\left(\frac{2n}{2n + 1}\right)^{\frac{n}{n+1}}$$

qui convient au cas où $H = L$, c'est-à-dire quand la hauteur de l'eau est la moitié de la largeur totale. Or cette formule donne

pour $n = 1$, $Z = 0,82\,H$
pour $n = 2$, $Z = 0,86\,H$
. . . . . .
pour $n = \infty$, $Z = H$.

Ainsi dans le double carré et même dans un rectangle quelconque, la vitesse moyenne est nécessairement assez voisine du fond dans la section méridienne ou des bords à la surface, car on trouverait de même $Y = 0,82\,L$, $= 0,86\,L$, etc., etc.

28. Méthode d'approximation pour un rectangle dont les côtés sont peu différents. — Arrivons maintenant à la détermination de la surface des vitesses en fonction des dimensions du rectangle. Pour éviter les longueurs et les difficultés de la solution des équations (5) (6) (7), divisons les deux dernières l'une par l'autre. Nous aurons

$$\frac{\int_0^L (aw + bw^2)\,dL}{\int_0^H (aw_1 + bw_1^2)\,dH} = \frac{A^n}{B^n}.$$

Or le rapport des intégrales du premier membre diffère peu de $\frac{L}{H}$ (*), on a donc :

$$A^n = \frac{L}{H} B^n.$$

Mettant cette valeur dans l'équation (5), il vient

$$B^n = \left(\frac{n}{n+1}\right)^n \frac{i}{\varepsilon} \frac{H}{L+H},$$

et de même

$$A^n = \left(\frac{n}{n+1}\right)^n \frac{i}{\varepsilon} \frac{L}{L+H},$$

(*) La fonction $aw + bw^2$ diffère peu de bw^2, comme nous l'avons déjà fait remarquer. Or $\int_0^L w^2 dy$ différera peu de LW'^2, W' étant une valeur intermédiaire entre W et W_1 ; de

faisant pour abréger $C = \left(\frac{n+1}{n}\right)\left(\frac{i}{\varepsilon}\right)^{\frac{1}{n}}$ et mettant les valeurs de A et de B dans l'équation (4), il vient

$$v = V - C\left(\frac{LH}{L+H}\right)^{\frac{1}{n}}\left\{H\left(\frac{z}{H}\right)^{\frac{n+1}{n}} + L\left(\frac{y}{L}\right)^{\frac{n+1}{n}}\right\}.$$

On a ainsi l'équation de la surface des vitesses en fonction des dimensions du rectangle, et de la vitesse maxima ou du filet central, comme on l'a obtenue pour le rectangle indéfini et pour le cylindre.

Toutes les sections horizontales et toutes les sections verticales donnent des courbes identiques différemment placées. Si l'on fait $y = 0$ dans l'équation précédente, on aura pour équation de la courbe des vitesses dans la section méridienne

$$v = V - C\left(\frac{LH}{L+H}\right)^{\frac{1}{n}} H\left(\frac{z}{H}\right)^{\frac{n+1}{n}},$$

ou

$$v = V - C\left(\frac{L}{L+H}\right)^{\frac{1}{n}} z^{\frac{n+1}{n}},$$

qui est la courbe des vitesses dans le rectangle indéfini en y changeant C en $C\left(\frac{L}{L+H}\right)^{\frac{1}{n}}$ ou i en $i\frac{L}{L+H}$.

En faisant de même $z = 0$, on a pour équation de la courbe des vitesses à la surface

$$v = V - C\left(\frac{H}{L+H}\right)^{\frac{1}{n}} y^{\frac{n+1}{n}},$$

qui est la même que la précédente en changeant L en H.

Enfin en faisant $z = H$, $y = L$ dans les équations précédentes, on obtient

même $\int_0^H w_1^2 dH$ différera peu de $HW_1'^2$, W_1' étant une valeur intermédiaire entre V_1 et W_1, enfin $\frac{W'}{W_1'}$ différera peu de l'unité, puisque ces quantités diffèrent peu entre elles. En un mot, les frottements à la paroi sont entre eux comme leur développement.

la valeur des vitesses des points principaux du rectangle en fonction de la vitesse centrale. On a ainsi

$$\left.\begin{aligned}
W &= V - C\left(\frac{LH}{L+H}\right)^{\frac{1}{n}} H;\\
V_1 &= V - C\left(\frac{LH}{L+H}\right)^{\frac{1}{n}} L;\\
W_1 &= V - C\left(\frac{LH}{L+H}\right)^{\frac{1}{n}} (L+H);\\
U &= V - C\left(\frac{LH}{L+H}\right)^{\frac{1}{n}} \frac{n}{2n+1}(L+H).
\end{aligned}\right\} \quad (9).$$

Puisqu'on a quatre équations entre les cinq vitesses V, W, V_1, U, on pourra en déterminer quatre quand on connaîtra l'une d'elles. Ayant, par exemple, déterminé V au moyen d'un flotteur, on en déduira toutes les autres vitesses des formules précédentes.

On a d'ailleurs entre les vitesses les rapports simples

$$\frac{V-U}{V-W_1} = \frac{n}{2n+1}, \quad \frac{V-U}{V-W} = \frac{n}{2n+1}\,\frac{L+H}{H}, \quad \frac{V-U}{V-V_1} = \frac{n}{2n+1}\,\frac{L+H}{L}.$$

Lorsqu'il s'agit de calculer *à priori* le débit d'un canal rectangulaire dont les dimensions sont données, les équations précédentes sont insuffisantes puisqu'elles supposent qu'une des vitesses est connue; il faut alors chercher à obtenir une nouvelle relation entre les vitesses au moyen de l'équation

$$LHi = \int_0^L (aw + bw^2)dy + \int_0^H (aw_1 + bw_1^2)dz$$

dans laquelle on fera

$$w = W - (V - V_1)\left(\frac{y}{L}\right)^{\frac{n+1}{n}}, \quad w_1 = V_1 - (V - W)\left(\frac{z}{H}\right)^{\frac{n+1}{n}};$$

l'intégration se fera immédiatement et l'on aura une cinquième équation entre les vitesses; mais, quoiqu'elle ne soit que du second degré et puisse donner immédiatement une quelconque des vitesses en la combinant avec les équations précédentes, il sera plus simple et suffisamment exact de tirer la valeur W′ de la vitesse moyenne à la paroi de l'équation

$$LHi = (L + H)(aW' + bW'^2),$$

ce qui se fait au moyen de tables toutes dressées, ou de poser

$$W' = \sqrt{\frac{LHi}{b(L + H)}};$$

on aura ainsi la vitesse constante qui donnerait la même résistance à la paroi que la vitesse variable réelle. Or, pour passer de cette valeur à une de celles qui figurent dans les équations précédentes W, W_1 et V_1, on remarquera que cette vitesse à la paroi ne doit différer que fort peu de celle qu'on déduirait de l'équation suivante :

$$(L + H)W' = L\left(\frac{W_1 + W}{2}\right) + H\left(\frac{W_1 + V_1}{2}\right);$$

d'où l'on tire, à l'aide des équations (9),

$$V = W' + C\left(\frac{LH}{L + H}\right)^{\frac{1}{n}} \frac{(L + H)^2 + 2LH}{2(L + H)}$$

et

$$U = W' + C\left(\frac{LH}{L + H}\right)^{\frac{1}{n}} \frac{(L + H)^2 + 2(2n + 1)LH}{2(2n + 1)(L + H)}.$$

Le problème de calculer non-seulement le débit, mais les vitesses de chacun des filets d'un rectangle dont les dimensions sont données est donc complétement résolu.

29. Autre méthode pour le cas où la largeur est très-grande par rapport à la hauteur. — Les formules précédentes conviennent aux canaux ou aqueducs de petite section dans lesquels la hauteur et la largeur ne diffèrent pas en général beaucoup ; mais quand la largeur est considérable par rapport à la hauteur, on peut avoir recours à la méthode et aux formules suivantes :

Soit toujours W′ la vitesse moyenne à la paroi donnée par l'équation

$$LHi = (L + H)(aW' + bW'^2),$$

nous pourrons supposer sans erreur sensible la vitesse à la paroi constante et égale à W′ le long du côté vertical AC. Or, si nous considérons le rectangle AO*nm* (*fig.* 8), dont la hauteur A$m = z$, nous aurons pour son équation d'équilibre, en appelant u la vitesse moyenne de la tranche *mn* ;

$$Lzi = -\varepsilon L\left(\frac{du}{dz}\right)^n + z(aW' + bW'^2).$$

$-\varepsilon L\left(\frac{du}{dz}\right)^n$ exprime le frottement de cohésion suivant *mn* et $z(aW' + bW'^2)$ le frottement d'adhérence suivant A*m*. Or ce dernier, en vertu de l'équation ci-dessus, peut se mettre sous la forme $z\frac{LHi}{L+H}$, on a donc

$$-\varepsilon\left(\frac{du}{dz}\right)^n = iz\left(1 - \frac{H}{L+H}\right) = \frac{iL}{L+H}z$$

ou, en intégrant et appelant V′ la vitesse moyenne à la surface,

$$u = V' - \left(\frac{i}{\varepsilon}\,\frac{L}{L+H}\right)^{\frac{1}{n}} z^{\frac{n+1}{n}},$$

formule exactement semblable à celle que nous avons trouvée pour le rectangle indéfini (n° 15) ; il suffit de changer i en $i\frac{L}{L+H}$. Ainsi l'effet de la paroi latérale se réduit à diminuer l'angle d'inclinaison dans le rapport de L à L + H. On peut donc appliquer aux rectangles larges les conséquences que nous avons déduites de cette formule dans le cas du rectangle indéfini.

30. **Cas du trapèze.** — Le même procédé et la même méthode de calcul s'appliqueraient à un trapèze (*fig.* 9) et à toute figure terminée latéralement par une courbe dont la longueur serait une fonction de z ; mais il est plus simple et tout aussi exact de substituer au côté incliné AC du trapèze, une paroi verticale A′C′, donnant à la section une surface égale.

En effet, en attribuant à la paroi inclinée la même vitesse moyenne qu'à la paroi du fond, on exagère la résistance due à cette paroi, on la diminue au contraire, lorsqu'on lui substitue une paroi verticale, il y a donc dans cette double hypothèse une espèce de compensation qui contribue à l'exactitude du résultat.

31. Comparaison des formules rationnelles avec la formule empirique de M. de Prony. — Si l'on met en regard les valeurs de la vitesse moyenne pour les diverses sections que nous avons considérées, on reconnaîtra qu'elles rentrent toutes dans la formule de la section circulaire

$$U = W' + \frac{n+1}{3n+1}\left(\frac{\Omega}{R\chi}\right)^{\frac{1}{n}} \cos\mu\, CR^{\frac{n+1}{n}};$$

quant à la manière dont elles contiennent les dimensions de la section; il suffit en effet de faire $\Omega = \pi R^2$, $\chi = 2\pi R$, $\cos\mu = 1$ pour retomber sur la formule qui convient au cercle, et de faire $\Omega = LH$, $\chi = L + H$ pour retrouver celle qui convient au rectangle, sauf une quantité négligeable. Il résulte de cette observation que, pour passer de la vitesse moyenne à la paroi donnée

par l'équation $$\frac{\Omega}{\chi} i = aW' + bW'^2 \qquad (1)$$

à la vitesse moyenne de la section, il faut ajouter un terme de la forme

$$\frac{n+1}{3n+1} C \left(\frac{\Omega}{\chi}\right)^{\frac{1}{n}} \cos\mu R = \frac{n}{3n+1}\left(\frac{\Omega i}{\chi \varepsilon}\right)^{\frac{1}{n}} \cos\mu R,$$

ou, en négligeant a dans la valeur de W',

$$\frac{n}{3n+1}\left(\frac{b}{\varepsilon}\right)^{\frac{1}{n}} W'^{\frac{2}{n}} \cos\mu R,$$

et qu'on a par conséquent

$$\frac{W'}{U} = \frac{1}{1 + \frac{n}{3n+1}\left(\frac{b}{\varepsilon}\right)^{\frac{1}{n}} W'^{\frac{2-n}{n}} \cos\mu R}.$$

Ce rapport n'est donc pas constant puisqu'il varie avec W' et cos μR, c'est-à-dire avec la vitesse à la paroi et les dimensions de la section.

Or, pour déduire la vitesse moyenne d'une section au moyen d'une équation de la forme

$$\frac{\Omega}{\chi} i = \alpha U + \beta U^2,$$

il aurait fallu que le rapport $\frac{W'}{U}$ fût constant; car l'équation exacte (1) peut s'écrire sous la forme

$$\frac{\Omega}{\chi} i = \frac{W'}{U} a U + \frac{W'^2}{U^2} b U^2$$

qui se confond avec la précédente quand on pose

$$\frac{W'}{U} a = \alpha, \qquad \frac{W'^2}{U^2} b = \beta;$$

mais si $\frac{W'}{U}$ est variable, il ne l'est pas dans de grandes limites, et il est facile de concevoir comment des expériences faites dans divers cours d'eau ont pu autoriser les expérimentateurs à substituer, dans la formule, la vitesse moyenne de la section à la vitesse à la paroi. Il est remarquable, en effet, que la pente i n'entre pas dans l'expression du rapport, qui n'est altéré que par la valeur de W' et du rayon cos μR. Or ces valeurs n'entrent que dans un seul terme affecté d'un coefficient fractionnaire, car, comme on le verra plus tard, on peut admettre $\frac{b}{\varepsilon} = 1$, et en faisant $n = 1$ ou $n = 2$, on a,

$$\text{pour } n = 1, \frac{W'}{U} = \frac{1}{1 + 0{,}25\, W' \cos \mu R}, \quad \text{pour } n = 2, \frac{W'}{U} = \frac{1}{1 + 0{,}28 \cos \mu R}.$$

On voit que dans les cours d'eau à faible vitesse ou peu profonds, comme ceux où M. Dubuat a recherché la relation qui existe entre les vitesses et où la profondeur ne dépassait pas 0m,27, ce rapport est très-peu variable; que, par conséquent, dans toutes ces circonstances, en prenant pour α et β des valeurs moyennes, les résultats du calcul ne pourront pas s'éloigner beaucoup de ceux de l'expérience. C'est ainsi que M. de Prony a pu être conduit à conclure la généralité de sa formule de la concordance des valeurs que donnaient les expériences pour les coefficients α et β. Plus tard M. Eytelwein, réunissant un plus grand nombre d'expériences dans lesquelles les vitesses moyennes de l'eau, le périmètre et les sections atteignirent des limites plus étendues, en déduisit des coefficient sensiblement différents.

M. de Prony avait proposé

$$\alpha = 0{,}00004444999 \qquad \beta = 0{,}000309314,$$

M. Eytelwein leur substitua

$$\alpha = 0{,}0000242651 \qquad \beta = 0{,}000365543,$$

et ces dernières valeurs ont été adoptées par tous les hydrauliciens. Il suffit de jeter un coup d'œil sur ces chiffres pour voir combien on est loin d'un résultat précis, et nous ne concevons pas comment, avec de pareilles différences, on peut avoir la patience inutile d'employer dans les calculs des nombres qui contiennent autant de chiffres significatifs. Puisqu'on ne sait pas si $\alpha = 24$ ou 44, si $\beta = 30$ ou 36, il est évident que les décimales qu'on ajoute à ces nombres n'ajoutent rien à leur exactitude. On a, à ce qu'il nous semble, complétement méconnu la signification et la portée de ces coefficients sur lesquels les considérations que nous avons exposées nous paraissent donner des notions précises. Nous avons fait voir d'abord qu'on avait entre la *vitesse à la paroi*, la surface et le périmètre d'une section, une relation de la forme

$$\frac{\Omega}{\chi} i = a\mathrm{W} + b\mathrm{W}^2 + \ldots..$$

et qu'en supposant avec Dubuat $\mathrm{W} = f(\mathrm{U})$, cette relation se changeait nécessairement en

$$\frac{\Omega}{\chi} i = \alpha\mathrm{U} + \beta\mathrm{U}^2 + \ldots..$$

les coefficients a et b, α et β, étant simplement les premiers coefficients du développement en série de la fonction inconnue $\frac{\Omega}{\chi} i = \Phi(\mathrm{U})$, coefficients qu'on peut déterminer par expérience. Ainsi présentée, la formule ordinaire n'est susceptible que de deux objections.

32. Examen de cette formule. — Elle suppose que la vitesse de tous les filets contigus à la paroi est la même, ce qui n'est vrai que pour certaines sections particulières; elle suppose, comme nous venons de le dire, que la vitesse $U = F(W)$ est indépendante de la pente i, du périmètre χ et de la surface de la section Ω, ce qui est impossible, ainsi que nous l'avons vu.

Pour lever ces deux objections et autoriser l'usage de cette formule, il faut, lorsque la section est telle que les vitesses à la paroi ont des différences très-sensibles, comme dans la figure 11, décomposer ces sections en plusieurs parties auxquelles on appliquera la formule, et de plus faire varier convenablement les coefficients α et β, suivant la pente et la grandeur de la section.

Ce n'est pas ce qu'on a fait : « Partant d'idées émises par Coulomb, dit « M. de Prony (§ 138), M. Girard considérant que l'eau qui glisse sur la « paroi mouillée, ou plus exactement sur la couche d'eau adhérente à cette « paroi, est d'abord retardée par la viscosité qui tend à la retenir sur cette « couche; il conclut de ce fait une première force retardatrice proportionnelle « à la vitesse. Mais outre la viscosité, dont l'effet est indépendant des aspérités « sur la paroi qui tend à la retenir sur cette couche, il faut encore avoir égard « à ces aspérités qui donnent lieu à une seconde résistance ou force retarda- « trice analogue à celle du frottement du corps solide dont elle diffère néan- « moins en ce que sa valeur ne varie pas avec la pression. Cette résistance « suit la raison composée de la force et du nombre, pendant un temps donné, « des impulsions que reçoivent les aspérités, ce qui la rend proportionnelle au « carré de la vitesse. »

Sur ces notions qu'aucun principe de mécanique ne justifie, ainsi que l'a déjà fait remarquer M. Poncelet (*Mécanique industrielle*, p. 550), on a admis que la formule $\alpha U + \beta U^2$ n'était pas simplement une formule d'interpolation, mais une loi naturelle; que le terme en αU représentait la résistance due à la cohésion des molécules entre elles, et le terme βU^2 la résistance due à l'adhérence à la paroi solide (*Daubuisson*, p. 128), (*Poncelet*, p. 550). Cependant M. de Prony, dans ses *Recherches mathématiques*, avait déjà fait voir que, quand même on eût été assez heureux pour connaître la loi exacte par rapport à la vitesse à la paroi, on n'avait plus, pour la relation avec la vitesse moyenne, qu'une formule d'interpolation susceptible d'être représentée par $C + \alpha U$ ou par $C + \alpha U + \beta U^2$ ou par $C + \alpha U + \beta U^2 + \gamma U^3$, et *qu'il fallait recourir aux examens physiques et aux épreuves pour connaître jusqu'à quel degré de vitesse les trois termes pouvaient conduire* (p. 60); mais on perdit de vue cette distinction, et entraîné, comme nous l'avons dit, par la masse des expériences calculées par Eytelwein, sur la formule de M. de Prony, on considéra les deux coefficients α et β comme deux quantités constantes que pouvaient donner les expériences.

33. Examen des expériences qui ont servi à déterminer les coefficients de cette formule. — En effet, M. de Prony, pour déterminer ces coefficients, s'était servi de trente et une expériences dans lesquelles

La vitesse n'avait pas dépassé.	0m,88 par seconde ;
Le périmètre.	16m,00 de développement ;
La section.	29m,00 carrés.

Les différences entre les vitesses moyennes observées et les vitesses moyennes calculées étaient comprises entre 18 p. 0/0 en plus et 16 p. 0/0 en moins. (*Voir le tableau n°* 3.) Sur ces trente et une expériences, vingt-trois avaient été faites dans des canaux artificiels n'ayant pas 0m,1 carré de section et n'ayant pas 1 mètre de périmètre ; huit seulement avaient été observées sur des canaux naturels, et encore d'assez petite dimension, comme on vient de le voir. Or il faut remarquer que pour les canaux naturels la vitesse moyenne n'est pas une donnée d'expérience, mais un résultat de calcul ; M. de Prony ayant donc appliqué la formule de Dubuat pour obtenir les vitesses moyennes, il arriva (p. 81) : « Que les cinq premières de ces huit valeurs, ainsi calculées, étaient « hors de ligne par rapport aux vingt-trois conclues d'observation. » Alors M. de Prony substitua, dans le calcul de la vitesse moyenne, sa formule empirique et obtint des valeurs moins discordantes. Mais nous avons vu que cette formule empirique, qui fait croître le rapport $\frac{U}{V}$ à contre-sens, était inadmissible. Ces huit expériences, que M. de Prony n'avait ajoutées aux vingt-trois de Dubuat *que parce qu'on pourrait soupçonner les conclusions tirées du mouvement de l'eau dans de petits canaux factices de n'être pas applicables à de grands canaux*, ont donc nécessairement plutôt altéré que corrigé les résultats.

Eytelwein appliqua les mêmes formules à cinquante et une autres expériences recueillies dans divers ouvrages d'hydraulique et faites dans des limites beaucoup plus étendues :

La vitesse s'élevait jusqu'à.	2m,41
Le périmètre mouillé jusqu'à.	524m,00
La section jusqu'à.	2601m,00

Le rapport $\frac{\Omega}{\chi}$ qui représente la hauteur moyenne de l'eau dans ces grandes sections, atteint la limite de 5 mètres dans quelques-unes de ces expériences qui embrassent par conséquent la plupart des cas que peut présenter la pratique. Si les données de ces expériences et les formules qui leur furent appliquées pour déterminer la vitesse moyenne avaient été exactes, Eytelwein aurait dû en déduire des coefficients plus faibles que ceux de M. de Prony; c'est ce que démontrent les formules que nous avons données plus haut. Or c'est le contraire qui arrive (*), du moins pour le coefficient β, qui, dans les grandes vitesses, influe à peu près seul sur les résultats. Peut-on en faire une objection contre les formules qui reposent sur une distribution rationnelle des vitesses? Nous croyons au contraire qu'il en résulte une preuve de plus, que ces expériences ne méritent aucune espèce de confiance, et qu'il est impossible d'en tirer autre chose que de très-vagues indications.

34. Causes des erreurs qu'on commet en appliquant la formule de M. de Prony ou les coefficients de M. Eytelwein. — En effet, lorsqu'au lieu de prendre un canal artificiel, de forme et de pente régulières, on applique les formules du mouvement uniforme à un cours d'eau naturel de grande section et de grande vitesse, voici ce qui arrive :

D'abord la formule $\frac{\Omega}{\chi} i = \alpha U + \beta U^2$ n'est applicable qu'entre deux sections ayant la même vitesse moyenne.

Partout ailleurs il faut ajouter à cette formule un terme qui peut en changer complétement le résultat, s'il s'agit de sections rapprochées, comme nous le ferons voir dans le chapitre suivant. Or, lorsque les expériences calculées par Eytelwein ont été faites, la formule du mouvement varié n'était pas encore employée par les hydrauliciens. Première cause d'erreur.

Si les sections étaient un peu éloignées, seul cas où la formule du mouvement uniforme est applicable sans erreur trop grossière, alors on ne sait plus quelle est la section Ω, quel est le périmètre χ qu'il faut introduire dans le calcul. En prenant des moyennes entre les diverses valeurs de ces quantités

(*) Cette anomalie ne s'est point présentée dans les expériences sur les tuyaux. M. de Prony avait trouvé $b = 0{,}00034$. Eytelwein, qui a expérimenté sur de plus forts diamètres, a trouvé $b = 0{,}00028$, et on a reconnu depuis qu'effectivement ce coefficient était préférable pour les grands diamètres, ce qui est conforme à la théorie précédente de la distribution des vitesses.

dans la partie du cours d'eau considérée, on n'a plus, comme dans le canal régulier, des chiffres exacts, c'est une approximation plus ou moins grossière. Seconde cause d'erreur.

Ensuite, comme nous venons de le dire tout à l'heure, la vitesse moyenne, la quantité la plus importante à introduire dans la formule, parce qu'elle y entre au carré, n'est pas un résultat immédiat d'observations, il faut la déduire de formules inexactes et de données extrêmement difficiles à obtenir; il y a donc là une cause d'incertitude énorme pour tout observateur consciencieux. Troisième cause d'erreur.

Enfin la formule du mouvement uniforme suppose que la section et le périmètre du cours d'eau sont constants; lorsque cette circonstance n'existe pas, il en résulte que les divers filets du courant, n'ayant pas des vitesses parallèles, éprouvent de nouvelles forces retardatrices dont nous parlerons plus tard. Il y a alors des remous, des tourbillons qui absorbent une grande partie de la force vive dont le cours d'eau est animé. De plus, les inégalités transversales et longitudinales de la paroi augmentent nécessairement la résistance due à l'adhérence qui n'est plus proportionnelle ni à son périmètre donné par un sondage transversal, ni au chemin parcouru compté sur l'axe du courant. De cet ensemble de circonstances surgit une quatrième cause d'erreur qui domine tellement toutes les autres que nous lui attribuons l'exagération des coefficients déduits des expériences calculées par Eytelwein. En appliquant la formule de M. de Prony à de grandes sections, on aurait dû trouver des vitesses trop faibles, parce que cette formule ne tient pas compte de la vitesse relative que prennent les molécules en s'éloignant de la paroi; on a au contraire trouvé des vitesses trop fortes, parce qu'en s'adressant à de grandes sections on s'est adressé en même temps à des sections irrégulières, et qu'on n'a pas tenu compte des pertes de force vive dues à ces irrégularités.

Nous regardons donc cette phrase, qu'on trouve dans plusieurs traités d'hydraulique (*M. Genieys*, p. 13), comme une erreur et comme une injustice.

« Selon M. Eytelwein, qui a suivi les traces de M. de Prony pour la théorie « du mouvement de l'eau dans les canaux, mais qui a eu l'avantage de réunir « un plus grand nombre d'expériences..... »

Suivant nous, ce n'est pas marcher sur les traces de M. de Prony, qui a fait faire de si grands pas à la science de l'hydraulique, que d'entasser expériences sur expériences, sans ordre et sans méthode, pour faire sortir de ce mélange incohérent des chiffres qui n'ont d'autre mérite que d'être différents.

Des expériences, si nombreuses qu'elles soient, loin d'être un avantage, sont un inconvénient lorsqu'elles ne sont pas guidées par une saine théorie; elles ne font alors que donner l'apparence de la vérité à des erreurs graves. Au reste, il s'en faut encore beaucoup que les coefficients d'Eytelwein représentent d'une manière satisfaisante toutes les expériences dont on les a déduits. Si l'on jette les yeux sur la seconde table de M. de Prony, où se trouve la comparaison entre les vitesses calculées et les vitesses observées, on y trouvera de nombreuses anomalies qui s'élèvent jusqu'à 33 p. 0/0; et qu'on remarque que si M. de Prony avais mis en comparaison, non pas les vitesses qui se trouvent à peu près proportionnelles aux racines carrées des coefficients, mais ces coefficients eux-mêmes, ou le périmètre mouillé, ou la pente, ces erreurs se seraient élevées à 80 p. 0/0. Ainsi, à part toute considération théorique, on voit que les résultats de ces expériences ne devraient être acceptés qu'avec une extrême défiance.

35. Valeur donnée au coefficient ε par M. Sonnet. — M. Sonnet est le premier qui ait cherché à substituer à la formule empirique $\frac{\Omega}{\chi}i = \alpha U + \beta U^2$ une formule rationnelle basée sur une théorie plus exacte du phénomène de l'écoulement de l'eau; formule qui, comme on l'a vu, consiste à calculer d'abord la vitesse à la paroi et à en déduire la vitesse moyenne de la section par une seconde équation qui repose sur la forme et les dimensions de cette section et sur le coefficient de cohésion ε. Mais ce savant n'a pas fait d'expériences spéciales; il s'est servi de sept expériences de Couplet, déjà employées par Prony et par Eytelwein, pour la détermination de leurs coefficients. Il a trouvé ainsi

$$\alpha = 0{,}000019, \qquad \beta = 0{,}0003708, \qquad \frac{1}{\varepsilon} = 3200;$$

mais sur ces sept expériences il y en a six pour lesquelles la vitesse moyenne ne dépasse la vitesse à la paroi que de $0^{m},00054$ au plus, et dans la septième cet excédent n'est que de $0^{m},078$. Les résultats numériques de M. Sonnet ne méritent donc pas grande confiance. Remarquons en même temps que les formules de M. Sonnet supposent que la résistance à la cohésion est proportionnelle à $\varepsilon \frac{dv}{dz}$; c'était l'hypothèse de M. Navier, sur laquelle personne n'avait jeté de doute. Dans la première édition de ces études, nous avions même fait observer qu'en substituant à cette expression l'expression générale $\varepsilon \left(\frac{dv}{dz}\right)^n$, il en résultait pour les vitesses, si n était pair, une courbe non symétrique par rapport à l'axe; que pour $n=2$, par exemple, on avait dans un tuyau $v=V-Ar^{\frac{3}{2}}$, valeur qui changeait de signe avec r. Mais cette observation ne peut être considérée que comme une présomption, et il n'est par rare de voir l'analyse engendrer des branches de courbes superflues que les conditions physiques du phénomène ne peuvent réaliser.

36. **Examen des expériences de M Darcy.** — Quoi qu'il en soit, M. Darcy, notre prédécesseur dans le service municipal, a considéré n comme un des coefficients dont il avait à déterminer la valeur dans les belles expériences qu'il a entreprises en 1850 et 1851, et qu'il a publiées en 1857, dans un ouvrage spécial (*). Ces expériences, par leur nombre, par leur variété, par le soin avec lequel elles ont été faites, par la précision des résultats, par l'habileté et la sagacité de l'expérimentateur, par les moyens puissants d'investigation qu'il avait à sa disposition, ont laissé bien loin derrière elles toutes celles qui avaient été faites antérieurement. Il était difficile de faire quelque chose de plus utile à la science; c'est ce qui ressortira du rapide examen que nous allons en faire.

M. Darcy a d'abord mis en évidence cette propriété de l'adhérence que nous avions fait pressentir, dans notre première édition, d'être variable avec la nature des surfaces. Ainsi il a trouvé que dans les tuyaux enduits de bitume, en fonte neuve ou en fonte revêtue de dépôts calcaires, la résistance variait comme les chiffres 1. 1.5 et 3 (page 106). C'est là un principe très-important au point de vue théorique et pratique, mais qui rend l'appréciation des expériences beaucoup plus difficile. Tant qu'elles se font dans les mêmes tuyaux, les résultats sont comparables entre eux, mais lorsque les lois à étudier exigent qu'on change de tuyau, il devient difficile de se rendre compte si les différences trouvées tiennent à la différence des diamètres ou à la différence des parois. Il ne suffit pas en effet, pour que la résistance soit la même, que la nature de la paroi soit la même, il faut encore que le poli soit le même; ainsi deux tuyaux de fonte de même diamètre peuvent donner des résistances très-différentes, suivant que la surface sur laquelle s'opère l'écoulement est plus ou moins unie. Or il s'en faut bien que l'intérieur des tuyaux de fonte, par exemple, soit également uni. Les procédés de coulage, la nature du sable dont on s'est servi

(*) *Recherches expérimentales relatives aux mouvements de l'eau dans les tuyaux*, par Henry Darcy, inspecteur général des ponts et chaussées.

pour le moule du tuyau donnent, sous ce rapport, des différences très-appréciables même à l'œil.

Quoi qu'il en soit, dans la première partie de son travail, consacrée à la recherche d'une formule empirique propre à représenter les débits des tuyaux en fonction de la charge par mètre i et de leur rayon R, M. Darcy a parfaitement mis en évidence cette loi, que le quarré de la vitesse moyenne est proportionnel à la pente, c'est-à-dire qu'on a pour un diamètre déterminé

$$i = kU^2.$$

Cette loi se présente avec un très-grand degré de probabilité par les raisons suivantes :

C'est qu'elle est déduite d'expériences faites dans le même tuyau avec des pentes et des vitesses très-variables ; c'est que la pente i résulte de l'observation de plusieurs manomètres placés à de grandes distances et se contrôlant entre eux ; c'est que la vitesse moyenne U est donnée par le débit du tuyau mesuré dans un réservoir. Ainsi, point de changement de paroi, point d'incertitude dans l'appréciation numérique des résultats.

Or, de ce que la loi $\frac{i}{U^2} = k$ se vérifie dans les tuyaux à petit diamètre comme dans les tuyaux à grand diamètre, et de ce que dans les petits tuyaux la vitesse moyenne se confond avec la vitesse à la paroi, il en résulte que l'équation générale

$$\frac{1}{2} Ri = aW + bW^2 + CW^3 \ldots\ldots$$

se réduit à
$$\frac{1}{2} Ri = bW^2.$$

Nous ne parlons pas ici des vitesses très-petites pour lesquelles l'expérience démontre que le terme aW n'est pas négligeable.

Si dans la valeur de U tirée du groupe d'équations (§ 24) on met celle de $W = \left(\frac{Ri}{2b}\right)^{\frac{1}{2}}$ il vient

$$U = \left(\frac{Ri}{2b}\right)^{\frac{1}{2}} + \left(\frac{n}{3n+1}\right)\left(\frac{i}{2\varepsilon}\right)^{\frac{1}{n}} R^{\frac{n+1}{n}}$$

ou $$\frac{1}{2}\mathrm{R}i = \frac{b\mathrm{U}^2}{\left(1 + \frac{nb^{\frac{1}{2}}}{3n+1}\left(\frac{1}{\varepsilon}\right)^{\frac{1}{n}}\left(\frac{i}{2}\right)^{\frac{2-n}{2n}}\mathrm{R}^{\frac{n+2}{2n}}\right)^2}.$$

Or, pour que cette expression satisfasse à la loi expérimentale $\frac{i}{\mathrm{U}^2} = k$, il faut nécessairement que $n = 2$, seule hypothèse qui puisse faire complétement disparaître i du dénominateur du second membre. Il vient alors

$$\frac{1}{2}\mathrm{R}i = \frac{b\mathrm{U}^2}{\left(1 + \frac{2}{7}\left(\frac{b}{\varepsilon}\right)^{\frac{1}{2}}\mathrm{R}\right)^2} \quad (1).$$

Si les expériences de M. Darcy étaient rigoureusement exactes, la démonstration que nous venons de donner ne laisserait aucun doute dans les esprits; malheureusement, comme nous le ferons voir tout à l'heure, la valeur de n a si peu d'influence sur les résultats, qu'on peut craindre encore qu'elle ne se soit pas suffisamment fait sentir. L'expression précédente est d'ailleurs remarquable en ce qu'elle se trouve conforme aussi aux résultats de l'expérience relativement à l'influence du diamètre sur la vitesse. Dans la formule dite de Prony,

$$\frac{1}{2}\mathrm{R}i = b\mathrm{U}^2,$$

le coefficient b était considéré comme constant et égal à 0,00035 environ. Cette valeur avait été déduite des expériences de Bossut, Dubuat et Couplet, sur des tuyaux de très-petit diamètre pour la plupart, sans distinction de la nature de la paroi, qu'on considérait comme sans influence dans les résultats. Cependant la formule ainsi établie satisfaisait et satisfait encore assez bien aux besoins de la pratique. Les praticiens avaient remarqué cependant que, pour les grands diamètres, 0^{m},40, 0^{m},50, la formule donnait des vitesses inférieures à celles de l'expérience. Il semblait donc résulter de ce fait que b, coefficient de la résistance, devait diminuer avec le diamètre, comme cela a lieu effectivement avec la formule (1) qui contient R au dénominateur. Mais M. Darcy a cherché à déterminer l'influence du diamètre par une formule empirique, indépendante de toute considération théorique.

Nous avons expliqué plus haut les difficultés de cette recherche, qui exige que l'on compare les résultats dans différents tuyaux. Or, quelque soin qu'on prenne, les tuyaux de divers diamètres n'ont pas des parois identiques sous le rapport de la résistance. Pour mettre la loi en évidence il faut donc que les expériences soient nombreuses et s'étendent sur une échelle de diamètres très-variés. Celle de M. Darcy comprend les huit diamètres suivants :

$0^m,0122$ $0^m,0266$ $0^m,0395$	fer étiré.
$0^m,0819$ $0^m,137$ $0^m,188$ $0^m,297$ $0^m,500$	fonte neuve.

Des difficultés d'exécution empêchent qu'on ne fasse des tuyaux de fonte à très-petit diamètre, c'est pour cela que M. Darcy avait cru pouvoir leur substituer des tuyaux en fer étiré, fabriqués pour le gaz. Cette substitution l'a conduit, selon nous, à une formule irrationnelle. Pour le démontrer nous aurons besoin de nous appuyer sur des expériences faites par M. Darcy, avec des tuyaux de plomb de

$0^m,014 \qquad 0^m,027 \qquad 0^m,041.$

Prenons pour abscisses les divers diamètres des tuyaux expérimentés, et élevons des ordonnées $b = \frac{Ri}{2U^2}$ proportionnelles aux coefficients de résistance correspondant à chaque diamètre (fig. 12). En ne prenant que les expériences 4, 5, 6, 7 et 8, on reconnaît que la valeur de b pourrait être donnée par une horizontale un peu inférieure à MP, qui représente la formule de Prony, ou mieux encore, par une ligne ou courbe légèrement inclinée. Mais ces deux solutions laisseraient de côté les expériences 1, 2 et 3 des tuyaux en fer étiré. C'est pour avoir voulu les comprendre que M. Darcy a posé la formule empirique suivante (p. 110) :

$$b_1 = 0,00051 + \frac{0,0000065}{R},$$

représentée par la courbe HND qui, effectivement, passe d'une manière satisfaisante au milieu de ses huit points d'expérience.

Mais cette formule qui, comme nous le verrons tout à l'heure, conduit à des conséquences inadmissibles, est contredite en fait par de très-nombreuses expériences, par celles de M. Darcy lui-même.

Portons en effet sur la figure les expériences faites par cet habile ingénieur sur les trois conduites de plomb dont les diamètres étaient sensiblement égaux à ceux des conduites en fer étiré :

fer étiré	$0^m,0122$	$0^m,0266$	$0^m,0395$
plomb	$0^m,014$	$0^m,0270$	$0^m,041$.

Nous obtiendrons trois points placés tout près de l'horizontale de la formule de Prony; cela doit être en effet, car des cinquante et une expériences calculées par lui, il y en a quarante-neuf de Bossut et de Dubuat, qui toutes ont été faites sur des tuyaux de $0^m,027$ à $0^m,054$ de diamètre. M. Darcy a signalé lui-même cette conformité des résultats. Il dit, page 72 :

« Nous ferons encore une observation générale; c'est que les conduites en « plomb de $0^m,014$, $0^m,027$ et $0^m,041$ donnent des résultats à peu près iden- « tiques avec la formule de Prony, etc.

« Cela s'explique facilement.

« C'est en effet sur des tuyaux d'un grand degré de poli et d'un diamètre ana- « logue à mes conduites en plomb ; on devait donc retrouver leurs résultats..... »

Est-ce à dire que nous prétendions substituer ces trois expériences à celles des tuyaux en fer étiré? Non, sans doute; nous ne voulons que prouver que les expériences 1 et 2 doivent être rejetées. En effet, si la forme hyperbolique qu'elles donnent à la courbe qui représente la résistance était exacte, on la retrouverait certainement dans la position relative des points donnés par les trois tuyaux de plomb. La courbe devrait se relever vers l'origine pour devenir asymptote à l'axe des y. Or, l'expérience, comme on le voit, donne une horizontale. Il faut en conclure que les tuyaux en fer étiré n°s 1 et 2, surtout le premier, présentaient dans leur fabrication des causes particulières de retard pour la vitesse de l'eau. Il est même facile de s'en rendre compte en étudiant les détails donnés par M. Darcy sur ses expériences.

Nous avons déjà dit qu'il obtenait la vitesse moyenne au moyen du débit q par seconde de la conduite, débit mesuré dans un réservoir. Il en déduisait U par la formule

$$U = \frac{q}{\pi R^2},$$

et mettant cette valeur dans celle de b, il avait

$$b = \frac{Ri}{2U^2} = \frac{\pi^2 R^5 i}{2q^2}.$$

R entrant à la cinquième puissance dans cette expression, il s'ensuit qu'une erreur de 15 pour 0/0 sur l'évaluation du diamètre en donne une de 100 pour 0/0 sur la valeur de b. Dans ces expériences, la détermination rigoureuse du diamètre est donc de la plus grande importance. Malheureusement le diamètre des conduites, et surtout des petites conduites, est relativement assez inégal, et l'on est obligé de calculer un diamètre moyen. C'est ce qu'a fait M. Darcy, avec le soin qui a présidé à toutes les parties de ses expériences. Pour ces petites conduites, il a calculé leur diamètre au moyen de leur capacité, en les divisant en parties de 10 à 11 mètres de longueur. En appelant D le diamètre moyen, résultat de cette opération, et l, l', l'' les longueurs partielles de la conduite, il avait

$$D^2 = \frac{l}{L} d^2 + \frac{l'}{L} d'^2 + \frac{l''}{L} d''^2 \ldots\ldots$$

Au point de vue des expériences à faire, cette expression du diamètre moyen n'était pas exacte, car il ne s'agissait pas ici d'une moyenne de capacité, mais de débit. Soit en effet

R le rayon moyen à déterminer,
H la perte de charge totale de la conduite,
h, h', h''... les pertes de charge partielles correspondant aux parties de rayons variables,
L la longueur totale,
l, l', l''.... les longueurs partielles,

il est clair qu'on aura, en considérant toute la conduite, en vertu des équations $\frac{Ri}{2} = bU^2$, $i = \frac{H}{L}$,

$$H = \frac{2q^2 b}{\pi^2} \frac{L}{R^5},$$

et pour chaque longueur partielle

$$h = \frac{2q^2 b}{\pi^2} \frac{l}{r^5},$$

$$h' = \frac{2q^2 b}{\pi^2} \frac{l'}{r'^5},$$

$$h'' = \frac{2q^2 b}{\pi^2} \frac{l''}{r''^5},$$

. . . .

Ajoutant ces équations, et remarquant que $h + h' + h'' \ldots\ldots = \mathrm{H}$, il viendra

$$\frac{\mathrm{L}}{\mathrm{R}^5} = \frac{l}{r^5} + \frac{l'}{r'^5} + \frac{l''}{r''^5} \ldots\ldots$$

qui donne le rayon moyen correspondant au débit.

C'est la formule que nous avons donnée dans la *Distribution des eaux*, p. 68, pour calculer le diamètre moyen d'une conduite à diamètre inégal, et nous avons fait voir en même temps que ce diamètre différait peu du plus petit diamètre de la conduite qui en réglait pour ainsi dire le débit. La formule employée par M. Darcy avait au contraire pour résultat de rapprocher la moyenne du plus gros diamètre, et comme dans l'expérience n° 1 une erreur de 1 millimètre et demi peut faire varier la valeur de b dans le rapport de 1 à 2, il est pour nous hors de doute que c'est à une erreur dans l'évaluation du diamètre moyen qu'il faut attribuer les anomalies que présentent les expériences 1, 2 et 3. Malheureusement, en effet, les tuyaux en fer étiré sont d'un diamètre assez variable, car, assemblés par longueur de 10 à 11 mètres, M. Darcy leur a trouvé des capacités sensiblement différentes (voir p. 39), différences qui eussent été bien plus considérables si chaque tuyau eût été jaugé isolément. Si les expériences 2 et 3 s'éloignent moins de la formule de Prony, cela tient à ce que les différences entre les diamètres étant à peu près constantes, leur importance relative diminue avec la grandeur du diamètre.

Quant aux tuyaux en plomb refoulé, le mode de fabrication leur donne un diamètre constant. Aussi M. Darcy ne les a-t-il soumis à aucun procédé de mesurage (note de la p. 39). Par ce motif aussi, les expériences relatives à ces tuyaux sont-elles, comme on l'a vu, toutes différentes de celles des tuyaux en fer étiré.

Non-seulement la formule

$$b = 0{,}00051 + \frac{0{,}0000065}{\mathrm{R}}$$

ne se justifie pas par l'expérience, mais elle donnerait à la résistance à la paroi une propriété physique qu'aucune considération ne pourrait expliquer. C'est que cette résistance croîtrait rapidement quand le diamètre du tuyau diminue. En effet, dans les petits diamètres l'inégalité de vitesse des filets fluides disparaît, et les variations du coefficient b n'expriment plus que celles de l'adhérence à la paroi. Or d'après la formule, pour R très-petit, l'adhérence augmente et converge vers l'infini, ce qui est inadmissible. Dans les grands diamètres, au contraire, le coefficient b devient constant, ce qui indiquerait que le liquide se meut en masse et que la vitesse des filets fluides disparaît; conséquence encore moins admissible que la précédente.

La formule théorique (1)

$$\frac{1}{2}Ri = \frac{bU^2}{\left(1 + \frac{2}{7}\left(\frac{b}{\varepsilon}\right)^{\frac{1}{2}} R\right)^2}$$

satisfait à toutes les conditions rationnelles du phénomène de l'écoulement de l'eau ; pour R nul ou très-petit, le coefficient de U^2 devient constant et égal à b résistance à la paroi; à mesure que R croît, le coefficient de U^2 diminue à cause de la plus grande vitesse relative des filets fluides. Enfin rien de si facile que de satisfaire aux expériences de M. Darcy, en déterminant convenablement b et ε.

En posant, par exemple,

$$\frac{2b}{\left(1 + \frac{2}{7}\left(\frac{b}{\varepsilon}\right)^{\frac{1}{2}} 0,25\right)^2} = 0,00050,$$

$$\frac{2b}{\left(1 + \frac{2}{7}\left(\frac{b}{\varepsilon}\right)^{\frac{1}{2}} 0,04\right)^2} = 0,00066,$$

on en déduira $\quad b = 0,000348, \quad \frac{1}{\varepsilon} = 18665.$

La courbe des valeurs de b, coïncidera avec celle de M. Darcy, pour les diamètres extrêmes 0,0819 et 0,050, et s'en écartera fort peu pour les diamètres intermédiaires (*fig.* 12). Elle n'en différera que près de l'origine où elle s'approchera d'une valeur constante, ce qui est conforme à la fois avec la théorie et avec les expériences des tuyaux de plomb.

En admettant les valeurs numériques précédentes, on arrive à la formule

$$\frac{1}{2}Ri = \frac{0,000348U^2}{(1 + 0,73R)^2},$$

qui ne diffère de celle donnée par les tables ordinaires qu'en ce que le coefficient de U^2 se trouve multiplié par le coefficient variable $\frac{1}{(1+0,73R)^2}$, qui, dans les limites de diamètre en usage dans les distributions d'eau, ne diffère pas assez sensiblement de l'unité pour qu'il soit utile d'y avoir égard. Il serait d'ailleurs facile de faire cette correction en cas de besoin. Ainsi, pour des tuyaux plus grands que 0,50 de diamètre, la formule précédente nous paraît devoir donner des résultats aussi exacts que le permet l'état actuel de la science.

Nous n'attachons pas une grande importance aux valeurs numériques des coefficients b et ε que nous venons de donner, quoique la courbe qui en résulte ne s'écarte pas beaucoup de l'ensemble des expériences 4, 5, 6, 7, 8; mais la manière irrégulière dont sont distribués les points qui les représentent laisse une trop grande latitude à l'interpolation (*). Ce que nous avons voulu faire voir seulement, et ce sur quoi nous insistons, c'est que ces expériences ne donnaient aucun démenti à la formule rationnelle tirée de l'analyse du mouvement du fluide, formule que M. Darcy avait cru devoir abandonner à cause des expériences 1, 2, 3, qu'elle ne pouvait représenter. Nous avons fait voir que ces expériences devaient être complétement rejetées, parce que l'expérimentateur s'était probablement trompé dans l'évaluation du diamètre des tuyaux de fer étiré et qu'elles donnaient à la courbe, près de l'origine, une forme hyperbolique qu'on ne retrouvait pas dans les expériences faites dans les tuyaux de plomb, soit par M. de Prony, soit par M. Darcy lui-même.

Nous avons un reproche analogue à faire à la manière dont notre regrettable ami a interprété plusieurs séries d'expériences destinées à déterminer les vitesses relatives des divers filets fluides dans l'intérieur des tuyaux. Abandonnant complétement le fil de la théorie pour suivre aveuglément certains résul-

(*) Au lieu de prendre les points 4 et 8 de la figure 14 pour y faire passer la courbe théorique et déterminer les coefficients de la formule, nous aurions pu chercher à faire passer la courbe aussi près que possible des cinq points 4, 5, 6, 7, 8 par la méthode d'interpolation des moindres quarrés. Mais le peu d'étendue des expériences ne nous a pas semblé autoriser une méthode aussi compliquée. La formule que nous donnons a d'ailleurs l'avantage de se rattacher plus facilement à celle de Prony, puisqu'elle conserve son coefficient au numérateur. La figure 14 démontre d'ailleurs que ce n'est qu'au moyen d'expériences sur les grands diamètres qu'on parviendra à déterminer les coefficients de la formule avec quelque exactitude; on voit que pour 1 mètre de diamètre les trois formules aboutissent à des points très-écartés et que des expériences faites sur ces diamètres trancheraient nécessairement la question de leur exactitude.

tats, et cherchant les formules qui lui paraissaient le mieux les représenter, il est arrivé à des expressions en contradiction complète avec toute espèce de considération physique.

Nous avons fait voir plus haut que ces considérations pour le tuyau cylindrique conduisaient nécessairement à une équation de la forme

$$-2\pi r\,\varepsilon\left(\frac{dv}{dr}\right)^{n}=\pi r^{2}i,$$

qui exprime que la résistance présentée par le pourtour de l'enveloppe est égale à l'action de la pesanteur sur la masse du cylindre liquide. A cette expression, il faudrait substituer, suivant M. Darcy (page 129), la formule

$$-2\pi r\,\varepsilon\left(\mathrm{R}\,\frac{dv}{dr}\right)^{2}=\pi r^{2}i,$$

qui impliquerait avec elle que la cohésion des liquides croît avec le rayon du tuyau, c'est-à-dire, que la viscosité du liquide dépendrait de la grandeur du vase dans lequel il est contenu.

« Ce serait à la physique, dit M. Darcy (page 130), à donner une explication « de ce résultat curieux, qui tendrait à prouver que dans deux tuyaux de « rayons différents, les vitesses relatives de deux anneaux, pris à la même « distance r, sont en raison inverse du rayon de ces tuyaux, c'est-à-dire que « ces vitesses relatives dépendraient des dimensions absolues de la section, ou « de la distance des anneaux aux parois. »

Cette explication demandée à la physique nous paraît impossible à donner, car il faut remarquer encore, que l'influence de la distance à la paroi sur la cohésion est en sens inverse de ce qu'on pourrait, à la rigueur, concevoir. Sans doute il est possible d'imaginer que les rugosités ou aspérités de la paroi se fassent sentir non-seulement à la couche liquide en contact, mais à des couches plus éloignées, en imprimant aux molécules des mouvements oscillatoires et giratoires, mais il est évident que si cet effet existe, il est beaucoup plus sensible dans les petits tuyaux que dans les grands. Or, c'est le contraire qui a lieu suivant M. Darcy, de sorte que la parabole des vitesses, aiguë dans les petits tuyaux, s'aplatirait dans les grands où tous les filets auraient une vitesse sensiblement égale.

C'est là une conséquence complétement inadmissible. Cependant, dira-t-on, comment se fait-il que l'expérience ait conduit à cette formule? C'est que la constatation des vitesses du mouvement des couches concentriques dans un tuyau est une opération extrêmement difficile. Le procédé de M. Darcy consistait à faire pénétrer à travers le tuyau un petit tube percé latéralement d'un trou, qu'il faisait correspondre aux diverses couches dont il voulait connaître la vitesse, qu'il déduisait de la pression de l'eau dans le tube. Or, il est évident que l'introduction de cette espèce de sonde modifiait la vitesse qu'on voulait constater, et celà d'une manière différente, suivant le diamètre du tuyau; puis enfin la loi cherchée dépendait des différences entre ces vitesses, différences elles-mêmes peu considérables, de sorte que la moindre erreur sur leur évaluation affectait leur différence dans une ménorme proportion. En un mot, le problème consistait à déterminer des paraboles avec des points inexactement placés et et voisins du sommet, les expériences ne pouvaient donc être conclantes.

Ce qui doit rester des expériences de M. Darcy, c'est que la résistance due à la cohésion que les géomètres avaient représentée par $\varepsilon\left(\frac{dv}{dz}\right)$ serait plutôt $\varepsilon\left(\frac{dv}{dz}\right)^2$; il y a du moins d'assez grandes présomptions pour qu'il en soit ainsi. Cette loi est moins simple que la première, elle offre moins d'analogie avec les résistances moléculaires, en général proportionnelles à la première puissance des distances, mais elle n'est contraire à aucune explication du phénomène. En dehors des expériences de M. Darcy, elle trouve une confirmation dans les expériences antérieures, en ce que, comme nous l'avons fait remarquer, elle fait disparaître la pente du rapport entre la vitesse moyenne et la vitesse à la paroi, et en ce qu'elle fait croître la vitesse moyenne moins rapidement avec la grandeur de la section.

37. Expression générale de la vitesse moyenne et de son rapport avec la vitese à la paroi. — Comparaison des anciennes et des nouvelles formules. — L'expression générale de cette vitesse est en effet (§ 31)

$$U = W' + \frac{n}{3n+1}\left(\frac{\Omega}{\chi}\right)^{\frac{1}{n}}\left(\frac{i}{\varepsilon}\right)^{\frac{1}{n}} R.$$

Dans un grand cours d'eau $\frac{\Omega}{\chi} = \frac{LH}{L+H} = \frac{H}{1+\frac{H'}{L}}$, soit H pour L très-grand,

on a donc :

$$U = W' + \frac{n}{3n+1}\left(\frac{i}{\varepsilon}\right)^{\frac{1}{n}} H^{\frac{n+1}{n}}$$

pour $n=1$, $$U = W' + \frac{i}{4\varepsilon} H^2.$$

Alors la différence U — W' croît comme le carré de la hauteur, ce qui tendrait à donner à l'eau des crues une vitesse exagérée. Pour $n=2$, on a

$$U = W' + \frac{2}{7}\left(\frac{i}{\varepsilon}\right)^{\frac{1}{2}} H^{\frac{3}{2}}.$$

U — W' ne croît plus que suivant la puissance $\frac{3}{2}$, ce qui paraît plus conforme à l'expérience.

Si dans l'équation précédente on met pour i sa valeur $\frac{b^{\frac{1}{2}}W'}{H^{\frac{1}{2}}}$, il vient

$$U = W'\left(1 + \frac{2}{7}\left(\frac{b}{\varepsilon}\right)^{\frac{1}{2}} H\right).$$

Enfin si l'on substitue à b et à ε les valeurs numériques que nous avons déduites des expériences de M. Darcy, il vient

$$U = W'(1 + 0,73H);$$

d'où l'on déduirait

$$Hi = \frac{0,000348U^2}{(1+0,73H)^2},$$

formule analogue à celle des tuyaux.

La comparaison des vitesses observées dans les grands cours d'eau est loin de confirmer les formules précédentes. Mais il ne faut pas perdre de vue que ces formules ne sont applicables qu'à des sections constantes qui permettent aux filets de se maintenir constamment parallèles. Tandis que les lits naturels des cours d'eau ayant des sections variables les filets fluides sont obligés, tantôt de se pénétrer, tantôt de s'épanouir, d'où résultent des résistances toutes particulières dont l'analyse ne peut tenir compte. Le travail qui se fait dans la masse fluide absorbe évidemment une grande partie de la force motrice, et les filets supérieurs ne peuvent prendre, par rapport aux filets inférieurs, la vitesse relative que leur assigne le calcul dans une section constamment régulière.

Au reste, dans ces circonstances, les anciennes formules ne se trouvent pas moins en défaut. M. Minard, dans son *Cours de construction* (page 38), en cite diverses applications faites à des portions du lit naturel de quelques rivières dont les résultats sont bien peu satisfaisants. Ainsi le produit de la Meuse étant, d'après le jaugeage de 33me,40, la formule de M. de Prony, appliquée à diverses sections, a donné 53 mèt., 56 mèt., 74 mèt., 69 mèt., 34 mèt., 28 mèt.; sur un autre point, le produit de la rivière étant de 26^{m},50, le calcul a donné 28 mèt., 11 mèt., 30 mèt., 39 mèt., 4 mèt. Nous avons lieu de croire qu'une partie de ces erreurs considérables est due à de fausses applications de ces formules, comme nous l'expliquerons dans le prochain chapitre; cependant ces exemples numériques font voir tout ce qu'il y a encore d'inconnu et d'indéterminé dans le problème dont nous nous occupons. Il ne faut pas s'attendre à ce qu'on arrive jamais à rien de précis pour des circonstances aussi accidentelles, aussi irrégulières que celles des grands cours d'eau naturels. Tout ce qu'on peut espérer des progrès de la théorie et de l'expérience, c'est de renfermer les erreurs dans des limites plus restreintes.

Ainsi, par exemple, si les trois coefficients a, b, ε étaient connus d'une manière suffisamment précise, on en déduirait, comme dans l'exemple que nous venons de citer, la vitesse moyenne qui existerait si dans le cours d'eau la section et la pente étaient constantes. On aurait ainsi une limite supérieure de cette vitesse, puis on atténuerait cette vitesse au moyen de coefficients numériques donnés par la comparaison des vitesses réelles avec les vitesses théoriques, coefficients qui pourraient varier avec les vitesses, les irrégularités du profil, tant en long qu'en travers, les aspérités du fond, les inflexions plus ou moins brusques du cours d'eau. Enfin on aurait la limite de l'erreur possible, en employant les coefficients qui auraient été donnés par les circonstances les plus défavorables. Certes, ce ne serait pas là de la précision, mais ce serait un grand progrès sur l'état actuel de la science.

Il résulte des considérations que nous avons développées dans ce chapitre, que ce qui manque aujourd'hui à la science, ce sont surtout des expériences pour déterminer la valeur numérique de certains coefficients indispensables pour le calcul. C'est par cette recherche seule que l'hydraulique pourra faire des progrès réels. Notre regrettable ami M. Darcy l'avait bien compris, malheureusement la mort est venue l'interrompre au milieu de ses utiles travaux. Car après avoir expérimenté dans les tuyaux, il se proposait de faire des expériences analogues dans les canaux découverts, et nous ne doutons pas qu'elles n'eussent eu pour résultat de redresser quelques-unes de ses formules, qui nous paraissent s'écarter de toute espèce de considération théorique.

C'est là une grande et belle lacune à remplir et qui nous paraît de nature à tenter les ingénieurs qui disposent de moyens d'expérimentation convenables.

Les recherches analytiques de ce chapitre nous paraissent pouvoir être un guide utile dans ces expériences, car elles mettent en évidence le rôle des divers coefficients, et donnent les formules qui doivent servir à les déterminer. Elles ne seront pas inutiles non plus aux hommes pratiques, qui ont besoin de savoir le degré de confiance qu'ils peuvent accorder aux chiffres qu'ils sont obligés de demander à la théorie.

CHAPITRE II.

DU MOUVEMENT VARIÉ DES EAUX COURANTES.

38. Influence de la cohésion et de l'adhérence sur la courbe des vitesses et sur la vitesse moyenne. — Nous avons vu, dans le chapitre précédent, que l'adhérence et la cohésion jouent, dans le phénomène du mouvement des fluides, deux rôles parfaitement distincts; que l'adhérence à la paroi détermine la vitesse à la paroi, que la cohésion incomplète du fluide ajoute à cette vitesse une autre vitesse indépendante de la première; de sorte que l'expression de la vitesse moyenne se trouve nécessairement compliquée des coefficients de ces deux résistances qui n'ont entre elles aucune relation. Ainsi, avec une adhérence très-grande, infinie même, on pourra avoir une vitesse moyenne très-sensible, si la cohésion est faible; le fluide marchera alors par courbes très-inclinées, comme dans la *fig.* 13. Si l'adhérence est au contraire faible et la cohésion énergique, le fluide marchera par courbes d'autant moins inclinées que la cohésion sera plus forte (*fig.* 14), et il pourra arriver que l'adhérence et la cohésion, avec des valeurs très-différentes, donnent la même vitesse moyenne. Si, sur l'ordonnée qui donne cette vitesse (*fig.* 13 et 14), on élève des normales, on aura ainsi une série de tranches qui représenteront le mouvement d'un fluide d'une cohésion infinie et ayant une adhérence telle, que la vitesse commune de tous ses filets sera égale à la vitesse moyenne du fluide à cohésion plus ou moins faible. Nous avons vu tout à l'heure dans quelles conditions la formule :

$$i = \frac{\chi}{\Omega}(\alpha U + \beta U^2)$$

pouvait représenter ce mouvement particulier, et remplacer les formules du mouvement réel avec une approximation suffisante pour la pratique.

39. Équation du mouvement varié dans l'hypothèse où tous les filets sont considérés comme animés de la même vitesse. — Lorsqu'on substitue au mouvement réel par filets d'inégale vitesse, le mouvement par tranches de filets d'égale vitesse, l'équation du mouvement varié est facile à établir. On a, en appelant ζ la chute qui a lieu à la surface entre deux tranches dont la distance est λ, et φ la résistance au mouvement du liquide :

$$d\zeta = \frac{udu}{g} + \varphi ds \qquad (1)$$

et en intégrant :

$$\zeta = \frac{u^2 - u_0^2}{2g} + \int_0^\lambda \varphi ds \qquad (2)$$

Cette équation est aujourd'hui démontrée dans la plupart des traités d'hydraulique. Il suffit, pour se la rappeler, de remarquer qu'elle est identiquement la même que celle d'un corps solide glissant sur le fond du canal incliné du liquide et y éprouvant une résistance φ. Dans le cas du mouvement uniforme, la vitesse étant constante, $udu = 0$, et l'on a :

$$\frac{d\zeta}{ds} = i = \varphi = \frac{\chi}{\Omega}(\alpha U + \beta U^2).$$

On voit que, pour passer du mouvement uniforme au mouvement varié, il suffit d'ajouter le terme de l'accroissement de la force vive. Ainsi l'effet de la chute ζ, comme l'a fait élégamment remarquer M. Vauthier, se divise en deux parties, dont l'une est employée à vaincre les résistances du lit et dont l'autre sert à augmenter la force vive du liquide en mouvement. Il est d'ailleurs facile de se rendre compte que le travail de la pesanteur et de la pression est toujours proportionnel à ζ pour un filet quelconque. Soit ζ' (*fig.* 15), la chute d'une molécule fluide entre deux plans verticaux voisins, z et z_0 les distances à la surface de cette molécule dans les deux positions.

Le travail de la pesanteur sera proportionnel à ζ',
Celui de la pression, à $z_0 - z$.

Le travail de ces deux forces sera donc proportionnel à $\zeta' + z_0 - z$.

Or, à la simple inspection de la figure 15, on a :

$$\zeta' + z_0 = \zeta + z;$$

donc

$$\zeta' + z_0 - z = \zeta.$$

Ainsi quoique tous les filets tombent de hauteurs différentes, que quelques-uns même remontent, on peut les considérer comme tombant tous d'une quantité ζ. La pression supplée à ce qui manque à la chute.

L'équation du mouvement varié, telle que nous venons de la transcrire (2), exprime la chute de la surface au moyen de deux termes: le premier est proportionnel à l'augmentation de la force vive du produit du cours d'eau depuis l'origine jusqu'au point considéré ; et le second, au travail de la résistance au mouvement dans cette étendue. Cette équation (2) serait parfaitement exacte, si tous les filets avaient la même vitesse u, et si l'on pouvait mettre pour φ une expression rigoureuse de la résistance au mouvement qui tînt compte de l'adhérence et de la cohésion. Mais comme tous les filets ont des vitesses différentes, et que dans l'état actuel de la science, on est obligé de mettre pour φ l'expression

$$\frac{\chi}{\omega}(\alpha u + \beta u^2)$$

déjà inexacte pour le mouvement uniforme, il en résulte que l'équation du mouvement varié n'est qu'une approximation dont nous allons chercher à faire apprécier le degré d'exactitude.

40. Correction à faire subir au terme qui exprime l'augmentation de forces vives, lorsqu'on a égard à la différence de vitesse des filets. — Nous allons nous occuper d'abord du premier terme, celui relatif à la force vive du produit du cours d'eau. M. Coriolis a fait remarquer (*Annales des ponts et chaussées*, 1836) qu'elle était plus grande que QU^2, à cause de la différence de vitesse des filets, que par conséquent ce terme devait être multiplié par un coefficient α', dont la valeur peut s'élever jusqu'à 1,47.

M. Vauthier, tout en admettant l'exactitude de cette correction, a fait observer (*Annales de* 1836) que, d'après la loi de Dubuat, qui restreint la différence des vitesses à mesure que la vitesse moyenne augmente, la valeur de ce coefficient de correction se trouvait limitée à 1,10, chiffre que tous les hydrauliciens admettent aujourd'hui. La loi de Dubuat étant pour nous complétement fausse, et le coefficient α' pouvant même dépasser les limites assignées par M. Coriolis, cette correction nous paraît avoir plus d'importance qu'on ne l'admet aujourd'hui, d'après l'observation de M. Vauthier; et de plus nous allons faire voir qu'en l'introduisant dans l'équation du mouvement varié, on a commis une erreur en sens contraire de celle que l'on voulait corriger ; on a augmenté un terme qui, dans la plupart des cas, est à diminuer. Cette erreur tient à ce qu'on a fait, dans le calcul de la différence des forces vives, une supposition inadmissible.

41. Supposition inadmissible sur laquelle est basée cette correction. — « Nous admettons, dit M. Belanger, page 72 de ses leçons lithographiées, « que dans le mouvement permanent par filets sensiblement parallèles, les vi- « tesses des filets qui traversent une section quelconque varient d'un filet à « l'autre, *suivant les mêmes lois que lorsque le mouvement est uniforme.* »

Or un instant de réflexion suffit pour faire voir que cette hypothèse est contraire aux lois de la mécanique, que le mouvement varié change d'une manière complète et radicale la distribution des vitesses dans les filets.

42. Changement dans la courbe des vitesses produit par une cataracte. — Imaginons que, dans la section O d'un canal, la courbe des vitesses soit représentée par *mn* (*fig.* 16) ; que de O en O′ s'opère sur la surface fluide une chute ζ qui a pour effet d'augmenter sensiblement la vitesse dans la section rétrécie O′. Cherchons à construire la courbe des vitesses *m′n′* dans l'étranglement O′. Nous avons vu tout à l'heure que le travail de la pesanteur et de la pression sur chaque molécule fluide en mouvement était proportionnel à la chute ζ de la surface, c'est-à-dire que si aucune force retardatrice ne se développait dans ce mouvement du liquide, la force vive de chaque molécule augmenterait de celle due à la chute ζ. En appelant v_0 et v la vitesse d'une molécule dans les sections O et O′, on aurait donc :

$$\frac{1}{2g}(v^2 - v_0^2) = \zeta ;$$

donc

$$v = \sqrt{2g\zeta + v_0^2}.$$

En réalité la vitesse dans la section O′ sera moins grande que la valeur donnée par l'expression ci-dessus, parce qu'une partie de la chute ζ sera employée à vaincre la résistance éprouvée par chaque filet. Mais s'il s'agit de deux sections voisines, cette résistance est fort peu de chose, puisque, dans les cours d'eau naturels, elle n'absorbe que quelques centimètres de la chute par kilomètre. Si les sections ne sont éloignées que de 10 mètres, ce sera beaucoup que de supposer qu'elle diminue de $0^m,01$ la hauteur de la chute qui sert à augmenter la force vive. Car cela équivaudrait à une pente de 1 mètre par kilomètre, c'est-à-dire cinq fois la pente moyenne de la Loire. Pour fixer les idées, supposons que ζ soit de $0^m,16$ et que le travail absorbé par la cohésion et l'adhérence dans le passage de l'étranglement soit précisément $0^m,01$. Nous aurons pour déterminer la vitesse de chaque filet

$$v=\sqrt{2g\times 0,15+v_0^2}=\sqrt{2,94+v_0^2}.$$

Si dans la section O on avait V, vitesse à la surface $=1^m$
en O', on aurait V', vitesse à la surface $=1^m,98$.
Si dans la section O on avait W, vitesse au fond $=0^m,50$
en O', on aurait W', vitesse au fond $=1^m,78$.

43. Force vive du produit dans une section dont la vitesse moyenne est U; coefficient de correction. — Ainsi, tandis que la vitesse à la surface aurait à peine doublé, celle du fond aurait presque quadruplé. Leur différence était dans la première section de 0,50, elle est de 0,20 seulement dans la seconde. Le rapport qui était dans la première section, celui de 2 à 1 est presque devenu l'unité dans le second. Calculons maintenant exactement la force vive du fluide dans les deux sections. La formule ordinaire du mouvement varié la supposait égale à

$$QU^2=HU^3,$$

U étant la vitesse moyenne. Si l'on a égard à la différence de vitesse des filets et qu'on suppose le cas du rectangle indéfini, elle sera

$$\int_0^H v^3dz \quad (*)$$

ou en mettant pour v sa valeur (nº 15) et supposant que la courbe des vitesses est une parabole du second degré (**)

$$\int_0^H\left(V-\frac{V-W}{H^2}z^2\right)^3dz=H\left\{V^3-V^2(V-W)+\tfrac{3}{5}V(V-W)^2-\tfrac{1}{7}(V-W)^3\right\};$$

or on a :

$$HU^3=H[V-\tfrac{1}{3}(V-W)]^3=H\left\{V^3-V^2(V-W)+\tfrac{1}{3}V(V-W)^2-\tfrac{1}{27}(V-W)^3\right\}.$$

Donc la quantité HU^3 mise dans l'équation du mouvement varié est trop faible de la quantité

(*) Le débit d'un filet étant vdz, sa force vive est $vdz\times v^2=v^3dz$.

(**) On a vu dans le premier chapitre que la courbe réelle ne peut en différer sensiblement.

$$H\left(\tfrac{4}{15}V(V-W)^2-\tfrac{20}{189}(V-W)^3\right)=H(V-W)^2\left\{\frac{152V+100W}{945}\right\}.$$

C'est par ce motif qu'on a proposé de remplacer HU^3 par $\alpha'HU^3$, α' étant un coefficient plus grand que l'unité. Cette substitution, commode pour le calcul, pouvait être à peu près exacte, et par conséquent admissible dans la pratique, lorsqu'on supposait que la courbe des vitesses variait suivant les mêmes lois que la vitesse elle-même, que les quantités $V+W$ et $V-W$ croissaient en même temps que la vitesse moyenne; mais lorsqu'on reconnaît, comme nous l'avons fait tout à l'heure, qu'une augmentation de vitesse entraîne une diminution dans la différence des vitesses, ce système de correction devient tout à fait inexact. En effet, le facteur

$$\frac{152V+100W}{945}$$

diffère peu de $\frac{1}{4}U$, soit qu'on fasse $n=1$ ou $n=2$ dans la valeur de U donnée par la formule du § 18.

La quantité à ajouter à HU^3 est donc

$$\tfrac{1}{4}H(V-W)^2U.$$

On a ainsi pour déterminer α'

$$\alpha'HU^3=HU^3+\tfrac{1}{4}HU(V-W)^2;$$

d'où
$$\alpha'=1+\tfrac{1}{4}\left(\frac{V-W}{U}\right)^2$$

et en se servant de la relation (n° 18) $V-W=\dfrac{2n+1}{n}(V-U)$;

$$\alpha'=1+\left(\frac{2n+1}{2n}\right)^2\left(\frac{V}{U}-1\right)^2.$$

On voit que α' ne peut être constant qu'autant que le rapport $\frac{V}{U}$ est lui-même constant. Nous avons vu dans le premier chapitre que celui de $\frac{U}{V}$ était renfermé dans les limites 0,67 et 1; celui de $\frac{V}{U}$ est donc compris entre 1 et 1,50, la valeur de α' est donc comprise elle-même entre 1 et 1,56 pour $n=1$, entre 1 et 1,39 pour $n=2$. Si l'on admettait le rapport constant $\frac{U}{V}=0,80$, on aurait $\alpha'=1,14$, pour $n=1$, $\alpha'=1,10$ pour $n=2$, valeurs qui peuvent convenir au calcul de la force vive du produit des cours d'eau ordinaires animés d'une vitesse uniforme, dans lesquels les quantités V et U ne s'éloignent pas beaucoup des limites entre lesquelles $\frac{U}{V}$ est à peu près égal à 0,80. Mais il est complétement inexact dans le calcul de la force vive du produit d'un cours d'eau dans deux sections voisines, de supposer que ce rapport $\frac{U}{V}$, et par conséquent α, soient constants. Il faut alors changer la valeur de α' dans les deux sections, d'après la valeur exacte du rapport $\frac{U}{V}$ dans chacune d'elles.

44. Détermination du coefficient de correction pour la différence de force vive entre deux sections. — Il résulte de cette correction que la différence entre les forces vives dans les deux sections doit être multipliée par un coefficient spécial α'' entièrement différent de α'. On a, en effet, pour le déterminer, l'équation suivante :

$$\alpha''(H'U'^3-HU^3)=H'U'^3-HU^3+\tfrac{1}{4}\{H'U'(V'-W')^2-HU(V-W)^2\}$$

d'où en remarquant que $H'U'=HU$

$$\alpha''=1+\tfrac{1}{4}\left(\frac{(V'-W')^2-(V-W)^2}{U'^2-U^2}\right). \qquad (1)$$

Mais, comme nous l'avons vu, on a

$$V'^2=V^2+2g\zeta \quad \text{et} \quad W'^2=W^2+2g\zeta;$$

d'où l'on tire
$$V'-W'=(V-W)\frac{V+W}{V'+W'}$$

le rapport $\frac{V+W}{V'+W'}$ est sensiblement égal à celui de $\frac{U}{U'}$, on a donc

$$\alpha''=1-\left(\frac{V-W}{2U'}\right)^2=1-\left(\frac{V-W}{2U}\right)^2\frac{U^2}{U'^2}. \qquad (2)$$

Le coefficient α'' est donc toujours plus petit que 1, de plus le rapport $\left(\frac{V-W}{2U}\right)^2$ ayant pour limite 0,56, comme nous venons de le faire voir, la valeur de α'' se trouve comprise entre 1 et 0,44 lorsque U' est plus grand que U, c'est-à-dire lorsqu'il y a pente de l'amont à l'aval; lorsque U' est plus petit que U, c'est-à-dire lorsqu'il y a contre-pente, α'' peut descendre au-dessous de cette valeur sans devenir nul. Car de la condition $\frac{V-W}{2U'}=1$, on tire, en mettant pour $2U'$ sa valeur approchée, $V'+W'$,

$$V-W=V'+W'.$$

Or on aurait de même $V'-W'=V+W$, équations incompatibles.

45. **La confusion qu'on a faite jusqu'à présent entre ces deux coefficients distincts n'a pu conduire qu'à de faux résultats.** — Les calculs précédents démontrent que le coefficient de correction α' est effectivement un nombre plus grand que 1, mais qui varie avec u, de manière qu'on a

$$\int_U^{U'} \alpha' ud = \alpha'' \int_U^U udu,$$

α'' étant toujours une fraction. L'examen préliminaire que nous avons fait de la variation qu'apporte dans la distribution des vitesses une chute ζ de la surface de l'eau, fait d'ailleurs parfaitement concevoir cette transformation du coefficient de correction, puisqu'elle fait voir que le coefficient α' qui convient à la force vive de la section d'amont qui est à retrancher de celle d'aval, est plus grand que celui qui convient à cette dernière. D'où il résulte que la différence de ces deux quantités corrigées par des coefficients est plus petite que la différence entre ces mêmes quantités non corrigées. Tous les calculs faits jusqu'à présent, et qui reposent sur la différence de la force vive de deux sections voisines, sont donc complétement erronés. S'il s'agissait de rectangles indéfinis ou de sections régulières, les formules qui précèdent ou d'autres analogues pourraient servir à les rectifier, mais les sections des cours d'eau naturels sont tellement irrégulières qu'il est impossible d'arriver à déterminer d'une manière un peu exacte l'expression de la force vive. Or une légère erreur dans l'évaluation de deux quantités peut en donner une énorme dans leur différence.

46. **Exemple numérique.** — Supposons que la vitesse d'amont $U=1^m$, que celle de la section d'aval $U=1^m,50$, nous aurions, en négligeant la correction,

$$\zeta = \frac{2,25-1}{2g} + \int_0^\lambda \varphi ds = 0,063 + \int_0^\lambda \varphi ds,$$

s'il s'agit de deux sections assez rapprochées pour que le terme qui exprime la résistance du lit soit négligeable, nous conclurons des données précédentes que la pente entre les deux sections est de $0^m,063$.

Si, comme l'admettent la plupart des hydrauliciens, on multiplie les puissances vives par un coefficient commun pour tenir compte de l'excès produit par la différence entre les vitesses, on aura

$$\zeta = 0^m,06, \quad \zeta = 0^m,07, \quad \zeta = 0^m,08.....,$$

suivant qu'on prendra pour α' des valeurs plus élevées. Ainsi, dans une application de cette formule, M. Minard a adopté $\alpha' = 1,40$, ce qui donnerait

$$\zeta = 0^m,088.$$

Tels sont les résultats donnés par la méthode ordinaire. Tandis qu'en réalité il peut arriver que le coefficient α' qui convient à la vitesse $1^m,50$ soit à peu près $1^m,02$, par exemple, et que celui qui convient à la vitesse 1 mètre soit 1,50, on aura alors

$$\zeta = \frac{1,02(1,50)^2 - 1,50 \times 1}{2g} = 0^m,04.$$

47. Cas où la formule du mouvement varié n'est pas applicable dans la pratique. — Les discordances que M. Minard a signalées entre l'expérience et les résultats du calcul de la formule du mouvement varié (*Navigation des rivières*, p. 38), n'infirment donc en rien cette formule, et s'expliquent parfaitement par la théorie que nous avons donnée de la distribution des vitesses. Il faut renoncer, dans la pratique, à déduire de la différence des forces vives de deux sections voisines, soit la pente, soit le produit du cours d'eau, car il sera toujours impossible de connaître dans une section irrégulière la distribution des vitesses d'une manière assez exacte pour évaluer cette différence avec un degré d'approximation suffisant. Il n'en est plus de même lorsque les sections sont éloignées. En effet, dans la formule

$$\zeta = \frac{u^2 - u_0^2}{2g} + \int_0^\lambda \varphi ds,$$

le terme $\frac{u^2 - u_0^2}{2g}$ a une valeur limitée par les valeurs extrêmes de u, ainsi dans le cas que nous considérions tout à l'heure, si les limites de la vitesse étaient 1 mètre et $1^{m},50$, la plus grande valeur de ce terme serait 0,06, tandis que le terme $\int_0^\lambda \varphi ds$ peut atteindre une limite quelconque, si les sections sont éloignées. Les 3 ou 4 centimètres d'erreur qu'on pourra commettre sur ce terme, auront donc peu d'influence sur le résultat final. Nous verrons plus tard que, dans toutes les questions pratiques de remous, ce terme n'a d'ailleurs qu'une influence complétement secondaire.

Enfin, on ne doit pas perdre de vue que la valeur de α'' (2) (n° 43) suppose les deux sections assez rapprochées pour que l'effet du frottement à la paroi soit négligeable. A mesure que la section d'aval s'éloigne de la chute ζ, la vitesse du fond se ralentit par l'effet du frottement dont elle augmente l'énergie, celle de la surface s'accélère, parce qu'elle est moins retardée par la cohésion; de sorte que la courbe des vitesses tend à reprendre la position qui convient au mouvement uniforme, et alors il faut avoir recours à la valeur de α'' (1) (n° 43) qui devient positive. Nous n'avons considéré dans les calculs précédents que le cas du rectangle indéfini, toute autre section donnerait des résultats analogues.

Dans les sections irrégulières que présentent les cours d'eau, on ne connaît donc ni la valeur, ni le signe de α''. L'introduction de ce coefficient dans la formule du mouvement varié n'est alors qu'une complication au moins inutile. Ce qu'il est important de savoir, c'est que toute solution qui repose en grande partie sur le calcul de la différence des forces vives de deux sections d'un cours d'eau naturel est une solution très-douteuse et très-incertaine.

48. Les affouillements qui se trouvent à l'aval des étranglements confirment la théorie précédente. — L'examen que nous avons fait plus haut du changement qu'opère dans la distribution des vitesses une chute ζ dans la surface, explique les graves affouillements qu'on rencontre souvent à l'aval des travaux qui ont pour résultat de produire une cataracte à la surface de l'eau. L'effet de cette cataracte est, comme on vient de le voir, d'augmenter la vitesse du fond dans un rapport beaucoup plus considérable que la vitesse à la surface, et l'on se tromperait gravement en cherchant à se rendre compte de l'effet d'un étranglement par les seules variations de la vitesse moyenne; en supposant, par exemple, qu'en réduisant la section d'un courant à la moitié de sa surface primitive on ne fait que doubler la vitesse du fond.

Ce que nous venons de dire relativement à l'accroissement plus rapide de la vitesse du fond, par rapport à celle de la surface, s'applique aussi à la vitesse des bords par rapport à la vitesse du filet central. Ainsi il est bien évident que toutes les fois qu'il y a chute, cette chute agit sur tous les filets de la surface, et que leur force vive est augmentée suivant la formule

$$2g\zeta = V'^2 - V^2,$$

qui a pour effet, comme nous l'avons fait voir, d'égaliser les vitesses. C'est, au reste, un fait que l'observation de ce qui se passe dans les étranglements des cours d'eau naturels nous avait fait pressentir. Dans ces circonstances, on voit, en effet, tous les filets se précipiter avec une vitesse sensiblement égale, tandis que dans les parties du lit où la section est permanente, on trouve, en s'éloignant des bords, une augmentation de vitesse bien sensible. De là souvent dans les étranglements des corrosions de rives, que ne semble pas justifier suffisamment le rétrécissement de la section.

49. Inexactitude du terme qui exprime dans le mouvement varié la résistance due à l'adhérence et à la cohésion. — Le second terme de la formule du mouvement varié (2) (n° 38)

$$\frac{\chi}{\omega}(\alpha u + \beta u^2),$$

qui est proportionnel au travail des résistances, n'est pas moins susceptible de correction que celui qui exprime l'accroissement de la force vive. Nous avons fait voir, en effet, pour le cas du mouvement uniforme, que la substitution de la vitesse moyenne à la vitesse à la paroi transformait une formule exacte, mais à peu près inutile pour la pratique, en une formule d'approximation fournissant les quantités dont on pouvait avoir besoin avec plus ou moins d'exactitude, suivant les cas. Nous avons présenté les formules exactes qui tiennent compte des deux espèces de résistances et donnent d'une manière précise le surcroît de vitesse dû au défaut de cohésion des molécules fluides. Pour le mouvement varié, la formule qui exprime la résistance en fonction de la vitesse moyenne, n'est encore qu'une approximation grossière, et il n'est pas permis de la remplacer par les formules exactes que nous avons données pour le cas du mouvement uniforme.

50. Des changements dans la distance des molécules fluides amenés par le changement de vitesses. — Cherchons d'abord à nous rendre compte des mouvements moléculaires qui ont lieu dans la masse fluide, lorsque la section n'est pas constante. Dans le mouvement uniforme, chaque filet peut être considéré isolément, il n'y a jamais mélange des molécules d'un filet avec celles des filets voisins; il n'en est pas de même dans le mouvement varié. Considérons, par exemple, comme tout à l'heure le cas d'un étranglement de fond ayant lieu en O′ (*fig.* 16), et pour simplifier notre explication, supposons qu'en O′ la vitesse du filet de surface soit double de ce qu'elle est en O, comme cela avait lieu dans l'exemple numérique que nous avons choisi. Imaginons qu'aux points O et O′ soient placés des anneaux ne pouvant donner à la fois passage qu'à une seule molécule d'eau. Il est clair que dans le second anneau il passera deux fois plus de molécules que dans le premier; il faut donc nécessairement admettre que de O en O′ le filet supérieur ait reçu du filet inférieur un nombre égal de molécules, c'est-à-dire que le filet supérieur ait complétement absorbé le filet inférieur. Pour se rendre compte de la manière dont se fait cette pénétration des filets, imaginons un courant composé d'un filet unique.

Il est clair que si la vitesse est uniforme, ce courant pourra être représenté par une série de points équidistants. Mais si, dans une certaine étendue de ce filet, la vitesse augmente, la distance entre les molécules y augmentera proportionnellement à la vitesse, car un observateur placé en un point quelconque du filet ne devra jamais voir passer que le même nombre de molécules dans le même espace de temps. Ainsi là où la vitesse sera double, l'intervalle entre les molécules sera double, là où elle sera triple, cet intervalle sera triple, etc. Une file de soldats assujettis à marcher plus ou moins rapidement sur divers espaces de terrain représenterait exactement les circonstances de ce mouvement. Supposons maintenant deux filets contigus soumis à cette variation de vitesse, indiquons par des points blancs et noirs (*fig.* 17) les molécules qui, dans la section O, appartiennent au premier ou au second filet. Dans chacun de ces deux filets s'opérera de la même manière l'espacement des molécules, en raison de l'accroissement des vitesses, mais à mesure qu'il a lieu, les molécules du filet inférieur s'insinuent peu à peu dans l'intervalle des molécules du filet supérieur, de manière à finir par s'y loger complétement, lorsque cet intervalle est devenu double de ce qu'il était primitivement. Le rapprochement des filets est proportionnel à l'espacement des molécules, de manière que la densité d'une section faite dans le liquide est constante. Ce double mouvement pourrait être parfaitement imité par une double file de soldats marchant en O sur deux rangs, et passant en O′ sur un seul rang, mais avec une vitesse double.

Ce que nous venons de dire pour le cas de la vitesse double suffit pour faire comprendre ce qui se passe dans le cas où la vitesse varie dans un rapport quelconque, les molécules appartenant à un même filet s'éloignent ou s'approchent, suivant que la vitesse augmente ou diminue, les molécules des filets voisins s'approchent au contraire ou s'éloignent dans les mêmes circonstances. Nous disons les filets voisins, car on doit comprendre que le même mouvement s'opère dans le sens horizontal et dans le sens vertical. Évidemment cette pénétration des filets très-différente dans une même section, car, comme nous l'avons vu, les vitesses varient dans un rapport très-différent, depuis la surface jusqu'au fond, cette pénétration donne lieu à une certaine absorption de travail qui n'est plus mesurée par l'inclinaison des tangentes de la courbe des vitesses.

51. Les formules qui, dans le mouvement uniforme, tiennent compte des résistances dues à l'adhérence et à la cohésion ne sont plus applicables au mouvement varié. — Il faudrait donc se garder d'appliquer au mouvement varié les procédés de calcul que nous avons employés pour tenir compte de l'excédant de vitesse dû au défaut de cohésion, car cette analyse ne tient compte que du déplacement moléculaire qui a lieu dans le sens du mouvement; et dans le mouvement varié, comme on vient de le voir, il y a, outre ce déplacement, un autre déplacement dans le sens perpendiculaire au mouvement. Ainsi nous pensons que les deux applications que M. Navier a faites de ses formules générales au mouvement varié de l'eau dans un tuyau rectangulaire et dans un tuyau cylindrique sont inexactes, en ce qu'elles ne tiennent compte que de la résistance due au frottement des filets que M. Navier a représentée par

$$\varepsilon\left(\frac{d^2u}{dy^2}+\frac{d^2u}{dz^2}\right)$$

et qu'elles ne tiennent pas compte du déplacement perpendiculaire à l'axe des tuyaux. Il y a contradiction complète, selon nous, dans les données du problème que s'était posé ce savant, qui considère le mouvement *varié* dans un tuyau de section *constante*. Car toutes les fois que la section est constante, le mouvement est uniforme, et toutes les fois que le mouvement est varié la section varie elle-même; la section du tuyau aurait beau être constante, la section mouillée varierait, c'est-à-dire que l'eau ne coulerait pas à plein tuyau.

C'est ce qui arrive, par exemple, lorsqu'on fait couler de l'eau par un tuyau incliné débouchant à l'air libre. La section de l'eau en tombant le long de ce tuyau va sans cesse en diminuant jusqu'à ce qu'elle ait atteint une vitesse uniforme.

Le mouvement varié cause donc dans la masse fluide une perte de travail qui n'existe pas dans le mouvement uniforme. Nous n'essayerons pas de l'introduire dans le calcul, parce que nous ne voyons pas pour le moment de moyen de tirer parti, pour la pratique, des formules plus compliquées qui résulteraient de ces considérations nouvelles. Nous avons voulu faire voir seulement l'énorme influence qu'avait le mouvement varié sur la distribution des vitesses des filets, parce que, dans certaines circonstances, il est utile de s'en rendre compte d'une manière approximative, et qu'on peut éviter ainsi de tomber dans d'assez graves erreurs, en faisant de fausses applications des formules pratiques ordinaires, ou en leur attribuant une exactitude qu'elles ne comportent pas.

On voit, en effet, qu'en substituant dans la formule du mouvement varié

$$dz = UdU + \frac{\chi}{\omega}(aW + bW^2)ds$$

à W vitesse du fond, U vitesse moyenne, on ne représente plus que d'une manière assez grossière la résistance au mouvement du liquide, puisque la vitesse du fond et la vitesse moyenne croissent dans un rapport tout à fait différent.

Ainsi, dans l'exemple numérique que nous avons choisi (n° 41), une cataracte de 0,15 portait la vitesse moyenne de 0,75 à 1,88, et la vitesse du fond de 0,50 à 1,78. Si donc on a convenablement déterminé les coefficients α et β pour qu'ils représentent la résistance en fonction de la vitesse moyenne dans la première section, ces coefficients se trouveront complétement erronés pour la section suivante, car ils feront entrer dans la formule une vitesse triple au lieu d'une vitesse quadruple; et comme la résistance est proportionnelle au carré de la vitesse, on aura une résistance exprimée par 9, lorsqu'elle devrait être exprimée par 16. L'erreur serait bien plus forte si nous avions supposé plus de différence entre les vitesses dans la première section.

52. **La résistance nouvelle due à la pénétration des filets, en s'opposant à ce que les filets prennent des vitesses trop différentes, n'est pas une cause d'inexactitude pour la formule ordinaire.** — Quoi qu'il en soit, la considération de la résistance due à la pénétration ou à la division des filets, loin d'altérer la formule ordinaire du

mouvement varié, ajoute au contraire à la probabilité de son exactitude. Nous avons déjà vu que la formule

$$\frac{\chi}{\Omega}(\alpha U + \beta U^2)$$

est d'autant plus près de la vérité, que la cohésion est plus forte, que U est plus près de W. Or c'est là précisément le résultat de la résistance due à cette pénétration des filets, et peut-être est-ce là encore une des causes qui empêchent les courants naturels de prendre à la surface ces grandes vitesses que leur donne la formule théorique du mouvement uniforme. Nous croyons donc qu'on peut appliquer la formule Prony au mouvement varié avec au moins autant de chances d'exactitude qu'au mouvement uniforme. Ce que nous venons de dire, si cela ne les a pas augmentées, servira du moins à n'accorder aux résultats que le degré de confiance qu'ils méritent, et à n'employer dans le calcul que des procédés en rapport avec le degré d'exactitude qu'on peut espérer.

CHAPITRE III.

DU MOUVEMENT VARIÉ DANS UN CANAL RÉGULIER.

53. **Équation différentielle de la surface de l'eau dans un canal régulier pour une pente quelconque du fond.** — L'équation du mouvement varié, que nous avons donnée dans le chapitre précédent (n° 38), peut servir à déterminer la surface de l'eau dans une section quelconque d'un canal régulier ou irrégulier, c'est-à-dire à section constante ou variable. Nous nous occuperons uniquement, dans ce chapitre, du cas où l'eau coule dans un canal régulier. Quoique le profil des cours d'eau naturels soit assez accidenté, on est obligé de le considérer comme régulier, au moins sur une certaine étendue, dans la plupart des calculs, à moins que les sections ne présentent des variations brusques et graduelles, cas dont nous nous occuperons dans le chapitre suivant. Les formules que nous allons présenter, étant donc destinées à recevoir dans leur application une certaine extension au delà de la limite que leur imposerait une analyse rigoureuse, il sera permis de simplifier jusqu'à un certain point les expressions, sans craindre de diminuer l'exactitude des résultats. Ainsi nous supposerons que, dans les calculs qui vont suivre, la forme du canal est un rectangle de largeur invariable. Ce serait inutilement compliquer les formules que d'admettre d'autres formes de section, parce qu'en réalité, il faudrait alors modifier l'expression de la résistance, ce que ne permet pas l'état actuel de la science.

Soient :

i le sinus de la pente du lit, comptée positivement lorsque le lit monte, et négativement lorsque le lit descend.

q le produit du cours d'eau par mètre courant de largeur $= \frac{Q}{2L} = hu$.

L la demi-largeur du cours d'eau ;
h la hauteur variable comptée au-dessus du fond ;
s la longueur du canal comptée positivement de l'amont à l'aval.

Si dans l'équation du mouvement varié

$$d\zeta = \frac{udu}{g} + \frac{L+h}{Lh}(\alpha u + \beta u^2)ds$$

on met pour $d\zeta$ sa valeur tirée de la relation

$$h_0 = h + ids + d\zeta$$

que donne la figure 18, et pour u, $\frac{q}{h}$,

il vient
$$ds = \frac{\left(\frac{q^2}{g} - h^3\right)dh}{h^3 i + \frac{L+h}{L}(\alpha qh + \beta q^2)}. \quad (1)$$

Cette équation est toujours facile à intégrer, puisque les variables sont séparées. Elle peut être considérée comme représentant la courbe de la surface de l'eau dans un courant permanent quelconque.

Ainsi, quelle que soit l'inclinaison du lit, la largeur et la hauteur d'un cours d'eau, l'équation différentielle de la courbe de la surface de l'eau est toujours la même. Mais il ne faudrait pas en conclure que la courbe est la même ; cette équation représente en effet, dans sa généralité, suivant la valeur numérique de ses coefficients, des courbes de formes aussi différentes entre elles que les sections coniques, qui sont toutes représentées cependant par une équation du second degré. Nous allons les examiner successivement.

54. Même équation pour le cas du fond horizontal et discussion de la nature de la surface. — Supposons d'abord le fond horizontal $i = 0$, l'inclinaison de la tangente à la courbe est alors exprimée par

$$\frac{dh}{ds} = \frac{(L+h)(\alpha qh + \beta q^2)}{L\left(\frac{q^2}{g} - h^3\right)}, \quad (1)$$

quantité toujours négative jusqu'à la valeur

$$h = \sqrt{\frac{q^2}{g}},$$

qui la rend infinie, et toujours positive pour une valeur plus petite que h. Enfin, plus h est grand, plus $\frac{dh}{ds}$ est petit, c'est-à-dire que vers l'amont, la courbe approche de l'horizontale; elle a donc la forme indiquée par la figure 19, Elle a une tangente verticale en A et une partie mA convexe, une partie nA concave, qui revient en sens contraire du courant. Cette partie nA n'est qu'une de ces solutions fournies par les formules algébriques dans lesquelles on n'a pu faire entrer toutes les données du problème. Nous en verrons plus d'un exemple. Il est clair qu'une fois que l'eau est arrivée à tomber verticalement, elle ne peut plus revenir en arrière; il est donc inutile de s'occuper de cette partie de la courbe que l'expérience ne peut réaliser.

55. Intégration de l'équation et solution numérique des questions pratiques. — Pour obtenir les divers points de la courbe, il n'y aurait qu'à intégrer l'équation différentielle (1) (n° 54). Ce qui serait facile en décomposant le dénominateur de dh en deux fractions du premier degré

$$\frac{1}{(L+h)(\alpha qh+\beta q^2)} = \frac{1}{\alpha q\left(L-\frac{\beta}{\alpha}q\right)}\left(\frac{1}{h+\frac{\beta}{\alpha}q} - \frac{1}{h+L}\right).$$

Mais on peut simplifier beaucoup le résultat en remarquant que α étant beaucoup plus petit que β, le facteur $\alpha qh + \beta q^2$ est à peu près constant, et qu'on peut poser $J = \alpha qh' + \beta q^2$, en appelant h' une valeur moyenne de h dans la partie du cours d'eau considérée. On a alors, en intégrant,

$$s + C = \frac{L}{J}\left\{\left(\frac{q^2}{g} + L^3\right)\log\left(1+\frac{h}{L}\right) - \frac{h^3}{3} + \frac{Lh^2}{2} - L^2h\right\}.$$

Soit h_0 la hauteur du cours d'eau au point où l'on commence à compter les distances. En faisant dans cette équation $s=0$, $h=h_0$, on déterminera la constante C, et l'on aura

$$s = \frac{L}{J}\left\{\left(\frac{q^2}{g} + L^3\right)\log\left(\frac{L+h}{L+h_0}\right) - \left(\frac{h^3-h_0^3}{3}\right) + L\left(\frac{h^2-h_0^2}{2}\right) - L^2(h-h_0)\right\}.$$

Exemple : On suppose que le produit du courant soit $q = 0{,}80$, que la section soit un trapèze ayant $1^m,30$ au fond, $1^m,40$ à l'affleurement du couronnement, ce qui donne $L = 0^m,67$; on demande la distance qui sépare $h_0 = 1^m,70$ de la hauteur $h = 0^m,40$.

C'est le premier problème que s'est proposé M. Belanger dans son ouvrage intitulé : *Essai sur la solution numérique de quelques problèmes relatifs au mouvement des eaux courantes*. Cet ingénieur l'a résolu au moyen d'une série de substitutions de valeurs de h, décroissant de 10 en 10 centimètres, dans l'équation différentielle. Ce qui l'a conduit à dresser un tableau de treize colonnes verticales et de quatorze colonnes horizontales, pour y placer les différents résultats de ses substitutions dans une équation beaucoup plus compliquée que celle que nous avons donnée (1) (n° 53), attendu que M. Belanger n'a pas cru pouvoir assimiler le trapèze de la section à un rectangle. La formule précédente, qu'il serait facile de simplifier si elle devait être d'un usage plus fréquent, résout immédiatement le problème et dispense de ces laborieux calculs. En y substituant les données de la question, on aura

$$q = \frac{0,80}{1,34} = 0,60, \quad h' = 1,05, \quad \alpha = 0,0000243, \quad \beta = 0,000366,$$
$$L + h = 1,07, \quad L + h_0 = 2,37 ;$$

d'où, en substituant dans la valeur de s,

$$s = \frac{0,67}{0,000147}\left\{\left(\frac{0,36}{9,81} + 0,301\right)(4,673 - 5,468) + 1,616 - 0,915 + 0,584\right\}$$
$$= 4,632^m.$$

M. Belanger trouve 4,620 mètres, il ne faudrait pas conclure de là que notre résultat est exact, à quelques millièmes près. Nous ne faisons que substituer ici un procédé de calcul rapide et facile à une méthode longue et compliquée. La formule primitive à laquelle il est appliqué reste avec toutes les imperfections que nous avons signalées, et elle doit nécessairement altérer les résultats dans une assez forte proportion. Ainsi ce serait une erreur de croire, par exemple, qu'en prenant rigoureusement l'intégrale de l'équation différentielle par la méthode que nous avons indiquée, on obtiendrait nécessairement une valeur plus approchée de la vérité. En substituant, dans la formule du mouvement varié, la vitesse moyenne à la vitesse à la paroi, on commet une inexactitude assez grave pour ne plus pouvoir atteindre la vérité par les procédés de calculs rigoureux.

Si, au lieu de chercher la distance qui sépare deux ordonnées de la courbe, on cherchait une de ces ordonnées, à un point donné, il faudrait d'abord substituer une ordonnée arbitraire dans la formule et s'approcher du résultat par tâtonnements. Deux substitutions suffiront en général.

Ainsi, si l'on demandait à quelle hauteur sera la courbe à 3,757 mètres en amont du point où elle est à $0^m,40$, la substitution de l'ordonnée $1^m,70$ ayant donné 4,632 mètres, on substituerait $1^m,60$ et ayant trouvé une longueur moindre que 3,757 mètres, on pourrait considérer la courbe comme droite entre ces deux ordonnées et diviser leur distance en parties proportionnelles.

Si au lieu d'un cours d'eau étroit, dans lequel il est nécessaire de tenir compte de la résistance des bords, nous considérons un cours d'eau naturel, comme une rivière, en général assez large pour qu'on puisse regarder le rapport $\frac{L}{L+h}$ comme égal à l'unité, l'équation de la courbe se réduit à

$$s + C = \frac{1}{\alpha q h' + \beta q^2}\left(\frac{q^2}{g}h - \frac{1}{4}h^4\right),$$

qui représente une parabole du quatrième degré, dont le calcul n'offre aucune difficulté.

56. Équation de la surface dans le cas où le lit remonte. — Considérons maintenant le cas où i est positif, c'est-à-dire où le fond est incliné en sens inverse du courant.

La valeur de $\frac{dh}{ds}$ tirée de l'équation (1) (n° 52)

$$\frac{dh}{ds} = \frac{ih^3 + \frac{L+h}{L}(\alpha q h + \beta q^2)}{\frac{q^2}{g} - h^3}$$

donnerait pour la courbe représentée par cette équation (*fig.* 20) les mêmes caractères généraux que dans le cas où le fond est horizontal : pour h très-grand elle a une tangente horizontale, et elle reste concave vers le fond jusqu'à la valeur $h^3 = \frac{q^2}{g}$ pour laquelle elle lui est perpendiculaire, et au delà de laquelle elle devient convexe. L'intégration complète de l'équation ne présente aucune difficulté, soit qu'on y applique le procédé général des fractions rationnelles, soit une méthode approximative. La plus simple serait d'opérer la division algébrique et d'intégrer chaque terme. Nous présenterons tout à l'heure des exemples de ce calcul, pour le cas où l'angle i est négatif, qui nous dispensent d'entrer dans aucun détail à ce sujet. Remarquons en passant que lorsque l'eau coule sur un plan horizontal ou sur un plan en contre-pente, elle présente toujours une surface convexe qui se termine par une croupe brusquement arrondie. Nous rappellerons plus loin cette circonstance à propos du phénomène du mascaret.

57. Équation différentielle de la surface de l'eau quand le lit descend; discussion de cette équation.—Passons au cas où l'inclinaison du lit est dans le sens du courant, c'est en général celui de tous les cours d'eau naturels, car s'ils présentent dans certaines parties des contre-pentes, elles n'ont d'autre effet que de modifier la résistance. En effet, l'équation $\zeta = \int_0^\lambda \varphi ds$ subsiste entre deux points quelconques, pour lesquels la vitesse moyenne est la même. On peut substituer au lit naturel un lit fictif donnant la même résistance par mètre courant et qui aurait entre les deux points donnés la pente de la surface. La profondeur de ce courant supposé rectangulaire serait donnée par l'équation

$$H = \frac{\alpha U + \beta U^2}{i}$$

En réalité, les inégalités du lit produisent autour de cette ligne de pente une sinusoïde qui serpente au-dessus et au-dessous suivant les variations de la section (c'est ce qu'ont déjà signalé MM. Legrom et Chaperon, dans un intéressant mémoire, *Annales des Ponts et Chaussées*, 1838); mais dans la plupart des cas pratiques, on peut faire abstraction de ces écarts. Le lit naturel se trouve alors transformé en un autre sensiblement équivalent ayant des pentes parallèles à celles de la surface, et des profondeurs qu'on détermine par la formule précédente.

Supposons donc que dans un pareil lit l'eau soit soulevée ou abaissée, au-dessus ou au-dessous de la hauteur H qui donne la pente uniforme, par des travaux quelconques, et cherchons la position de la nouvelle surface de l'eau.

L'inclinaison de la tangente à la courbe nous est donnée par l'équation suivante, tirée de l'équation (1) (n° 53) en changeant i en $-i$:

$$\frac{dh}{ds}=\frac{ih^3-\frac{L+h}{L}(\alpha qh+\beta q^2)}{h^3-\frac{q^2}{g}}. \qquad (1)$$

Pour étudier d'abord la forme générale de la courbe, négligeons α par rapport à β et $\frac{h}{L}$ par rapport à 1. Il est d'ailleurs facile de s'assurer que ces quantités ne modifient pas les propriétés que nous allons déduire de l'équation simplifiée

$$\frac{dh}{ds}=\frac{ih^3-\beta q^2}{h^3-\frac{q^2}{g}}=i\,\frac{\frac{h^3}{H^3}-1}{\frac{h^3}{H^3}-\frac{U^2}{gH}} \qquad (2)$$

qu'on déduit de la précédente (1) en y faisant

$$H^3 i=\beta q^2 \quad \text{et} \quad q^2=U^2H^2.$$

Menons une parallèle à la ligne du fond à la distance H (fig. 21) qui représentera la surface naturelle du courant, et considérons d'abord les valeurs de h plus petites que H. Pour h un peu plus petit que H, $\frac{dh}{ds}$ est très-petit et devient nul pour $h=H$; la courbe vers l'amont s'approche donc indéfiniment de la surface naturelle du courant; h diminuant peu à peu, $\frac{dh}{ds}$, toujours négatif, finit par devenir infini pour la valeur $h=\sqrt[3]{\frac{U^2H^2}{g}}$ que nous supposerons d'abord plus petite que H. Si donc en O nous élevons une perpendiculaire au fond égale à cette longueur, que nous désignerons par H_0, elle sera tangente à la courbe qui, à partir de ce point, revient sur ses pas et donne une branche dont il est inutile de s'occuper. Cette portion de courbe, comprise entre le fond et la surface, représente ce que nous appellerons le remous d'abaissement. C'est-à-dire que si, par l'effet d'une altération quelconque du lit, la surface naturelle est abaissée de m en n, la surface naturelle mB sera abaissée en nB'.

Passons maintenant aux valeurs de h plus grandes que H qui vont nous donner le remous de gonflement. $\frac{dh}{ds}$ change de signe, la courbe est convexe vers le fond. Si h est à peu près égal à H, $\frac{dh}{ds}$ est comme tout à l'heure sensiblement nul.

Ainsi, vers l'amont, le remous de gonflement est aussi représenté par une asymptote à la surface naturelle, mais à mesure que h croît, $\frac{dh}{ds}$ s'approche de la limite i, c'est-à-dire qu'à l'aval, la courbe a une tangente horizontale, ce qui lui donne la forme indiquée par la figure 21. Cette courbe représente ce que devient la surface naturelle du courant lorsqu'elle est soulevée en un point quelconque de m en n' par exemple. Alors la partie $n'B''$ est ce qu'on appelle la surface du remous.

Remarquons que quoiqu'on ne cherche en général que le remous, en amont d'une perturbation quelconque, l'analyse doit donner et donne en effet le prolongement de la courbe en aval. Il n'y a, en effet, pour un courant défini par sa pente et sa hauteur, qu'une courbe de remous, qui une fois connue détermine tous les remous qu'on peut avoir à considérer sur ce cours d'eau. Supposons, par exemple, qu'un rétrécissement ait soulevé les eaux de 1 mètre en un point; il est clair qu'à une certaine distance en amont, cet exhaussement est réduit à $0^m,80$, plus loin à $0^m,60$, etc., la portion de courbe en amont du remous $0^m,60$ appartient donc à ce remous particulier comme à celui de $0^m,80$, comme à celui de 1 mètre, qui n'est que l'amont d'un remous plus grand. Nous insistons sur cette observation parce que, dans presque tous les traités d'hydrodynamique, on a considéré la courbe de remous comme ayant son origine au point où les travaux avaient occasionné le plus grand gonflement, ce qui a conduit à proposer des formules de calcul complétement erronées.

58. Cas du remous à ressaut. — Condition de pente du canal pour qu'il se produise. — Dans l'examen que nous venons de faire, nous avons supposé $\frac{U^2}{gH}$ plus petit que 1. C'est, en effet, ce qui a lieu sur presque tous les cours d'eau naturels, comme on peut s'en assurer en ayant recours à la signification de cette quantité. Faute de ne s'être pas rendu compte de cette signification, M. Vauthier a été entraîné à croire que la plupart des remous pouvaient se terminer par un ressaut (*Annales*, 1836, p. 237).

De l'équation $i = \frac{\beta U^2}{H}$ on tire $\frac{U^2}{gH} = \frac{i}{g\beta}$ et la condition ci-dessus devient $i < g\beta$, $i < 0,0035$. Ainsi dans tous les cours d'eau dont la pente est au-dessous de $3^{m},50$ par kilomètre, les remous de gonflement et d'abaissement auront la forme que nous venons de leur assigner. Or les pentes des fleuves et des rivières se trouvent bien au-dessous de cette limite (*). Au-dessus on ne trouverait que les cours d'eau torrentiels ou des canaux d'expérience.

En effet, cette pente aurait pour effet de produire une vitesse à laquelle les rochers seuls pourraient résister, car elle serait de 3 mètres environ pour une profondeur de 1 mètre seulement. Les courbes que nous allons considérer ne peuvent donc se produire que dans des circonstances tout à fait exceptionnelles.

Voyons d'abord comment l'accroissement de l'angle i modifie peu à peu les courbes du remous ordinaire. D'abord pour le remous d'abaissement, la chute verticale $AO = H_0 = H\sqrt[3]{\frac{U^2}{gH}} = H\sqrt[3]{\frac{i}{g\beta}}$ (fig. 22) croît de plus en plus, et la courbe se rapproche de la surface naturelle du courant; de sorte que la surface naturelle tombe brusquement sur la surface inférieure sans courbe de raccordement pour $i = g\beta$. Au delà de cette valeur la courbe se retourne et présente une forme que l'expérience ne peut réaliser, il y a dans le liquide un excès de force vive qui doit produire des tourbillons dans la chute.

Pour la branche supérieure, la courbe du remous s'aplatit de plus en plus en s'approchant de la surface naturelle; enfin pour la valeur $i = g\beta$, la courbe de remous se réduit à une horizontale. Au delà de cette valeur de l'angle i, $i > g\beta$ (*fig.* 23), vers l'aval, la courbe devient concave vers le fond et s'approche de plus en plus de l'horizontale; du côté d'amont elle s'arrondit en croupe et a une tangente normale à la surface naturelle à un point situé à la hauteur $H_0 = H\sqrt[3]{\frac{U^2}{gH}}$; puis s'infléchit vers l'aval, suivant une seconde branche An, qu'il est inutile de considérer, parce qu'il est bien évident que la cohésion des filets fournit une courbe de raccordement toute différente entre la surface amont et la surface aval.

59. Caractères généraux du remous de dépression et du remous de gonflement. — En résumé, l'examen de l'équation différentielle conduit à

(*) La plus forte pente du Rhône navigable est, suivant M. Vallée, 0,00074; dans la partie où il n'est pas navigable on trouve, au point appelé la perte du Rhône, là où ce fleuve coulait dans un souterrain naturel creusé dans le rocher, 0,0038 (*Du Rhône et du lac de Genève, par M. Vallée*, p. 19).

ces conséquences générales: le remous de dépression est toujours une courbe arrondie se raccordant avec la surface aval par une partie verticale d'autant plus grande, que la pente du courant est plus considérable; au delà de la pente $i=0,0035$, le calcul ne donne plus de courbe, le raccordement se fait par une chute brusque.

Le remous de gonflement, pour les pentes ordinaires des cours d'eau naturels, est une courbe convexe vers la surface naturelle qui lui est asymptote vers l'amont, vers l'aval elle s'en éloigne de plus en plus, de manière à avoir une tangente horizontale à l'infini. Lorsque la pente du cours d'eau atteint $i=0,0035$, la surface du remous se réduit à une horizontale. Au delà de cete limite, la surface du remous est concave vers la surface naturelle, et se raccorde avec cette surface par une croupe qui lui devient perpendiculaire et forme ainsi une espèce de ressaut.

Lorsque, au lieu de considérer le courant dans un canal de largeur indéfinie, on le suppose rectangulaire, et lorsqu'on conserve le coefficient α, la condition $i > g\beta$ pour avoir un remous à ressaut est modifiée; elle devient, en mettant pour U^2 sa valeur tirée de l'équation,

$$i=\frac{L+H}{LH}(\alpha U+\beta U^2)$$

dans l'inégalité $\frac{U^2}{gH}>1$

$$i > g\beta\left(1+\frac{H}{L}\right)\left(1+\frac{\alpha U}{g\beta H}\right).$$

On voit que l'effet du frottement latéral est d'augmenter l'angle qui donne lieu au ressaut, et que le coefficient α contribue aussi à augmenter cet angle, mais d'une quantité fort petite, car $\frac{\alpha}{g\beta}=0,007$ environ.

60. Intégration de l'équation différentielle de la courbe du remous, et développement en série de la longueur du remous. — L'intégration de l'équation différentielle va nous révéler beaucoup d'autres propriétés importantes de la courbe du remous. Il est au moins bizarre que personne n'ait songé jusqu'à présent à lui faire subir cette opération, qui conduit, pour plupart des cas pratiques, à des formules excessivement simples.

Si dans l'équation différentielle (1) (n° 57) on met pour βq^2 sa valeur

$\frac{LH^3 i}{L+H} - \alpha q H$, et pour $\frac{q^2}{g}$, $\frac{H^2U^2}{g}$ il vient :

$$ids = \frac{\left(H^3 - \frac{H^2U^2}{g}\right) dh}{(h-H)\left\{h^2 + hH\left(1 - \frac{\alpha U}{Li}\right) + H^2\left(\frac{L}{L+H} - \frac{\alpha U}{Hi}\right)\right\}}.$$

On voit de suite que l'intégration de cette équation donnera un terme de la forme $A \log(h - H)$; que par conséquent pour $h = H$, on aura $s = \infty$, tant pour le remous de gonflement que pour le remous d'abaissement. Il est plus commode, pour la pratique, de prendre pour variables les ordonnées du gonflement ou de la dépression comptées à partir de la surface naturelle.

En substituant dans cette équation, au lieu de h, $H + y$, on aura l'équation différentielle de la courbe de gonflement rapportée à la surface naturelle

$$\frac{ids}{dy} = \frac{H^3\left(1 - \frac{U^2}{gH}\right) + y^3 + 3Hy^2 + 3H^2y}{y\left\{y^2 + 3Hy\left(1 - \frac{\alpha U}{3Li}\right) + 3H^2\left(1 - \frac{H}{3(L+H)} - \frac{(L+H)\alpha U}{3LHi}\right)\right\}}. \quad (1)$$

Quoique, sous cette forme, cette équation soit facilement intégrable, pour simplifier les calculs, nous négligerons la quantité $\frac{\alpha U}{3Li}$, car elle est égale à

$$\frac{1}{\left(1 + \frac{L}{H}\right)(3 + 45U)},$$

en admettant 15 pour le rapport $\frac{\beta}{\alpha}$. Cette fraction est en effet toujours très-petite, même dans les canaux étroits, Ensuite nous poserons

$$m = 1 - \frac{U^2}{gH}, \quad n = 1 - \frac{H}{3(L+H)} - \frac{(L+H)\alpha U}{3LHi}.$$

Si dans le dernier terme de la valeur de n, on met pour Hi sa valeur, on trouvera encore que ce terme est négligeable dans la pratique. Quant à la valeur de n, elle est toujours comprise, quelle que soit la largeur du canal entre $\frac{2}{3}$ et 1. Il vient alors, en décomposant en facteurs la fraction rationnelle

$$\frac{ids}{dy}=1+\frac{mH}{3n}\left\{\frac{1}{y}-\frac{y+\frac{3}{2}H}{\left(y+\frac{3}{2}H\right)^2+\left(3n-\frac{9}{4}\right)H^2}-\frac{\left(\frac{3}{2}-9\frac{n(1-n)}{m}\right)H}{\left(y+\frac{3}{2}H\right)^2+\left(3n-\frac{9}{4}\right)H^2}\right\}, \quad (2)$$

et en intégrant

$$is+C=y+\frac{mH}{3n}\left\{\frac{1}{2}\log\left(\frac{y^2}{y^2+3Hy+3nH^2}\right)-\frac{\frac{3}{2}-9\frac{n(1-n)}{m}}{\sqrt{3n-\frac{9}{4}}}\operatorname{arc}\left(\operatorname{tang}=\frac{y+\frac{3}{2}H}{H\sqrt{3n-\frac{9}{4}}}\right)\right\}.$$

Pour déterminer la constante C, il suffirait de poser $s=o$, $y=Y$, on aurait ainsi une équation en s et Y propre à résoudre tous les problèmes relatifs au remous de gonflement. Quoique les tables trigonométriques donnent facilement les arcs tangentes, on pourra éviter le calcul qu'exige cette recherche, en substituant à cet arc son développement en série

$$\operatorname{arc}\left(\operatorname{tang}=\frac{x}{A}\right)=\frac{\pi}{2}-\frac{A}{x}+\frac{A^3}{x^3}\ldots.$$

Cette série sera presque toujours assez convergente pour qu'on puisse négliger le second terme. L'intégrale se réduit alors à

$$is+C=y+\frac{mH}{3n}\left\{\frac{1}{2}\log\left(\frac{y^2}{y^2+3Hy+3nH^2}\right)+\frac{\frac{3}{2}-9\frac{n(1-n)}{m}}{y+\frac{3}{2}H}\right\}.$$

Dans le cas de cours d'eau naturels, l'équation de la courbe du remous (2) (57) prend une forme excessivement simple, puisque en posant $\frac{L}{L+H}=1$, et négligeant $\frac{U^2}{gH}$, elle se réduit à

$$ids=\frac{(H+y)^3}{(H+y)^3-H^3}dy. \quad (3)$$

Si l'on pose $\frac{H+y}{H}=z$, et qu'on développe la fraction $\frac{z^3}{z^3-1}$ par la division, il vient en intégrant :

$$\frac{is}{H}+C=\left(\frac{H+y}{H}\right)-\frac{1}{2}\frac{H^2}{(H+y)^2}-\frac{1}{5}\frac{H^5}{(H+y)^5}\cdots\cdots$$

61. Propriété remarquable des courbes de remous sur les cours d'eau naturels qui permet de les ramener toutes à un même type. — On voit que cette série est toujours convergente; elle présente d'ailleurs, ainsi que l'équation différentielle dont elle dérive, une propriété remarquable qu'il est essentiel de signaler; c'est qu'on a

$$\frac{is}{H}=f\left(\frac{y}{H}\right).$$

D'où il suit que, si l'on construit la courbe représentée par cette équation dans l'hypothèse de $H=1$, ses abscisses et ses coordonnées seront dans un rapport constant avec les abscisses et les ordonnées du remous sur un cours d'eau quelconque, de sorte que les premières étant connues, on peut en déduire les autres par une simple proportion; ou calculant les premières dans une table, on peut par une simple multiplication trouver les secondes. C'est ce que nous allons faire voir sur des exemples numériques.

62. Solution numérique d'un problème de M. Belanger par la formule du mouvement uniforme. — Supposons qu'un barrage établi sur la rivière que nous allons définir, en exhausse la surface, prise à quelques mètres de distance en amont, de $1^m,50$ au-dessus du plan du régime uniforme, de sorte qu'on ait $Y=1^m,50$, on demande la forme de la surface jusqu'à l'endroit où l'influence du barrage est réduite à $0^m,60$.

La rivière prise pour exemple a le profil (*fig.* 24). Sa pente est $i=0,000115$; sa dépense est de 40 mètres par seconde.

Tel est le problème que M. Belanger s'est proposé (p. 25 de son ouvrage cité). C'est par une série de substitutions dans l'équation différentielle complète où il introduit successivement le contour mouillé, la surface de la section, la vitesse moyenne pour des sections de hauteur décroissantes de 0,10 en 0,10, que cet auteur résout ce problème. C'est la même marche, la même longueur de calcul que pour le problème précédent. C'est encore à l'aide d'un tableau à quatorze colonnes de chiffres, dont chacun est le résultat de plusieurs opérations, que M. Belanger trouve que le remous ne sera réduit à $0^m,60$ qu'à une distance de 9245 mètres. Faisons remarquer d'abord que dans toutes les circonstances où l'on peut négliger la quantité $\frac{U^2}{gH}$ par rapport à 1, et où les hauteurs de remous sont assez grandes, il est inutile d'avoir recours à l'équation du mouvement varié pour résoudre les problèmes relatifs au remous. Leur solution dérive immédiatement et très-simplement de la formule du mouvement uniforme.

En effet, puisque la vitesse est petite dans la portion de remous considérée, la variation de vitesse peut être négligée, et par conséquent le mouvement considéré comme uniforme et la pente i' du remous comme égale à la résistance moyenne du lit ou à la résistance dans la section moyenne

$$i' = \frac{1}{H'}(\alpha U' + \beta U'^2),$$

équation qui résout le problème, car $H' = H + \frac{Y+y}{2}$ et $U' = U\frac{H}{H'}$ sont connus. On peut d'ailleurs la mettre sous une forme plus simple en la divisant par $i = \frac{1}{H}(\alpha U + \beta U^2)$; on a alors :

$$i' = i\frac{H^3}{H'^3}\left\{1 + \frac{\frac{H'}{H} - 1}{1 + 15U}\right\}.$$

Mettons dans cette équation les données du problème de M. Belanger :

$$U = \frac{Q}{\Omega} = \frac{40}{74} = 0^m,54. \quad H = \frac{0,0000243U + 0,000366U^2}{i} = 1^m,04;$$

mais comme nous avons confondu par approximation cette quantité avec le rapport $\frac{\Omega}{\chi} = \frac{74}{70} = 1,06$, nous prendrons la moyenne $H = 1^m,05$, et nous en déduirons

$$H' = H + \frac{Y+y}{2} = 1,05 + \frac{1,50 + 0,60}{2} = 2^m,10,$$

en substituant ces valeurs, il vient

$$i' = i\left(\frac{1,05}{2,10}\right)^3\left(1 + \frac{1}{9,10}\right) = 0,14\,i = 0,0000161.$$

Pour achever le problème, on tirerait s de l'équation $s = \frac{Y-y}{i-i'} =$

$\frac{0,90}{0,0900989} = 9100$ mètres, au lieu de 9245 mètres, différence insignifiante eu égard aux nombreuses inexactitudes admises nécessairement, soit dans les données du problème, soit dans les formules qui servent de base aux calculs.

On peut donc résoudre numériquement les problèmes de ce genre par les anciennes formules, d'une manière excessivement simple. Dans le cas où l'on voudrait tenir compte du frottement des parois latérales, il suffirait de multiplier la valeur de i' par le facteur $\frac{L + H'}{L + H}$. Mais cette formule, comme la méthode de M. Belanger, se trouverait en défaut si on l'appliquait à des parties où la courbe du remous se rapprochant de la surface naturelle n'en est plus qu'à une distance petite par rapport à la hauteur du cours d'eau, ou du moins il faudrait alors rapprocher de plus en plus les sections. C'est ce qu'a, du reste, reconnu M. Belanger.

« Si l'on voulait, dit-il (*page* 26), continuer les calculs du tableau n° 4, « pour déterminer l'influence du barrage à une plus grande distance en amont, « il conviendrait, pour plus d'exactitude, de prendre les valeurs successives de « la hauteur du remous, plus rapprochées que de décimètre en décimètre, et « d'autant moins différentes entre elles qu'elles s'approcheraient davantage de « la hauteur du remous. » Cette nécessité de subdiviser la hauteur du remous existerait, même pour les hauteurs qu'il a considérées, s'il avait pris son exemple sur un cours d'eau dont la profondeur moyenne eût été plus considérable, trois ou quatre mètres par exemple. Il faut remarquer de plus que cette méthode ne donne directement que la distance entre deux remous; lorsque l'inconnue du problème est une hauteur du remous, il faut opérer par tâtonnement.

63. Solution par la table des remous. — La table des remous, qu'on trouvera à la fin de cet ouvrage, résout directement ces deux natures de problèmes. Voici comment on doit s'en servir; nous prendrons pour exemple les données du problème précédent. Nous commencerons par les transporter sur le cours d'eau dont la profondeur normale est 1 mètre, en divisant les hauteurs de remous données par 1,05, hauteur du régime uniforme, nous aurons

$$Y' = \frac{y}{H} = \frac{1,50}{1,05} = 1,43, \quad y' = \frac{y}{H} = \frac{0,60}{1,05} = 0,57.$$

Nous chercherons dans la table le nombre qui correspond au gonflement

1,43 (*) et nous trouverons. 2,7586

Ce nombre exprime la distance, à l'origine de la table, du remous $1^m,43$.

Nous trouverons de même pour 0,57. 1,7579

La différence. 1,0007

exprime la distance entre les deux remous sur le cours d'eau qui sert de base à la table. Pour l'avoir sur le cours d'eau du problème, il suffit de poser

$$\frac{is}{H} = 1,0007 \quad \text{d'où} \quad s = 1,0007 \frac{1,05}{0,000115} = 9137 \text{ mètres.}$$

Comme nous l'avons déjà dit, le calcul de M. Belanger lui donne 9245 mètres.

64. Solution, par les tables de remous, d'un problème proposé par M. de Prony et résolu par M. Vauthier. — *Second exemple.* De quelle hauteur faudrait-il qu'un barrage construit à Poissy y relevât le niveau de l'étiage de la Seine pour que la surélévation de ce même niveau fût de $0^m,891$ sur la surface d'aval du barrage de Maisons [problème proposé par M. de Prony, dans une note insérée aux *Annales des Ponts et Chaussées*, premier semestre 1835, et dont s'est occupé aussi M. Vauthier (*Annales*, 1836, p. 279)].

La hauteur du régime uniforme, dans cette partie de la Seine, est. $1^m,59$

La différence de niveau entre Poissy et Maisons est de. . . . . . . $1^m,737$

Ces deux données suffisent, car, ainsi que nous le ferons remarquer tout à l'heure, la diminution du remous entre deux points ne dépend que de leur distance verticale et non pas de leur distance horizontale.

La distance à l'origine de la table de l'ordonnée de Maisons se trouvera en cherchant le nombre qui correspond à $\frac{0,891}{1,59} = 0,56$. 1,7444

Ajoutant la distance de Poissy à Maisons $\frac{is}{H} = \frac{1,737}{1,59}$. 1,0924

Nous aurons pour distance à l'origine de l'ordonnée cherchée. . . . 2,8368

(*) Pour ne pas allonger inutilement la table, on ne l'a faite dans la partie supérieure que de 0,10 en 0,10 ; on trouve les valeurs intermédiaires en ajoutant un nombre proportionnel aux différences. La distance à l'origine du remous $1^m,43$ se compose :

De la distance du remous $1^m,40$. 2,7264

Augmentée des 3/10 de la distance 0,1073 entre $1^m,40$ et $1^m,50$. 0,0322

Et se trouve être ainsi. 2,7586

La table donne en regard de ce nombre $1^m,503$; multipliant ce chiffre, qui exprime $\frac{Y}{H}$, par $H = 1^m,59$, nous avons $Y = 2^m,39$. C'est la solution du problème, c'est-à-dire que les eaux étant soulevées de $2^m,39$ à Poissy, le seront de $0^m,891$ à Maisons. M. Vauthier, par une méthode analogue à celle de M. Belanger, avait trouvé $2^m,385$. M. de Prony était arrivé à un résultat sensiblement différent, $2^m,15$, parce qu'il avait pris une hauteur du régime uniforme qui n'était pas admissible avec le débit de la Seine. C'est ce qu'a parfaitement expliqué M. Vauthier.

On voit que toute espèce de problème relatif à une question de remous se réduit à la recherche de deux nombres dans une table, et à une addition ou à une soustraction de ces nombres, selon que l'inconnue du problème est une hauteur de remous ou une distance entre deux remous.

65. Influence de la hauteur du canal sur la longueur du remous dans le cas des deux problèmes précédents. — L'emploi de la série que nous avons donnée plus haut conduirait aux mêmes résultats, puisque la table ne fait que reproduire les valeurs de cette série, dans l'hypothèse d'une hauteur de 1 mètre pour le régime uniforme. On y substituerait successivement les deux hauteurs de remous données par le problème, et les différences entre les deux sommes donneraient la distance entre les remous; si un des remous était inconnu on le déterminerait par tâtonnements. Il pourrait arriver que le cours d'eau fût dans l'étendue considérée de largeurs et de pentes très-sensiblement différentes, de manière que les valeurs de H et de i éprouvassent de grandes variations. Il faudrait alors le diviser en plusieurs parties et déterminer le remous séparément dans chacune d'elles. Cependant si ces variations étaient comprises dans des limites peu étendues, une valeur moyenne de H suffirait, car dans les problèmes de la nature de ceux que nous venons d'examiner, c'est-à-dire où les hauteurs de remous sont assez grandes par rapport à la profondeur du cours d'eau, le terme qui contient H et qui exprime la pente du remous est toujours très-petit, de sorte qu'une erreur, même assez forte sur ce terme, n'en produirait qu'une assez petite sur le résultat final. En effet, si l'on prend seulement les deux premiers termes de la série, l'équation du remous pourra se mettre sous la forme

$$is = (Y - y)\left\{1 + \frac{H^3}{2}\left(\frac{(2H + Y + y)}{(H + y)^2 (H + Y)^2}\right)\right\}.$$

Le premier terme $Y - y$ donne la hauteur is, comme si le remous était horizontal. Ainsi dans le problème de M. Belanger $Y - y = 0^m,90$ et le terme qui exprime la pente du remous se réduit à. . . . . $0^m,163$

Dans le problème de M. de Prony. . . . . $Y - y = 0^m,50$

Et le terme qui exprime la pente du remous se réduit à. . . . . . $0^m,23$

On voit donc que, dans ces circonstances, le second terme de l'équation est toujours très-petit par rapport au premier, ce que démontre d'ailleurs la formule. Car si l'on pose $\frac{Y+y}{2} = y'$ et $(H+y)(H+Y) = (H+y')^2$, le terme qui exprime la pente du remous pourra se mettre sous la forme $\frac{Y-y}{\left(1+\frac{y'}{H}\right)^3}$, fraction d'autant plus petite que y' est plus grand par rapport à H.

66. Cas où la hauteur du remous est petite par rapport à celle des cours d'eau. Simplification de la formule. — Dans ces sortes de problèmes, l'analyse n'est donc pas appelée à rendre de grands services à la pratique, puisque la partie inconnue de la question se réduit à l'addition de quelques centimètres à une quantité connue beaucoup plus considérable. Ce n'est que dans le cas où la hauteur du remous devient petite, par rapport à celle du courant, qu'il est indispensable d'avoir recours au calcul pour se rendre compte de la manière dont le remous diminue. Or c'est précisément dans ce cas que l'emploi de l'équation différentielle conduit à des calculs impraticables, tandis que le développement en série se simplifie au contraire. En effet, si dans l'équation différentielle (3) (n° 60)

$$ids = \frac{(H+y)^3}{(H+y)^3 - H^3}\,dy = \left(1 + \frac{H^3}{(H+y)^3 - H^3}\right)dy$$

on développe le facteur de dy, et si l'on fait la division en ordonnant le dénominateur par rapport à H, on aura, en intégrant, le résultat suivant :

$$\frac{is}{H} + C = \frac{1}{3}\log y + 2\left(\frac{y}{3H}\right) + \left(\frac{y}{3H}\right)^2 - \left(\frac{y}{3H}\right)^3 + \frac{15}{4}\left(\frac{y}{3H}\right)^4 - \frac{36}{5}\left(\frac{y}{3H}\right)^5 \dots\dots$$

Cette série est très-convergente lorsque y est petit par rapport à 3H, et c'est elle qui nous a servi pour calculer la première partie de la table. On peut faire disparaître la constante en prenant pour origine un remous donné.

Ainsi, si l'on appelle Y le plus grand remous et y le plus petit, et si l'on convient de compter les distances à partir de ce dernier, on aura

$$\frac{is}{H}=\frac{1}{3}\log\left(\frac{Y}{y}\right)+2\left(\frac{Y-y}{3H}\right)+\frac{Y^2-y^2}{9H^2}-\frac{Y^3-y^3}{27H^3}+\ldots..$$

formule très-commode pour le calcul, et qui le devient davantage encore lorsque les remous sont assez petits par rapport à 3H pour qu'on puisse négliger le carré de la fraction $\frac{y}{3H}$. En effet, la formule connue

$$\log\left(\frac{1+z}{1-z}\right)=2\left(z+\frac{z^3}{3}\ldots..\right)$$

permet d'écrire, lorsque z est une petite fraction,

$$2z=\log\left(\frac{1+z}{1-z}\right),\quad \text{et}\quad 2\,\frac{Y-y}{Y+y}=\log\left\{\frac{1+\dfrac{Y-y}{Y+y}}{1-\dfrac{Y-y}{Y+y}}\right\}=\log\frac{Y}{y}.$$

En substituant la valeur de $Y-y$, tirée de cette équation, dans la série précédente elle se réduit, pour les deux premiers termes, à

$$is=\left(\frac{H+Y+y}{3}\right)\log\left(\frac{Y}{y}\right).$$

La somme des trois hauteurs $H+Y+y$ exprime à peu près la profondeur P du cours d'eau dans l'étendue du remous, de sorte qu'on a

$$is=\frac{P}{3}\log\left(\frac{Y}{y}\right),$$

$$\log(y)=\log(Y)-\frac{3is}{P}.$$

Si l'on veut se dispenser de l'usage des logarithmes, il suffit de développer en séries l'équation

$$y=Ye^{-\frac{3is}{P}},$$

et l'on obtient

$$y=Y\left(1-\frac{3is}{P}+\frac{1}{1.2}\left(\frac{3is}{P}\right)^2-\frac{1}{1.2.3}\left(\frac{3is}{P}\right)^3+\text{etc.}\right).$$

A l'aide de ces équations rien ne serait si facile à résoudre que les problèmes relatifs au remous, si, sous ce rapport, la table qui est à la fin de cet ouvrage pouvait laisser quelque chose à faire.

Ainsi, par exemple, un remous de 0^m,60 a été produit dans un fleuve profond, on demande à quelle distance ce remous sera réduit à moitié, 0^m,30. Nous avons

$$s = \frac{P}{3i} \log 2 = 0{,}231 \frac{P}{i}.$$

Il ne reste plus, pour déterminer cette distance, qu'à connaître la profondeur et la pente du fleuve.

Supposons qu'on ait, comme dans certaines parties du cours de la Loire, $P = 6$ mètres, $i = 0{,}0002$, nous aurons $s = 6930$ mètres. Ainsi ce n'est qu'à 7 kilomètres que, sur la Loire, un remous en grandes eaux est réduit à moitié; car on remarquera que la valeur du facteur $\log\left(\frac{Y}{y}\right)$ ne dépend que du rapport qui existe entre les deux hauteurs de remous.

Pour ces sortes de problèmes, la table des logarithmes hyperboliques ou celle des logarithmes ordinaires, en se servant de l'équation

$$is = 0{,}77P \log\left(\frac{Y}{y}\right),$$

peut remplacer celle que nous donnons et qui n'a d'autre mérite que de réunir toutes les solutions dans un même cadre.

67. Cas où le canal en amont du remous éprouve des variations de pente et de profondeur. — Le calcul de l'ordonnée du remous, lorsque le courant en amont est soumis au régime uniforme, ne présente donc aucune difficulté. Si le régime en amont n'est pas uniforme, on remarquera que les variations de i n'ont aucune influence sur les résultats du calcul.

En effet, l'ordonnée du remous n'est fonction que de la pente absolue is, de sorte que si l'on appelle Z cette pente absolue on a

$$Z = \frac{P}{3} \log\left(\frac{Y}{y}\right).$$

Si maintenant on divise le courant en amont en plusieurs parties, qui dans leurs étendues diverses s_1, s_2, s_3, s_4 ..... pourront être considérées comme ayant la même profondeur, on aura pour les entre-profils consécutifs

$$3\frac{z_1}{P_1} = \log\frac{Y}{y_1},\ 3\frac{z_2}{P_2} = \log\frac{y_1}{y_2} \ldots\ldots \frac{3z_n}{P_n} = \log\left(\frac{y_{n-1}}{y_n}\right),$$

faisant la somme de ces équations, nous aurons

$$3\left(\frac{z_1}{P_1} + \frac{z_2}{P_2} \ldots\ldots + \frac{z_n}{P_n}\right) = \log\frac{Y}{y}.$$

Supposons que la profondeur n'éprouve pas de très-grandes variations, de manière qu'on ait $\frac{1}{P_m} = \frac{1}{P}(1 + \alpha_m)$, α_m étant une fraction tantôt positive, tantôt négative. Nous aurons, en appelant Z la somme $z_1 + z_2 \ldots\ldots z_n$,

$$3\frac{Z}{P} = \log\left(\frac{Y}{y}\right) - \frac{3}{P}(\alpha_1 z_1 + \alpha_2 z_2 \ldots\ldots + \alpha_n z_n).$$

Or le dernier terme, composé de quantités très-petites alternativement négatives et positives, sera toujours nul si la moyenne $\frac{1}{P}$ a été convenablement choisie. On a donc, comme dans le cas du courant uniforme,

$$Z = is = \frac{P}{3}\log\left(\frac{Y}{y}\right),$$

P désignant alors une profondeur moyenne du courant prise dans toute l'étendue considérée. Ce serait le volume d'eau contenu dans cette longueur du canal divisé par la surface. On remarquera que la solution de tous ces problèmes repose sur cette seule donnée P ou H, qui exprime la hauteur du courant. Les coefficients α et β de la formule de M. de Prony n'entrent pas dans notre formule du remous. Si le courant considéré ne fournit pas directement cette hauteur H, ce qui n'arrivera presque jamais, il faudra faire sur cette donnée plusieurs hypothèses de manière à avoir les plus grands écarts de l'expérience, et cela suffira presque toujours dans la pratique.

68. Influence de la hauteur du canal et des coefficients de la résistance sur la longueur du remous. — Comme nous l'avons fait voir tout à l'heure, dans le cas des basses eaux, la formule du remous ne contient H que dans le plus petit de ses termes; une erreur sur cette donnée, pourvu qu'elle soit renfermée dans certaines limites, en donnera toujours une très-faible sur l'ordonnée totale du remous. Dans le cas des grandes eaux, la hauteur H influe énormément sur le résultat, puisqu'il lui est proportionnel, mais alors il ne peut être question, dans la pratique, que d'obtenir une limite supérieure du remous. Ainsi, par exemple, l'ingénieur obligé de se rendre compte de l'effet du remous sur la Loire en temps d'inondation dans une partie du cours du fleuve où les crues ont 6 mètres de hauteur, fera mieux d'adopter ce chiffre, comme hauteur moyenne, que de le déduire d'observations directes sur la vitesse moyenne et de calculs sur la formule $Hi = \alpha U + \beta U^2$ (formule qui, dans le cas considéré, ne serait sans doute pas applicable avec les valeurs ordinaires de α et de β). Il aura ainsi une limite supérieure dont il pourra regarder les résultats comme exacts sans inconvénient.

Les modifications que de nouvelles expériences pourront apporter par la suite, à l'expression de la résistance de l'eau, ne changeront donc rien à la formule du remous. Car nous avons fait voir dans le premier chapitre de ces études, qu'on pourra toujours exprimer convenablement cette résistance par une simple correction des coefficients α et β, regardés jusqu'à présent comme constants. Or ces coefficients, actuellement si incertains, n'entrant pas dans les formules que nous venons de donner, nous croyons qu'elles peuvent satisfaire à tous les besoins de la pratique; bien entendu qu'il ne s'agit pas de cette précision rigoureuse que les abstractions mathématiques peuvent seules donner, mais de cette exactitude qui est suffisante pour servir de guide aux ingénieurs dans l'étude des questions relatives aux cours d'eau.

69. Comparaison des formules précédentes avec les formules empiriques de Funk, de M. Poirée et de M. de Saint-Guilhem. — Nous croyons même devoir nous arrêter un instant pour examiner d'autres formules données pour le même usage, et qui pourraient conduire à des erreurs graves.

M. Daubuisson, dans un article des *Annales*, 1837, p. 78, reproduit à peu près dans son *Traité d'hydraulique* à l'usage des ingénieurs, a comparé les diverses formules données pour calculer la surface du remous, à des nivellements faits sur le Weser, dans un endroit où l'eau de cette rivière se trouve relevée par des barrages. Il a conclu de cette comparaison : 1° que la formule de M. Belanger donnait des hauteurs d'eau notablement trop petites; 2° que les indications de la formule de Funk péchaient considérablement par excès, surtout vers l'extrémité du remous; 3° que la courbe indiquée par la formule de M. de

Saint-Guilhem s'écarte peu de celle que présente en réalité la surface du remous. De cette comparaison, M. Daubuisson conclut que la courbe du remous, produite par un barrage, approche d'une hyperbole dont l'équation diffère peu, au moins en ce qui intéresse la pratique, de celle qu'a donnée M. de Saint-Guilhem. Plus tard, M. de Saint-Guilhem, dans les *Annales*, 1838, p. 255, après avoir indiqué la formule de M. Belanger, et la simplification introduite par M. Vauthier, pour calculer la surface du remous, a de nouveau donné sa formule en disant :

« Les calculs sont beaucoup plus rapides et paraissent plus conformes à « l'expérience par la formule empirique que je vais indiquer. »

Comparons donc les résultats de cette formule avec ceux donnés par les formules établies précédemment. Pour rendre la comparaison plus complète, nous y joindrons ceux de la formule de Funk et ceux d'une formule de M. Poirée, donnée dans les *Annales des Ponts et Chaussées* par M. Chanoine (1839, p. 275), mémoire dans lequel cet ingénieur a comparé les résultats de cette formule avec ceux de l'expérience, et a tiré de cette comparaison la conclusion suivante qui termine son mémoire :

« Il semble dès lors que l'on peut conclure des exemples précédents que, « si l'exactitude mathématique de la formule parabolique n'est pas rigou- « reuse, *elle est néanmoins telle, que cette formule peut être employée avec toute* « *sécurité dans un grand nombre de cas,* toutes les fois surtout qu'il s'agira de « calculer approximativement les remous que pourront produire des bar- « rages en une rivière dont le cours ne serait contrarié par aucun obstacle. »

Nous supposerons qu'un remous de $0^m,40$ a été produit sur la Loire, dans un emplacement où sa pente est de $0^m,20$ par kilomètre, et nous chercherons la courbe du remous en temps de crue, où la hauteur du cours d'eau est de 6 mètres.

En mettant dans ces diverses formules les mêmes notations, elles deviennent

celle de Funk, $$y = 2Y - \left\{ is + \sqrt{Y\left(Y - \frac{1}{2} is\right)} \right\},$$

celle de M. de Saint-Guilhem,

$$y = Y \sqrt[3]{\frac{1}{1 + \frac{4}{6} Y \left(\frac{is}{Y}\right)^6} + \left(\frac{is}{Y}\right)^3} - is,$$

celle de M. Poirée, $$y = Y - is + \frac{i^2 s^2}{4Y},$$

celle du mouvement varié qui convient à ce cas,

$$\log y = \log Y - \frac{3is}{P}.$$

Mettant dans ces quatre formules, pour Y, sa valeur 0m,40; pour H, 6 mètres; pour P, 6m,60, et faisant tour à tour $is = 0^m,20$, 0m,40, 0m,60 ....., on en déduira les valeurs correspondantes de y à 1, 2, 3 kilomètres en amont du remous de 0m,40.

Nous aurons donc :

	HAUTEUR DU REMOUS			
	à 0 kilom.	à 1 kilom.	à 2 kilom.	3 kilom.
Suivant la formule de Funk	0,40	0,25	0,12	0,00
— la formule de M. de Saint-Guilhem . .	0,40	0,21	0,09	0,02
— la formule de Poirée.	0,40	0,22	0,10	0,02
— la formule du mouvement permanent.	0,40	0,37	0,34	0,30

On voit que les trois premières formules empiriques sont d'accord pour annoncer que la surface du remous s'est raccordée avec la surface naturelle de l'eau, à 3 kilomètres en amont du remous de 0m,40.

En comparant ce résultat avec celui de la quatrième ligne, on verra combien cette conclusion est fausse. Suivant la formule du mouvement varié, ce remous est encore en ce point de 0m,30. A 7 kilomètres il serait encore de 0m,20; certes ce ne sont pas là des hauteurs négligeables dans la pratique. Une erreur de cette importance peut occasionner les plus graves désastres. On en commettrait de bien plus considérables encore, si l'on supposait au remous une hauteur plus forte que 0m,40.

Nous nous sommes arrêté à cet exemple parce qu'il s'est présenté, et qu'il a été calculé dans une question très-importante, d'après la formule de M. de Saint-Guilhem.

70. Danger de l'usage de ces formules, causes nombreuses de leur inexactitude. — La seule inspection de ces formules empiriques suffit pour reconnaître qu'elles ne peuvent représenter la courbe du remous, lorsqu'on a un instant réfléchi sur ses propriétés.

D'abord il est évident que, dans l'équation de la courbe, y et Y doivent entrer de la même manière, le point pris pour origine étant un point quelconque de la courbe, qui jouit des mêmes propriétés que tous les autres.

Ces formules supposent que la tangente à la courbe est horizontale près du point pris pour origine. Or cela n'est pas, car un point quelconque de la courbe peut être pris pour origine.

Ainsi, si nous supposions un remous de $0^m,60$, nous trouverions un peu en amont le remous de $0^m,40$. En amont de ce point, les formules empiriques donneraient deux courbes; l'une ayant la tangente horizontale au remous $0^m,60$, et l'autre au remous $0^m,40$, ce qui n'est pas possible.

Ces formules ne contiennent pas la hauteur du courant naturel, de sorte que la courbe du remous se trouve indépendante de cette dimension, dont la grande influence est cependant évidente *à priori*.

Malgré l'autorité des auteurs que nous venons de citer, nous croyons qu'on ne doit se servir de ces formules dans aucune espèce de cas, parce que leur emploi peut entraîner dans des erreurs très-dangereuses.

Quant à l'objection qu'a faite M. Daubuisson, à la formule du mouvement varié, de ne pas se trouver d'accord avec un remous observé sur le Weser, nous ferons remarquer que pour apprécier ce prétendu désaccord, il faudrait pouvoir vérifier les données du problème et principalement la hauteur du régime uniforme. M. Daubuisson, qui s'est servi de la formule et de la méthode de M. Belanger, et qui en a même étendu l'usage aux parties supérieures du remous, ce qui l'a entraîné nécessairement dans des erreurs de calcul, ne paraît pas avoir soupçonné l'importance de cette quantité essentielle, puisqu'il propose l'emploi d'une formule qui en est indépendante, et qu'il se borne à la déduire d'un calcul approximatif et de données assez vagues qui ne présentent aucune garantie d'exactitude (*). Il y a là probablement une erreur du genre de celle que M. Vauthier a signalée dans les calculs de M. de Prony, sur le remous de la Seine. Rien ne serait si facile que de faire cadrer les résultats de la formule du mouvement varié avec ceux du Weser, en prenant pour hauteur du régime uniforme une quantité plus grande que $0^m,752$ admis par M. Vau-

(*) La largeur du courant a varié de 71 mètres à 132 mètres, le fond étant supposé avoir partout une pente égale, mais il est loin de l'avoir en réalité (*M. Daubuisson, Mémoire cité* p. 80).

thier. Cette expérience du Weser ne peut donc en rien diminuer la confiance que mérite cette formule, la seule, suivant nous, dont les résultats doivent être acceptés dans la pratique.

71. Propriétés générales de la courbe du remous qu'il est utile de connaître. — Dans beaucoup de questions du métier de l'ingénieur, il est bon non-seulement de pouvoir calculer par des formules simples l'étendue du remous, mais de connaître les principales propriétés de cette surface, qui dispensent dans beaucoup de cas de ces calculs, en permettant d'apprécier les conséquences immédiates de telle ou telle disposition.

La distance entre deux hauteurs de remous déterminées, est en raison inverse de la pente du cours d'eau.

Cette propriété résulte de ce que l'équation de la courbe du remous se présente sous la forme $is = f(y)$. Il suit de là que les remous s'allongent d'autant plus que les rivières ont moins de pente. Ainsi, pour diminuer un remous d'une certaine quantité, il ne s'agit pas de s'éloigner d'une certaine distance, sur le cours d'eau naturel, mais de s'y élever d'une certaine hauteur. Ce qui peut s'exprimer ainsi :

La diminution du remous entre deux points est due, non pas à leur distance, mais à leur différence de niveau.

Ces propriétés sont générales à tous les cours d'eau et à tous les remous. Mais les suivantes ne sont applicables qu'au cas où le remous est petit par rapport à la profondeur du courant, ce qui a lieu dans les crues. Dans ces circonstances :

La distance entre deux hauteurs de remous est proportionnelle à la profondeur du courant pour des pentes égales.

Ainsi, dans les rivières à grandes profondeurs ou à grandes crues, les remous peuvent se faire sentir fort loin en amont, surtout si la pente est faible, ce qui a lieu en général dans la partie inférieure des grands fleuves. Tel remous, qui est sans inconvénient sur une rivière qui a peu de profondeur et beaucoup de pente, peut devenir très-dangereux sur une rivière profonde et à faible pente. Ainsi, d'après les calculs que nous avons faits, un remous de $0^m,80$ sur la Loire est encore de $0^m,40$ à 7 kilomètres, de $0^m,20$ à 14 kilomètres et de $0^m,10$ à 21 kilomètres.

En remplaçant dans l'équation de la courbe du remous en grandes eaux la pente i par sa valeur $\frac{\beta U^2}{H}$ on obtient

$$s = \frac{P^2}{3\beta U^2} \log \left(\frac{Y}{y}\right),$$

équation d'où l'on tire les propriétés suivantes :

La distance entre deux hauteurs de remous est proportionnelle au carré de la profondeur du courant pour des vitesses égales ; en raison inverse du carré de la vitesse pour des profondeurs égales.

En y remplaçant au contraire P par sa valeur, $\frac{\beta U^2}{i}$ on aurait

$$s = \frac{\beta U^2}{3i^2} \log \left(\frac{Y}{y}\right),$$

et l'on en déduirait les deux autres propriétés :

La distance entre deux hauteurs de remous est proportionnelle au carré de la vitesse pour des pentes égales ; en raison inverse du carré de la pente pour des vitesses égales.

On voit qu'en général, ce qui augmente la longueur du remous, c'est la profondeur, et que ce qui la diminue, c'est la pente du courant. L'ingénieur appelé à projeter des travaux sur les cours d'eau à grandes profondeurs et à faibles pentes, doit donc porter son attention bien au delà des travaux qu'il est chargé d'exécuter. On voit en même temps, par l'exemple numérique que nous venons de citer, que l'exhaussement des crues peut avoir pour cause des travaux situés fort loin à l'aval.

Il y a aussi à cet égard une importante observation à faire, c'est que les grands remous produits par des travaux hydrauliques voisins sur les basses eaux, ne s'ajoutent pas entre eux. Le remous résultant en amont de deux étranglements successifs n'est pas la somme des remous partiels, parce que le remous d'aval en relevant sensiblement les eaux détruit la perte de force vive qui existait dans l'étranglement d'amont. Cela est évident pour les barrages, et un instant de réflexion fait voir qu'il en est de même pour les étranglements.

Supposons que la profondeur du courant naturel soit de 1 mètre, que la section ait été réduite à moitié par l'effet d'un étranglement d'une étendue telle qu'il a occasionné un remous de 1 mètre de hauteur. Si, un peu à l'aval on fait un étranglement semblable, il sera bien loin de produire un remous de 2 mètres, parce que les eaux relevées, passant dans le premier étranglement avec une hauteur de 1 mètre en sus, n'y éprouveront peut-être qu'une résistance à peu près égale à celle qu'elles avaient dans le lit naturel; l'effet de l'étranglement supérieur se trouvera donc à peu près détruit par celui de l'étranglement inférieur.

En grandes eaux, au contraire, 1 mètre de plus de hauteur n'augmenterait la section dans l'étranglement d'amont que de $\frac{1}{6}$, si la hauteur primitive était de 6 mètres, les forces retardatrices développées dans cet étranglement ne seraient donc pas sensiblement diminuées, et par conséquent l'eau en amont devrait conserver l'excès de hauteur nécessaire pour les vaincre.

Ainsi, dans les basses eaux, les remous inférieurs s'arrêtent et se fondent dans les remous supérieurs qu'ils soulèvent à peine; dans les grandes eaux les remous se superposent les uns sur les autres en s'ajoutant.

Si, par exemple, dans l'intérieur d'une ville on fait un pont qui produise, en grandes eaux, un remous de $0^m,40$ et qu'ensuite à peu de distance à l'aval on en fasse un second, un troisième semblables, ce remous de $0^m,40$ deviendra successivement $0^m,80$, $1^m,20$, etc.

Telles sont les conséquences principales qui peuvent se déduire de l'équation de la surface du remous dans les cours d'eau naturels.

72. Équation de la courbe du remous dans les canaux étroits. — Nous n'avons considéré jusqu'à présent que les cours d'eau dans lesquels la hauteur des bords est petite, par rapport à leur largeur. Dans les très-petits cours d'eau, dans les canaux artificiels, il peut être nécessaire de faire entrer cette hauteur dans le calcul, il faut alors avoir recours à l'équation générale que nous avons donnée plus haut, qui même dans ce cas peut être simplifiée.

En effet l'équation différentielle (2) (n° 60) peut s'écrire ainsi :

$$i\frac{ds}{dy} = 1 + \frac{mH}{3n}\left(\frac{1}{y} - \frac{1}{y + nH\left[\dfrac{1}{1+\dfrac{y}{3H}}\right]}\right) + \frac{3(1-n)H^2}{(y+\frac{3}{2}H)^2 + (3n-\frac{9}{4})H^2}.$$

Nous avons dit que n était toujours compris entre $\frac{2}{3}$ et 1, $\left(3n - \frac{9}{4}\right)$ est donc une fraction négligeable dans le dénominateur du dernier terme; de plus la fraction $\frac{1}{1+\frac{y}{3H}}$ peut être considérée comme constante, car en appelant δ sa valeur, on a pour. . . . .

$$y = 0 \ldots\ldots \delta = 1$$
$$y = H \ldots\ldots \delta = \frac{3}{4}$$
$$y = 2H \ldots\ldots \delta = \frac{3}{5}$$
$$y = 3H \ldots\ldots \delta = \frac{1}{2}$$

Or, dans toute question pratique, le remous est toujours limité, on pourra donc remplacer, sans erreur sensible, $\frac{1}{1+\frac{y}{3H}}$ dans l'équation ci-dessus par une fraction δ convenablement déterminée. Nous aurons donc en intégrant entre les limites Y et y,

$$is = (Y - y)\left\{1 + \frac{3(1-n)H^2}{(Y+\frac{3}{2}H)(y+\frac{3}{2}H)}\right\} + \frac{mH}{3n}\log\left(\frac{Y(y+\delta nH)}{y(Y+\delta nH)}\right). \quad (1)$$

Telle est la formule dont on pourra se servir dans un canal rectangulaire quelconque. On reconnaît facilement, en examinant l'influence de la quantité n sur chacun de ses termes, que plus le canal est étroit, plus le remous s'allonge. On se rend parfaitement compte de ce résultat, en considérant que les bords, en augmentant le périmètre mouillé dans le remous, donnent une nouvelle résistance qui exige un surcroît de hauteur dans la chute. Mais pour peu que les cours d'eau aient de largeur par rapport à leur hauteur, cette influence devient peu importante.

En posant $m = n = 1$ et en prenant pour δ sa valeur moyenne $\frac{3}{4}$, on obtient pour les cours d'eau ordinaires une formule

$$is = (Y - y) + \frac{H}{3}\log\left(\frac{Y}{y}\right)\left(\frac{y+\frac{3}{4}H}{Y+\frac{3}{4}H}\right)$$

dont le calcul est très-facile et qui peut remplacer la table que nous avons donnée. En supposant y très-petit par rapport à H, on aurait : $\delta = 1$, $\log\left(1+\frac{y}{H}\right)=\frac{y}{H}$ et par conséquent :

$$is = \tfrac{2}{3}(Y-y) + \frac{H}{3}\log\left(\frac{Y}{y}\right),$$

équation qui convient aux remous peu considérables et qui se simplifie encore (n° 66) comme nous l'avons vu.

73. Équation de la courbe des remous de dépression. — L'équation de la courbe du remous de dépression, se déduit de l'équation différentielle générale (2) (n° 60), en changeant y en $-y$, dy en $-dy$, on a ainsi

$$\frac{ids}{dy} = -1 + \frac{mH}{3n}\left\{\frac{1}{y} + \frac{\frac{3}{2}H - y}{\left(\frac{3}{2}H-y\right)^2 + \left(3n-\frac{9}{4}\right)H^2} + \frac{\left(\frac{3}{2}-\frac{n(1-n)}{m}\right)H}{\left(\frac{3}{2}H-y\right)^2+\left(3n-\frac{9}{4}\right)H^2}\right\}$$

dont l'intégrale est

$$is + C = -y + \frac{mH}{3n}\left\{\frac{1}{2}\log\left(\frac{y^2}{y^2-3Hy+3nH^2}\right) - \frac{\frac{3}{2}-9\,\frac{n(1-n)}{m}}{\sqrt{3n-\frac{9}{4}}}\,\text{Arc}\left(\text{tang} = \frac{\frac{3}{2}H-y}{H\sqrt{3n-\frac{9}{4}}}\right)\right\};$$

S'il s'agit d'un cours d'eau assez large, et qu'on puisse faire $m=n=1$, comme dans la plupart des cours d'eau ordinaires, on aura, en faisant la division et intégrant chaque terme, la série suivante :

$$C + \frac{is}{H} = \frac{1}{3}\log\left(\frac{y}{3H}\right) - 2\left(\frac{y}{3H}\right) + \left(\frac{y}{3H}\right)^2 \ldots\ldots$$

Si y est petit par rapport à H, ce qui a lieu dans les parties supérieures du remous, on peut ne conserver que les deux premiers termes de la série, et en faisant sur le second une transformation semblable à celle que nous avons faite plus haut, on aura

$$is = \frac{H - Y - y}{3} \log \frac{Y}{y};$$

pour le remous de gonflement, nous avions eu

$$is = \frac{H + Y + y}{3} \log \frac{Y}{y}.$$

On voit que lorsque $Y + y$ est petit par rapport à H, les deux équations diffèrent très-peu. Ainsi, vers l'amont, le remous de dépression diffère peu du remous de gonflement.

Quoique la série précédente soit toujours convergente, puisque dans le remous de dépression y est nécessairement plus petit que H, il serait plus commode, pour les parties de la courbe situées à l'aval, de se servir de la série qu'on obtient en opérant la division du coefficient de dy dans l'équation différentielle simplifiée pour le cas des cours d'eau larges par rapport à leur hauteur (3) (n° 60)

$$ids = \frac{\left(\frac{H - y}{H}\right)^3}{1 - \left(\frac{H - y}{H}\right)^3} dy;$$

en intégrant successivement tous les termes du quotient, on aura

$$\frac{is}{H} = C - \left\{ \frac{1}{4}\left(\frac{H - y}{H}\right)^4 + \frac{1}{7}\left(\frac{H - y}{H}\right)^7 \ldots\ldots \right\}.$$

On voit que, vers l'aval, la courbe de dépression est une parabole du quatrième degré, qui offre la plus grande analogie avec la courbe que nous avons trouvée dans le cas où l'eau coule sur un fond horizontal ou en sens inverse de la pente (n°s 55 et 56).

Ainsi, lorsqu'on abaisse sensiblement le niveau de l'eau dans un canal, en amont elle se relève assez brusquement par une courbe arrondie, puis ne retrouve que très-loin son ancien niveau par une courbe aplatie (*fig.* 21). C'est la propriété caractéristique de la courbe du remous d'abaissement qu'il importe d'avoir présente à l'esprit, dans l'étude des projets de navigation, qui comportent des élargissements, des redressements ou des approfondissements du lit naturel du cours d'eau qu'on veut améliorer.

Quant au calcul exact de l'ordonnée de la courbe, on remarquera encore que, pour les cours d'eau naturels, la formule peut se mettre, comme pour le remous de gonflement, sous la forme $\frac{is}{H} = f\left(\frac{y}{H}\right)$, et qu'elle est, par conséquent, susceptible d'être mise dans une table à deux colonnes qui dispense de tout calcul.

74. Solution, au moyen des tables, d'une question relative aux remous de dépression. — Ainsi, dans une rivière dont la pente est 0,0003 et la hauteur du régime uniforme $1^m,20$, on a fait un dragage ou un élargissement qui a eu pour résultat d'abaisser le niveau de l'eau, un peu en amont, de $0^m,36$, on demande à quelle distance cet abaissement sera réduit à $0^m,12$.

La distance à l'origine de la table, du remous $\frac{0,36}{1,20} = 0,30$ est. . . 0,9448

Celle du remous $\frac{0,12}{1,20} = 0,10$ est. . . 0,7020

Nous avons donc. . . . . $\frac{is}{H} = 0,2428$

d'où $$s = \frac{1,20}{0,0003}\,0,2428 = 971 \text{ mètres.}$$

Ainsi, à 971 mètres en amont, l'abaissement serait encore de $0^m,12$.

Dans les applications pratiques qu'on pourrait faire de cette formule, il faudrait distinguer avec soin le cas d'un abaissement produit au-dessous du niveau normal de celui d'un abaissement qui a pour résultat de diminuer ou de détruire un gonflement et de ramener la surface de l'eau vers le niveau normal. En effet, il arrive souvent que les hauts fonds forment barrage et occasionnent un remous de gonflement au-dessus de la surface naturelle. Le dragage de ces hauts fonds ne produit donc pas un remous d'abaissement, mais une diminution du remous de gonflement, et alors il faut se servir de la table et des formules du remous de gonflement.

Ainsi, si avec les données de la question précédente on supposait que la rivière dans laquelle on a opéré le dragage qui a baissé le niveau de $0^m,36$ fût précédemment gonflée, et que cette opération l'eût ramenée à son niveau normal, la table du remous de gonflement donnerait:

Pour distance à l'origine du remous de gonflement $\frac{0,36}{1,20}=0,30$. . . 1,3426

Pour celle du remous $\frac{0,12}{1,20}=0,10$. . . 0,8353

Pour $\frac{is}{H}$ entre les deux remous. 0,5073

Et pour $s=2030$ mètres, distance deux fois plus grande que la première.

75. Solution des questions numériques relatives au remous à ressaut. — Dans les calculs précédents, pour le remous de gonflement comme pour le remous d'abaissement, nous avons supposé qu'il s'agissait de cours d'eau de pentes assez faibles pour qu'on pût négliger $\frac{U^2}{gH}$ par rapport à 1. S'il n'en était pas ainsi, on ne pourrait plus calculer le remous au moyen des tables, et il faudrait avoir recours à la série fort simple

$$\frac{is}{H}+C=\frac{H+y}{H}-\left(1-\frac{U^2}{gH}\right)\left\{\frac{1}{2}\left(\frac{H}{H+y}\right)^2+\frac{1}{5}\left(\frac{H}{H+y}\right)^5 \cdots\cdots\right\}.$$

Cette série est aussi facile à calculer dans le cas où m (n° 59) est négatif que dans celui où m est positif. Elle peut servir au remous à ressaut comme au remous ordinaire; mais lorsque le canal considéré est assez étroit pour qu'on ne puisse plus négliger le frottement des parois latérales, il faut avoir recours à la formule que nous avons donnée plus haut (1) (n° 72).

Appliquons cette formule à l'expérience n° 2, de M. Bidone, calculée par M. Belanger. Les données de l'expérience sont

$$L=0,1625,\quad H=0,064,\quad U=1,69,\quad i=0,023,\quad Y=0,216;$$

on en déduit

$$n=1-\frac{H}{3(L+H)}-\frac{(L+H)\alpha U}{3LHi}=0,893,\quad m=1-\frac{U^2}{gH}=-3,55.$$

De plus, comme les valeurs y sont assez fortes par rapport à H, on prendra $\delta n=0^m,60$. En mettant ces valeurs dans l'équation (1) (n° 72), il vient :

$$is=(0,216-y)\left(1+\frac{4,21}{1000y+96}\right)-0,0848\left(\log\left(\frac{y+0,038}{y}\right)-0,162\right).$$

On remarquera que, la valeur de y étant comprise entre 0 et 0,216, la fraction $\frac{4,21}{1000y+96}$ est toujours comprise entre 0,043 et 0, que par conséquent on peut, sans erreur sensible, la considérer comme constante et égale à 0,02. L'équation se réduit alors, en y mettant la valeur de i, à

$$s = 10,176 - \left\{ 44,35y + 3,69 \log \left(\frac{y + 0,038}{y} \right) \right\}.$$

En mettant maintenant dans cette équation une valeur quelconque de y, on trouvera immédiatement la valeur de s.

Soit $y = 0^{m},206$, nous aurons. . . . . $s = 0^{m},415$
M. Belanger avait trouvé en 1828. . . . . $s = 0^{m},421$
Dans ses leçons de l'École des ponts et chaussées, en 1846. . . . . $s = 0^{m},419$
Si l'on fait $y = 0,046$, nous aurons. . . . . $s = 5^{m},914$
M. Belanger avait trouvé en 1828. . . . . $s = 5^{m},986$
Id. en 1846. . . . . $s = 5^{m},797$

Pour arriver à ce résultat, que nous obtenons directement, comme on vient de le voir, M. Belanger est obligé de calculer tous les points intermédiaires de la courbe par une méthode semblable à celle qu'il emploie pour le remous ordinaire. Quant aux différences des résultats trouvés par M. Belanger, à deux époques différentes, elles tiennent à ce que cet ingénieur, dans ses leçons de 1846, a affecté d'un coefficient de correction le terme de la formule qui exprime l'accroissement de la force vive. Nous avons fait voir dans le chapitre précédent tout ce qu'il y a d'inexact dans la manière dont cette correction a été faite jusqu'à présent.

Si l'on faisait $y = 0^{m},036$, on trouverait $s = 5^{m},92$, quantité qui ne diffère que de $0^{m},06$ de celle qu'on a trouvée pour $y = 0^{m},046$ et qui indique que ce point appartient à la croupe arrondie de la courbe qui forme ressaut. Des valeurs de y un peu plus faibles donneraient des distances plus courtes, appartenant à des points de la branche qui revient vers le barrage et qui, comme nous l'avons dit, n'est qu'un résultat d'analyse.

76. Distance à laquelle a lieu le ressaut. — Si l'on voulait déterminer à quelle distance du barrage a lieu le ressaut, il faudrait faire dans l'équation

$$y = H\left(\sqrt[3]{\frac{U^2}{gH}} - 1\right), \qquad \text{(n° 58)}$$

valeur qui, comme nous l'avons vu, donne la tangente verticale. Mais ici, l'expérience de M. Bidone ne se trouve pas d'accord avec le calcul, car le ressaut s'est formé à $3^m,50$ du barrage, tandis que, d'après la formule, il devait se trouver à plus de 6 mètres. Cette discordance doit tenir, selon nous, à ce que les données du problème ont été mal observées; il suffit, en effet, d'une légère erreur sur la hauteur du barrage pour en produire une considérable sur la distance du ressaut. Dans l'exemple précédent, chaque centimètre de hauteur correspond à $0^m,42$ comme distance. On ne peut même guère douter qu'il n'y ait eu dans l'expérience quelque inexactitude de ce genre. Il est évident, en effet, qu'il y a dans le ressaut de nombreuses causes de pertes de force vive, dont les formules ne tiennent pas compte; il est donc impossible que le calcul donnant la surface ARB (*fig.* 25), l'expérience donne AR'B. Car la résistance à la paroi, qui résulterait de cette dernière courbe, serait plus grande que celle qui résulterait de la première, dans laquelle tout le travail produit par la chute de l'eau se trouve cependant absorbé. Une expérience bien faite et bien observée doit donc donner un résultat en sens inverse de celui annoncé, c'est-à-dire un remous plus long que celui de la formule.

Aujourd'hui que l'analyse est parvenue à rendre compte des circonstances principales du phénomène du ressaut, il serait utile de répéter les expériences de M. Bidone, pour que les résultats en fussent vérifiés avec soin.

77. De la hauteur du ressaut. — Quant à la hauteur du ressaut nous ferons remarquer que, rigoureusement parlant, cette hauteur est

$$y = H\left(\sqrt[3]{\frac{U^2}{gH}} - 1\right)$$

qui rend le coefficient de $\frac{dy}{ds}$ infini (1) (n° 60), mais la courbe s'élevant de suite, presque verticalement, se trouve, à très-peu de distance du ressaut, atteindre une hauteur beaucoup plus considérable que celle qui est donnée par l'équation ci-dessus. C'est cette saillie apparente de l'espèce de croupe qui termine la surface du remous qu'on considère comme la hauteur du ressaut. Or cette saillie peut être donnée immédiatement par l'équation différentielle de la courbe du remous, en la laissant sous la forme primitive (1) (n° 38) :

$$d\zeta = \frac{udu}{g} + \varphi ds.$$

En intégrant cette équation entre le point R (*fig.* 25), qui sur le ressaut est le plus voisin de la surface naturelle, et le point m qui en est à une petite distance, en appelant ξ la hauteur pm comptée de bas en haut, U' la vitesse moyenne en m, il vient

$$\xi=\frac{U^2-U'^2}{2g}+\int_0^\lambda \varphi ds.$$

Le dernier terme exprime la résistance du lit sur la longueur Rp, cette quantité serait plus petite que $i\times Rp$, s'il ne se développait pas de forces retardatrices particulières dans le ressaut; car dans cette partie, la vitesse u est plus petite que U, et la hauteur h plus grande que H; et comme la longueur Rp est très-courte, on pourrait négliger cette quantité. On aurait alors, en faisant abstraction des forces retardatrices spéciales au ressaut, qui doivent en diminuer la hauteur,

$$\xi=\frac{U^2-U'^2}{2g}=\frac{U^2}{2g}\left(1-\frac{H^2}{(H+\xi)^2}\right),$$

d'où

$$\xi=\frac{U^2}{4g}-H+\sqrt{\frac{U}{2g}\left(\frac{U^2}{8g}+H\right)};$$

c'est-à-dire que la hauteur du ressaut est égale à la différence des hauteurs dues aux vitesses du courant, en amont et en aval du ressaut.

Cette théorie du ressaut est importante à considérer, parce qu'elle rend compte de beaucoup de phénomènes que présente le mouvement des eaux courantes. Il ne faut jamais perdre de vue qu'un cours d'eau animé d'une certaine vitesse possède la faculté de relever sa surface d'une quantité égale à $\frac{U^2}{2g}$, de sorte que tout ou partie de ce relèvement a lieu, lorsque se présentent des circonstances convenables : nous en verrons plusieurs exemples. Il est d'ailleurs bien évident que cette quantité $\frac{U^2}{2g}$ est la limite du phénomène; de sorte que si, au point où a lieu le ressaut, on élève une verticale égale à $\frac{U^2}{2g}$, et que par ce point on mène une horizontale, on aura une limite que la surface de l'eau ne pourra atteindre. De plus, si l'on se rappelle que la tangente à l'infini de la courbe du remous à ressaut est horizontale, on en conclura que cette courbe est asymptote à une horizontale.

78. Le mascaret n'est point un phénomène qui se rattache à la théorie du remous à ressaut. — M. Vauthier a rattaché l'explication du phénomène du mascaret à la théorie du remous à ressaut. Il compare l'effet de la marée montante à celui d'un barrage qui changerait de hauteur sans changer d'emplacement, et produirait ainsi un gonflement ou ressaut qui en s'allongeant, à mesure que le barrage monterait, produirait cette lame d'eau remontante à laquelle on a donné le nom de mascaret. Les choses se passeraient en effet de cette manière dans un cours d'eau à grande pente, mais elles se passeraient d'une manière toute différente dans les rivières ordinaires dont la pente est faible, car la courbe du remous produite par un barrage qui s'élèverait à leur embouchure serait concave et se raccorderait sans ressaut sensible avec la surface naturelle du courant. L'explication de M. Vauthier nous paraît donc inadmissible. L'erreur de cet ingénieur tient à ce que jusqu'à présent la condition $\frac{U^2}{gH} > 1$ du remous à ressaut n'avait pas été géométriquement expliquée.

Nous avons fait voir plus haut qu'elle correspondait à $i > g\beta$ ou $i > 0,0035$. Or la pente de la Dorgogne, où ce phénomène se remarque surtout, n'étant que de $0^m,0001$, on voit de suite que le remous à ressaut ne peut s'y produire.

S'il était permis d'expliquer un phénomène qu'on n'a pas observé soi-même, nous dirions : Le mascaret n'est autre chose que la croupe arrondie de la parabole du quatrième degré que donne tout courant qui s'avance sur un fond horizontal ou à contre-pente. Nous avons vu, en effet, que c'était là la courbe qui se produisait dans ces circonstances.

Si le thalweg de la vallée AB (*fig.* 26) est sensiblement à sec, on aura la croupe tout entière, mais si la vallée contient une certaine hauteur d'eau A'B' ou A''B'', la croupe disparaîtra dans cette hauteur, et l'on n'apercevra plus que la partie supérieure de la courbe, dont le raccordement avec la surface naturelle du courant deviendra insensible, si la hauteur du fleuve est considérable. Cette explication nous paraît parfaitement d'accord avec la description du phénomène telle que la donne M. Vauthier.

« Il paraît que le phénomène n'a lieu que dans les plus fortes marées et « lorsque les eaux de la Dorgogne *sont très-basses;* quand cette double condition « se trouve remplie, ce qui arrive ordinairement dans les mois d'août et de « septembre, on voit à l'embouchure de la Dorgogne, une lame d'eau d'environ « 6 pouces, courir le long de la rive, la remonter et la parcourir dans toutes

« ses sinuosités avec beaucoup de rapidité et un léger bruit, jusqu'à la distance « d'environ huit lieues de son embouchure. » (Page 290 du *Mémoire cité.*)

On voit que la différence essentielle entre l'explication de M. Vauthier et la nôtre consiste en ce que, suivant ce savant ingénieur, le mascaret serait produit par les eaux de la Dorgogne, simplement ralenties par l'élévation de la marée, tandis que, suivant nous, ce serait par les eaux de la mer remontant le lit de la Dorgogne. Ainsi la question pourrait être tranchée par un simple flotteur placé à l'aval du mascaret et indiquant le sens dans lequel les eaux s'écoulent. Si elles vont vers la mer, l'explication de M. Vauthier est admissible ; si elles remontent au contraire la vallée, c'est la nôtre qui devient probable. Il nous semble au reste que dès à présent il y a, dans la description de M. Vauthier, un fait qui est en contradiction complète avec son explication et qui doit la faire rejeter ; c'est que, lorsque les eaux sont très-basses, on remarque une lame d'environ 6 pouces. Or, pour qu'un relèvement de $0^m,16$ d'un courant soit possible, il faut que ses eaux soient animées d'une vitesse d'au moins $U=\sqrt{2g\times 0,16}=1^m,77$. Or dans les circonstances dont on parle, les eaux de la Dorgogne n'ont même pas une vitesse de 1 mètre, c'est-à-dire qu'elles ne peuvent se relever à peine de $0^m,05$. Quoi qu'il en soit, nous appelons, comme M. Vauthier, l'attention des observateurs sur ce phénomène intéressant qui mérite d'être étudié avec soin.

L'appel que nous avons fait aux ingénieurs dans le paragraphe précédent a été entendu. Un jeune ingénieur fort distingué, M. Partiot, a publié en 1861 des *Études sur le mouvement des marées* et un mémoire sur le mascaret qui contiennent des observations précieuses sur ce phénomène, auquel il a cherché une explication rationnelle. Examinant et passant en revue toutes celles qui ont été données, il n'hésite pas à se prononcer pour celle que nous venons d'exposer, ainsi que cela résulte des passages suivants que nous empruntons à son mémoire sur le mascaret.

« Le mascaret est, suivant l'expression de M. Dupuit, la croupe arrondie de « la parabole du quatrième degré que donne tout courant qui s'avance sur un « fond horizontal ou à contre-pente. Ces mots donnent une idée de la généra- « lité de ces phénomènes. . . . .

« . . . .

« Nous avons cité plus haut l'opinion de M. Dupuit dans ses Études.... « Cette opinion concorde entièrement avec les faits que nous avons été à même « d'observer, et nous la partageons de tous points. . . . .

« . . . .

« En un mot, M. Virla fait bien voir que la vitesse d'ascension de la marée, « comparée à la vitesse de propagation, doit donner lieu à un déferlement et « au mascaret, comme toute ascension rapide ou subite du niveau de l'eau « qui s'écoule dans un endroit peu profond; mais la forme de ce déferlement « et la manière dont il a lieu ne sont réellement expliquées que par M. Dupuit. »

Malgré cette concordance entre l'expérience et la théorie, il ne faudrait pas cependant considérer la forme du mascaret comme coïncidant exactement avec celle d'une parabole du quatrième degré. Cette courbe appartient effectivement à un courant qui se développe sur un terrain horizontal, mais à faible pente, mais c'est celle d'un courant permanent, c'est-à-dire dont la forme ne varie pas avec le temps. Lorsque le débit varie avec la section, ce qui amène un changement de forme continuel dans la surface, alors ce n'est plus un parabole du quatrième degré, mais une courbe plus ou moins ramassée qui présente une apparence analogue, comme on le verra au chapitre V. Il ne faut donc considérer l'expression dont nous nous sommes servi que comme destinée à peindre le phénomène plutôt qu'à le préciser rigoureusement.

CHAPITRE IV.

DU MOUVEMENT VARIÉ DANS UN CANAL IRRÉGULIER.

79. Du remous occasionné par un étranglement parallèle indéfini. — Dans le chapitre précédent, nous avons exposé les ressources que présentait l'état actuel de la science pour déterminer dans un canal régulier la surface de l'eau en amont d'un étranglement ou d'un élargissement de ce canal. Nous allons chercher maintenant à déterminer cette surface dans la partie même du canal qui est étranglée ou élargie.

Il peut se présenter plusieurs cas, que nous allons examiner successivement.

Le plus simple est l'étranglement ou l'élargissement parallèle continu sur une grande étendue. On peut alors calculer la hauteur de l'eau dans les deux canaux considérés, dont les demi-largeurs sont L et L', par les formules du mouvement uniforme (n° 20). En effet, il est évident que l'étranglement indéfini ne change pas la pente générale. On a alors, pour déterminer dans le nouveau canal la hauteur H', les vitesses W', U' et V', les quatre équations suivantes :

$$H'i = aW' + bW'^2, \qquad U' = W' + \frac{n}{2n+1}\left(\frac{i}{\varepsilon}\right)^{\frac{1}{n}} H^{\frac{n+1}{n}},$$

$$V' = W' + \frac{n}{2u+1}\left(\frac{i}{\varepsilon}\right)^{\frac{1}{n}} H^{\frac{n+1}{n}}, \qquad L'H'U' = LHU;$$

mais comme, dans la plupart des cas pratiques, les longs étranglements n'ont pas pour résultat de diminuer la largeur du cours d'eau dans un rapport considérable, on pourra presque toujours leur appliquer la formule simplifiée de M. de Prony : $H'i = \beta U'^2$ qui, combinée avec la dernière des équations précédentes, donnera :

$$H'^3 = \frac{\beta U^2}{Hi} H^3 \frac{L^2}{L'^2},$$

d'où $$H'=H\sqrt[3]{\frac{L^2}{L'^2}} \quad \text{et} \quad Y=H'-H=H\left(\sqrt[3]{\frac{L^2}{L'^2}}-1\right).$$

Ainsi le remous produit par un long étranglement est proportionnel à la profondeur primitive de la rivière. On doit donc procéder avec d'autant plus de circonspection aux travaux d'endiguement, que la rivière sur laquelle on les établit est sujette à des crues plus élevées. En réduisant la section à moitié, on aurait $Y=0,60\,H$. Une réduction aussi considérable est fort rare sans doute ; cependant la levée de la Loire, sur une partie du cours de ce fleuve, a certainement enlevé aux grandes eaux plus de la moitié de leur lit. On voit par la formule précédente quel surcroît de hauteur un pareil travail a dû amener dans les crues. Là où l'on a 7 mètres aujourd'hui, on n'avait probablement autrefois que 4m,40 environ.

Il est rare maintenant, surtout sur les grands fleuves, qu'on rétrécisse le lit des grandes eaux dans une proportion aussi considérable ; mais il arrive plus fréquemment qu'autrefois que par l'établissement de travaux publics, canaux, chemins de fer, routes, digues, chemins de halage, etc., etc., on empiète plus ou moins sur leur lit. Un empiétement d'un cinquième seulement (et dans combien de travaux cette proportion n'est-elle pas dépassée ?) donne :

Dans une rivière qui a 1 mètre de profondeur,	un remous de	0m,16
——— 3 mètres	———	0m,43
——— 7 mètres	———	1m,12.

On voit quelle énorme influence peut avoir un étranglement de cette nature, et à quels grands désastres il pourrait donner lieu, si le résultat n'en était pas prévu.

On voit aussi, au contraire, que les étranglements ne peuvent relever sensiblement le niveau des basses eaux qu'autant qu'ils sont très-considérables. Si un étranglement à moitié ne soulève les eaux que de $0,60\,H$, il s'ensuit qu'en resserrant une rivière qui n'aurait que 0m,50 de tirant d'eau par une digue qui prendrait la moitié de la largeur l'on n'obtiendrait encore que 0m,80 de profondeur d'eau. Et encore, pour obtenir un pareil résultat, il faudrait que l'endiguement eût lieu sur une grande longueur. De plus la formule qu'on vient d'établir suppose que la section est régulière, que la profondeur et la vitesse sont sensiblement constantes dans toute la largeur. Or il arrive ordinairement que l'étranglement se faisant par les bords où la vitesse et la profondeur sont moindres, le rétrécissement réel n'est pas proportionnel à la largeur.

Supposons que dans la section ACB (*fig.* 11) de profondeur variable, on construise une digue CD, qui retranche de la section ACB la partie ACD, de profondeur beaucoup moindre, le remous n'est plus exprimé par la différence H′ — H des profondeurs moyennes des sections avant et après l'étranglement, car n'y eût-il pas de remous, H′ hauteur moyenne de la partie restante DCB, serait encore beaucoup plus grand que H. Le remous n'est en un mot que la différence entre la profondeur moyenne de la partie DCB avant et après la construction de la digue. Pour tenir compte de cette circonstance, il faut considérer les changements comme s'opérant, non pas par l'effet d'un rétrécissement sur la largeur, mais par l'effet d'un changement de volume dans la partie DCB. On a alors en appelant q le volume avant l'étranglement, et Q le volume après l'étranglement,

$$i = \beta \frac{q^2}{L^2H^3} = \beta \frac{Q^2}{L^2H'^3};$$

d'où

$$H' = H\sqrt[3]{\frac{Q^2}{q^2}}, \quad Y = H' - H = H\left(\sqrt[3]{\frac{Q^2}{q^2}} - 1\right),$$

et par approximation, lorsque Y est petit par rapport à H,

$$Y = \frac{H}{3}\left(\frac{Q^2}{q^2} - 1\right),$$

c'est-à-dire que ce n'est ni par la largeur ni même par la surface que doit se mesurer l'étranglement, mais par les volumes, ce qu'il était d'ailleurs facile de pressentir. Au reste, il ne faut pas perdre de vue que tous ces résultats ne doivent être considérés que comme des approximations plus ou moins exactes, suivant la différence plus ou moins grande qui doit avoir lieu entre les sections, et suivant la régularité de leur profil transversal. S'il s'agissait de canaux parfaitement réguliers, les formules du chapitre premier de ces études, résoudraient facilement le problème, mais pour des cours d'eau ordinaires à sections irrégulières, il n'y a plus de possibles, dans l'état actuel de la science, que des calculs approximatifs.

80. De la hauteur des crues d'après la section. — La formule qui précède, donnant le remous produit par une augmentation de volume, peut servir à déterminer la loi que doit suivre la hauteur des crues, d'après le volume des eaux qu'elles entraînent. Comme on le verra plus tard, ce volume n'est pas un chiffre fixe et déterminé. En dehors des cas prévus et déjà observés, le hasard peut amener, et le temps amènera successivement un concours de circonstances qui produira une crue extraordinaire supérieure à celle dont les populations ont gardé le souvenir. Aussi, lorsqu'on a à se défendre contre les grandes eaux, a-t-on soin d'élever des digues à une certaine hauteur au-dessus des limites connues. Cet excès de hauteur a aussi pour but, nous le savons, de protéger les digues contre l'effet du vent et des vagues qui s'élèvent au-dessus du niveau moyen; mais on ne contestera pas que la considération de se mettre à l'abri des crues plus élevées que celles qui sont observées n'entre pour beaucoup dans la détermination de leur hauteur, et, sous ce rapport, la formule apprend comment cet excès de hauteur doit être fixé. En effet, si au lieu du volume q on a le volume Q, le surcroît de hauteur, pour des points où la hauteur primitive des grandes eaux était H et H', sera exprimé par

$$Y = H\left(\sqrt{\frac{Q^2}{q^2}} - 1\right), \quad Y' = H'\left(\sqrt{\frac{Q^2}{q^2}} - 1\right),$$

donc

$$\frac{Y}{Y'} = \frac{H}{H'}.$$

Si la rivière que vous endiguez présente dans son parcours des hauteurs de crue différentes, telles que 5, 6, 7, 8 et 9 mètres, et que vous ayez jugé prudent de vous tenir à $0^m,50$ au-dessus des grandes eaux, là où la rivière a 5 mètres de hauteur, il faut donner $0^m,60$, $0^m,70$, $0^m,80$, $0^m,90$ dans les autres parties, proportionnellement aux hauteurs primitives de la crue observée. Ou si cet excès de hauteur n'a pas été donné, et qu'une crue survienne, attendez-vous à ce que les points les plus menacés seront ceux où la crue primitive était la plus forte; c'est là qu'il faut préparer et porter vos moyens de défense. Nous pourrions citer des exemples qui confirment pleinement cette théorie, mais il nous semble qu'elle peut s'en passer, le simple raisonnement peut en effet conduire à ce résultat. Si le même volume passe à un point donné avec 5 mètres de hauteur et un peu plus loin avec 7 mètres, c'est que dans le premier point la pente, la largeur, les circonstances locales favorisent beaucoup plus l'écoulement que dans le second; si une augmentation de volume survient, les mêmes circonstances agissant donneront évidemment une augmentation dans le même rapport.

81. De l'étranglement graduel latéral. — Avant de passer à l'étranglement ou à l'élargissement brusque, il importe de considérer les effets d'un étranglement ou d'un élargissement graduels, produit soit par le relèvement ou l'approfondissement du lit, ou par une altération du parallélisme des rives. C'est ce dernier cas que nous examinerons d'abord.

Considérons trois sections du courant (*fig.* 27) : 1° la section A, située à l'aval de l'étranglement, là où le lit a repris son profil. Dans cette section, la hauteur H et la vitesse U sont celles qui conviennent au régime uniforme; 2° la section B, là où a lieu le maximum de l'étranglement, dans laquelle la hauteur H′ et la vitesse moyenne U′ sont à déterminer; 3° la section C, située en amont au point où le canal a repris son profil uniforme, mais dans laquelle le liquide se trouve déplacé et où par conséquent la hauteur H″ et la vitesse U″ sont aussi à déterminer.

L'équation générale du mouvement varié $d\zeta = \frac{udu}{g} + \varphi ds$ résoudra immédiatement le problème. En effet, en substituant, dans cette équation, pour $d\zeta$ sa valeur $dy + ids$, et intégrant entre B et A, on aura pour expression de la hauteur du liquide comptée à partir de la surface naturelle

$$Bb = y' = \frac{U^2 - U''^2}{2g} + \int_0^\lambda (\varphi - i)ds,$$

en appelant λ la longueur BA. $U' = U \frac{L}{L'} \frac{H}{H + y'}$, il ne reste donc à déterminer que le dernier terme qui exprime l'excès de résistance, de A en B, du lit rétréci sur le lit ordinaire. On peut facilement avoir la valeur de cette intégrale en supposant que dans l'étranglement la résistance est toujours exprimée par $\frac{\chi}{\omega}(\alpha u + \beta u^2)$; mais nous avons fait voir que l'effet de l'étranglement était d'abord de troubler complétement la distribution des vitesses, et ensuite de produire une pénétration des filets fluides (§ 50 et 51), ce qui amenait une résistance nouvelle; de sorte qu'on ne doit regarder cette hypothèse que comme une approximation dont le calcul rigoureux ne conduirait pas à un résultat plus exact que celui de la formule que nous allons donner.

Nous supposerons que dans l'étranglement le rapport $\frac{\chi}{\omega}$ reste constant et égal par conséquent à ce qu'il est dans la section naturelle $\frac{i}{\beta U^2}$, (nous négligerons, comme nous l'avons déjà fait souvent, le coefficient α par rapport à β). Enfin nous supposerons que la surface ω d'une section quelconque varie proportionnellement à sa distance aux sections extrêmes ω' et Ω, de manière qu'on a

$$\omega = \omega' + \frac{\Omega - \omega'}{\lambda} s;$$

on a de même, pour la vitesse moyenne d'une section quelconque, $u = \mathrm{U}\dfrac{\Omega}{\omega}$. En faisant ces substitutions dans l'expression de la résistance, il vient

$$\varphi = \frac{\chi}{\omega}\beta u^2 = \frac{i}{\beta \mathrm{U}^2}\beta \mathrm{U}^2 \frac{\Omega^2}{\left(\omega' + \dfrac{\Omega - \omega'}{\lambda} s\right)^2} = i \frac{\Omega^2}{\left(\omega' + \dfrac{\Omega - \omega'}{\lambda} s\right)^2}.$$

Mettant cette valeur de φ dans l'expression $\int_0^\lambda (\varphi - i) ds$ et intégrant, on aura

$$y' = \frac{\mathrm{U}^2 - \mathrm{U}'^2}{2g} + i\lambda\left(\frac{\Omega}{\omega'} - 1\right), \qquad (1)$$

ou en mettant pour U'^2 sa valeur, $\mathrm{U}^2 \dfrac{\Omega^2}{\omega'^2} = \dfrac{\mathrm{H}i}{\beta}\dfrac{\Omega^2}{\omega'^2}$;

$$y' = i\left(\frac{\Omega}{\omega'} - 1\right)\left\{\lambda - \frac{\mathrm{H}}{2g\beta}\left(1 + \frac{\Omega}{\omega'}\right)\right\} = i\left(\frac{\Omega}{\omega'} - 1\right)\left\{\lambda - 140\,\mathrm{H}\left(1 + \frac{\Omega}{\omega'}\right)\right\}, \qquad (2)$$

ou

$$y' = i\left(\frac{\mathrm{LH}}{\mathrm{L}'(\mathrm{H} + y')} - 1\right)\left\{\lambda - 140\,\mathrm{H}\left(1 + \frac{\mathrm{LH}}{\mathrm{L}'(\mathrm{H} + y')}\right)\right\}. \text{(*)} \qquad (3)$$

Sous cette forme il est très-facile de reconnaître les circonstances qui influent sur le signe et la grandeur de y' : en effet, tant que λ est plus petit que $140\,\mathrm{H}\left(1 + \dfrac{\Omega}{\omega'}\right)$, y' est négatif; c'est-à-dire qu'il y a dépression en B, et cette dépression est d'autant plus considérable pour un étranglement donné, que la hauteur H du régime uniforme est plus grande, et que la pente du cours

(*) Pour avoir l'équation de la courbe dans l'étranglement, il suffirait de remplacer dans l'équation (3) y' par y, λ par s, et L' par $\mathrm{L} - \dfrac{\mathrm{L} - \mathrm{L}}{\lambda} s$; mais dans la pratique il suffira presque toujours d'avoir l'ordonnée y' qui correspond au maximum de l'étranglement.

d'eau est plus forte. Lorsqu'on a $\lambda = 140\,H\left(1 + \frac{\Omega}{\omega'}\right)$, il n'y a dans l'étranglement ni exhaussement ni dépression. Enfin quand $\lambda > 140\,H\left(1 + \frac{\Omega}{\omega'}\right)$, il y a un relèvement. Cette discussion fait voir que, suivant qu'un étranglement est plus ou moins long, suivant que la hauteur des eaux est plus ou moins grande, suivant que l'étranglement est plus ou moins prononcé, il y a abaissement ou relèvement de la surface naturelle.

Supposons un cours d'eau avec un étranglement graduel qui en réduit la largeur à moitié, et voyons les effets de cet étranglement pour deux états différents de ce cours d'eau. Soient $H = 1$ mètre pour les eaux basses, $H = 5$ mètres pour les grandes eaux, et $i = 0{,}0003$, la formule se réduit alors à

$$y' = 0{,}0003\left(\frac{2H}{H + y'} - 1\right)\left\{\lambda - 140\,H\left(1 + \frac{2H}{H + y'}\right)\right\},$$

ét l'on trouve par tâtonnement les valeurs suivantes de y' :

	H = 1m	H = 5m
Pour un étranglement de 100m de longueur.......	—0m,15	—1m,18
——— de 200m ———	—0m,09	—1m,03
——— de 420m ———	0m,00	—0m,81
——— de 1,000m ———	0m,14	—0m,45
——— de 2,100m ———	0m,29	0m,00
——— de 3,000m ———	0m,36	0m,26
——— de 4,000m ———	0m,43	0m,50

Ainsi, en grandes eaux comme en basses eaux, il y a pour un étranglement court, dépression d'autant plus forte que les eaux sont plus grandes, à mesure que l'étranglement s'allonge, la dépression diminue et devient nulle beaucoup plus promptement pour les basses eaux que pour les grandes eaux ; de manière que pour certaines longueurs intermédiaires d'étranglement, il y a relèvement en basses eaux et abaissement en grandes eaux ; et enfin à partir d'une certaine longueur d'étranglement, il y a relèvement pour les deux cas. Ce relèvement, d'abord plus fort pour les basses eaux que pour les grandes, l'est ensuite plus pour ces dernières et se trouve limité au-dessous de $\left(\frac{L}{L'} - 1\right)H$, quantité qui se réduit à H dans l'exemple numérique précédent. Ces résultats et d'autres analogues, dont nous nous occuperons tout à l'heure, sont très-importants sous le rapport pratique.

Appelons y'' la hauteur cc' qui est le remous apparent, nous aurons, en répétant, le calcul fait plus haut,

$$y'' = \frac{U'^2 - U''^2}{2g} + \int_0^{\lambda'} (\varphi - i)ds = \frac{U'^2 - U''^2}{2g} + i\lambda'\left(\frac{\Omega^2}{\omega'\omega''} - 1\right);$$

la valeur de y'' est toujours positive puisque U' est plus grand que U''. En appelant Y la hauteur Cc, qui est le remous réel occasionné en C par l'étranglement, on aura de même

$$Y = \frac{U^2 - U''^2}{2g} + i\left\{\lambda\left(\frac{\Omega}{\omega'} - 1\right) + \lambda'\left(\frac{\Omega^2}{\omega'\omega''} - 1\right)\right\},$$

équation qu'on peut obtenir en faisant la somme des valeurs de y' et y''.

Quoique le second terme contienne des quantités qui dépendent de Y, cependant il est facile de déterminer cette hauteur par tâtonnement. Pour première approximation, on peut supposer que les vitesses en C et en A sont sensiblement égales, et l'on obtient

$$Y' = i(\lambda + \lambda')\left(\frac{\Omega}{\omega'} - 1\right). \qquad (4)$$

De cette équation il serait facile de déduire des valeurs très-approchées de U'' et de ω'' qui, mises dans l'expression de Y, en donneraient une valeur plus exacte que celle déduite de l'expression de Y'. Mais cette dernière suffit pour signaler les caractères généraux de l'étranglement sur lesquels nous voulons surtout insister.

On voit d'abord que cette valeur de Y', toujours positive, puisqu'elle représente l'excès de force retardatrice du lit étranglé sur le lit naturel, ne dépend que d'une manière très-secondaire de la hauteur H des eaux. En effet, si l'abaissement ou le relèvement qui a lieu en B n'est pas tel qu'il modifie sensiblement le rapport $\frac{\Omega}{\omega'}$, la valeur de Y ne changera pas, quelle que soit la hauteur H. On peut d'ailleurs la mettre sous la forme

$$Y = i(\lambda + \lambda')\left(\frac{L}{L'}\frac{H}{H+y'} - 1\right);$$

$$Y = i(\lambda + \lambda')\left\{\left(\frac{L}{L'} - 1\right) - \frac{L}{L'}\left(\frac{y'}{H} - \frac{y'^2}{H^2} + \frac{y'^3}{H^3} \cdots\right)\right\},$$

qui met en évidence cette propriété. Ainsi dans l'exemple numérique considéré plus haut, on aurait pour un étranglement de $\lambda = \lambda' = 100^m$, $Y = 0^m,078$ en basses eaux, $Y = 0^m,09$ en hautes eaux. Pour un étranglement de $\lambda = \lambda' = 1000^m$, on aurait $Y = 0^m,44$ en basses eaux, $Y = 0^m,72$ en grandes eaux. Il va sans dire qu'on suppose que la forme du lit est telle que l'étranglement conserve le même rapport dans les deux situations du cours d'eau ; car il arrive souvent que des digues qui resserrent le lit des grandes eaux n'altèrent en rien le lit des eaux basses et même des eaux moyennes. Alors le remous Y qui a lieu en grandes eaux disparaît lorsque ces eaux baissent.

82. De l'élargissement graduel latéral. — Les formules précédentes s'appliquent au cas de l'élargissement graduel (*fig.* 28); il suffit de donner à ω' et à Ω les valeurs spéciales qui conviennent à ce cas. Par le fait de cette substitution les valeurs de y' et de Y changent en général de signe et s'atténuent, c'est-à-dire que dans le court élargissement, on a un soulèvement y' moins fort que l'abaissement donné par le court étranglement. En tête de l'élargissement long ou court il y a toujours abaissement. Un exemple numérique fera de suite comprendre l'influence de la longueur de l'élargissement sur la hauteur des remous.

Nous aurons, en effet, sur le cours d'eau dont la pente est 0,0003 et en admettant pour $\frac{L}{L'}$ le rapport $\frac{1}{2}$:

$$y' = i\left(\frac{H}{2(H+y')} - 1\right)\left\{\lambda - 140H\left(1 + \frac{H}{2(H+y')}\right)\right\}.$$

Les longueurs λ qui rendent y nul sont moitié de ce qu'elles étaient dans l'étranglement; pour $H = 1^m$ on a $\lambda = 210^m$ pour $H = 5^m$, $\lambda = 1050^m$. (Voir page 118.)

	H = 1m	H = 5m
On aura pour un élargissement de 100m $y' =$	0m,02	0m,15
——— de 210m —	0m,00	0m,13
——— de 400m —	—0m,03	0m,10
——— de 1,050m —	—0m,11	0m,00
——— de 2,000m —	—0m,20	—0m,15
——— de 3,000m —	—0m,27	—0m,27
——— de 4,000m —	—0m,31	—0m,41

Les exhaussements et les abaissements sont beaucoup plus faibles, et dans un ordre inverse, que dans le cas de l'étranglement précédent. Il en est de même des valeurs de Y. Un étranglement de 200 mètres de longueur occasionnait, dans le cours d'eau qui sert d'exemple, un remous de 0m,078 en basses eaux, et de 0m,09 en hautes eaux; l'élargissement dans les mêmes circonstances n'amène un abaissement que de 0m,03; cet abaissement ne serait que de 0m,29 pour un élargissement graduel de $\lambda = \lambda' = 1000^m$. La dépression en basses eaux ne diffère pas sensiblement de ce qu'elle est en hautes eaux.

83. De l'étranglement ou de l'élargissement de la section par soulèvement ou abaissement graduel du fond du canal. — Résultats contraires à ceux annoncés par M. Daubuisson. — Si l'étranglement ou l'élargissement de la section a lieu par un soulèvement ou un abaissement du fond, on peut établir les valeurs de y' et de Y, c'est-à-dire la hauteur de l'eau en B et en C (*fig.* 29 et 30), par des considérations et des calculs entièrement semblables. On a toujours :

$$Bb = y' = \frac{U^2 - U'^2}{2g} + \int_0^\lambda (\varphi - i)\,ds$$

la valeur de φ, en remarquant que la quantité χ est constante, peut se mettre sous la forme :

$$\varphi = \frac{\chi}{\omega}\beta u^2 = \frac{\chi}{\Omega}\beta U^2 \frac{\Omega^3}{\left(\omega' + \frac{\Omega - \omega'}{\lambda}s\right)^3} = i\,\frac{\Omega^3}{\left(\omega' + \frac{\Omega - \omega'}{\lambda}s\right)^3}$$

en faisant les mêmes transformations que dans le cas de l'étranglement latéral

(§ 81), on trouvera :

$$y' = i\left\{\lambda\left(\frac{\Omega}{\omega'}\frac{\Omega+\omega'}{2\omega'}-1\right)-140\mathrm{H}\left(\frac{\Omega^2}{\omega'^2}-1\right)\right\}.$$

On aurait de même pour valeur approchée de Y :

$$\mathrm{Y} = i(\lambda+\lambda')\left(\frac{\Omega}{\omega'}\frac{\Omega+\omega'}{2\omega'}-1\right).$$

Dans le cas où le soulèvement ou l'abaissement du fond est peu considérable, $\frac{\Omega+\omega'}{2\omega'}$ diffère peu de 1. Alors les valeurs de y' et de Y deviennent entièrement semblables à celles qui sont relatives à l'élargissement et à l'étranglement latéral, et l'on peut en conclure que les effets du soulèvement ou de l'abaissement du fond sont les mêmes que ceux d'un étranglement ou d'un abaissement latéral. Ainsi quand sur une petite étendue le fond s'abaisse, la surface de l'eau se relève vis-à-vis le maximum de hauteur; quand le fond se relève, la surface s'abaisse. En général pour de courtes inflexions du plafond du canal les inflexions de la surface de l'eau sont en sens inverse.

Nous insistons sur ces conséquences immédiates et directes du mouvement varié, parce qu'elles sont précisément contraires à ce qu'on trouve sur ce sujet dans quelques traités d'hydraulique.

Citons celui de M. Daubuisson, page 167.

« Par exemple, qu'un banc étroit et épais soit déposé transversalement ou « en écharpe sur le lit d'un fleuve, le fluide le franchira en vertu de sa vitesse « acquise; à la rencontre du banc sa surface *se relèvera* considérablement, et « de suite après, *elle redescendra;* de sorte que dans cette partie elle présen- « tera *un exhaussement* pareil à une forte ondulation. Mais *son élévation* au- « dessus du plan général du lit du fleuve sera plus petite que celle du banc « au-dessus du plan général du fond; habituellement l'inégalité à la surface « sera d'autant plus petite comparativement à celle du fond, que l'on aura plus « de vitesse et plus de profondeur. »

Dans cette citation toutes les influences du fond sont prises à contre-sens, au lieu de dire : *à la rencontre du banc, la surface de l'eau se relèvera considérablement et puis après descendra,* il aurait fallu dire : la surface de l'eau *s'abaissera* considérablement et puis après elle se *relèvera*, ainsi de suite. L'influence de la vitesse n'est pas mieux appréciée.

L'application numérique des formules précédentes ne présente d'ailleurs aucune difficulté. Si l'on suppose $\frac{\Omega}{\omega'}=2$ elles deviendront :

$$y'=2i(\lambda-210\mathrm{H}),\quad \mathrm{Y}=2i(\lambda+\lambda'),$$

soit $\lambda=100^{\mathrm{m}}$, $\mathrm{H}=5^{\mathrm{m}}$, $i=0{,}0003$, nous aurons, $y'=-0{,}57$. Ainsi dans le cas de la figure 29, un atterrissement de la forme A'b'C' ayant en b' une saillie sur le fond de $1^{\mathrm{m}},93$ ferait baisser la surface de l'eau de $0^{\mathrm{m}},57$, s'il avait 100 mètres de longueur. Mais en C il y aurait un remous de $0^{\mathrm{m}},12$ pour $\lambda'=\lambda$. Si la longueur A'b' était de 1050 mètres, y' serait nul, pour $\mathrm{B}'b'=2^{\mathrm{m}},50$, et le remous Y serait égal à $1^{\mathrm{m}},26$. Si la saillie B'b' était donnée, on résoudrait les équations précédentes par tâtonnement en substituant au rapport $\frac{\Omega}{\omega'}$ le rapport $\frac{\mathrm{H}}{\mathrm{H}-\mathrm{B}'b'-y'}$.

84. Influence des élargissements et des étranglements qui ont lieu à la fois par le fond et sur les côtés. — Dans les cours d'eau naturels, les étranglements peuvent être à la fois latéraux et de fond, il peut y avoir élargissement latéral et étranglement de fond; quelles qu [illegible] tes circonstances particulières qui se présenteront, la question se résoudra toujours facilement par les équations générales :

$$\mathrm{B}b=y'=\frac{\mathrm{U}^2-\mathrm{U}'^2}{2g}+\int_0^{\lambda}(\varphi-i)ds,$$

$$\mathrm{Y}=\frac{\mathrm{U}^2-\mathrm{U}''^2}{2g}+\int_0^{\lambda+\lambda'}(\varphi-i)ds\ (*).$$

Il suffira de mettre dans les valeurs de y' et de Y celles de U' et de U'', et si l'étendue sur laquelle le cours de la rivière est modifié n'est pas très-grande, on pourra prendre pour φ la résistance calculée dans une section moyenne. Quant aux valeurs de U' et de U'', vitesses en B et en C, on les calculera d'a-

(*) Dans le cas où le remous Y est petit par rapport à la hauteur H du cours d'eau, cette valeur de Y peut se mettre sous la forme $\mathrm{Y}=\frac{\int_0^{\lambda+\lambda'}(\varphi-i)ds}{1\pm\frac{\mathrm{U}^2}{g\mathrm{H}}}$; le signe + correspondant à la dépression et le signe — au gonflement. Car $\mathrm{U}''=\frac{\mathrm{UH}}{\mathrm{H}\pm\mathrm{Y}}$.

bord sans avoir égard à la dénivellation de la surface, ce qui donnera une première valeur de y' et de Y, à l'aide de laquelle on pourra les calculer de nouveau.

Ce que nous venons de dire sur les étranglements et élargissements graduels peut se résumer ainsi : si ces étranglements et élargissements ne sont pas d'une grande étendue, ils produisent dans l'endroit où l'étranglement est au maximum un abaissement de la surface naturelle, et au contraire un exhaussement dans le cas d'un élargissement. Mais en tête de l'étranglement il y a toujours un exhaussement de la surface naturelle ou remous, et en tête de l'élargissement une dépression. Ce remous, dans l'étranglement, est l'excès de hauteur nécessaire pour vaincre l'excès des forces retardatrices qui a lieu dans la longueur de l'étranglement, et dans l'élargissement, l'abaissement de la surface correspond à la diminution des forces retardatrices dans la longueur de l'élargissement.

Les formules que nous venons de donner nous paraissent résoudre d'une manière complète, et aussi exacte que le comporte la nature de la question, le problème de la détermination de la surface de l'eau coulant dans un canal irrégulier, lorsqu'on fait abstraction des forces retardatrices qui se développent dans les changements de section. Cependant nous croyons devoir nous arrêter encore sur un cas particulier qui, théoriquement, se trouve résolu par les formules précédentes, mais qui se présente souvent sur les cours d'eau naturels, et produit dans la surface de l'eau des changements de hauteur auxquels on ne s'attend pas généralement ; nous voulons parler des étranglements et élargissements par digues parallèles de longueur limitée.

85. **Des étranglements partiels par digues parallèles.** — Supposons que la hauteur d'un cours d'eau, en eaux basses, soit de 1 mètre (*fig.* 31), que pour en relever le niveau on établisse sur une certaine étendue deux digues parallèles qui en réduisent la largeur à moitié, et cherchons à déterminer la hauteur de l'eau dans la partie étranglée.

Si l'étranglement était d'une longueur indéfinie, l'eau s'y élèverait à $1^m,60$, ainsi que nous l'avons calculé plus haut. Traçons dans le nivellement cette ligne mn qui sera la limite supérieure de l'exhaussement de la surface de l'eau ; le fluide ayant dans la partie large en aval une vitesse U, et dans la partie étranglée en amont une vitesse U', la différence de niveau $Dd = \xi$ des deux surfaces sera exprimée par la valeur de y', donnée par les équations (1) (3) du n° 81, dans lesquelles on fera $\lambda = 0$. Ainsi l'on aura

$$\xi = \frac{U^2 - U'^2}{2g} = \frac{U^2}{2g}\left(1 - \frac{\Omega^2}{\omega'^2}\right) = \frac{U^2}{2g}\left(1 - \frac{L^2H^2}{L'^2(H+\xi)^2}\right). \qquad (1)$$

U' étant plus grand que U, il est clair que la valeur de ξ est négative. Si l'on pose $U = 0^m,87$; $\frac{L}{L'} = 2$, on trouvera par tâtonnement que $\xi = -0^m,20$ satisfait à la question. Ainsi de D, fin de l'étranglement, à A, commencement de l'élargissement, aura lieu un ressaut de $0^m,20$. L'eau sera plus basse dans la partie étranglée que dans la partie large.

L'équation (1) étant du troisième degré, a deux autres racines réelles, $\xi = -0^m,43$, $\xi = -1^m,33$. Ainsi l'eau peut prendre dans le canal étranglé une seconde position d'équilibre $d'c'$, telle que $Dd' = 0,43$. M. Vauthier, dont le corps des Ponts et Chaussée déplore la perte récente, a fait connaître, peu de temps avant sa mort, une série d'expériences fort curieuses (*), dans lesquelles il a réalisé ces deux positions d'équilibre qui peuvent se produire dans tous les changements de largeur, et il a fait observer avec beaucoup de raison que, de ces deux positions, la position supérieure était seule stable; c'est la seule qui puisse se rencontrer dans les canaux naturels. Nous ne nous occuperons donc pas de la seconde. Quant à la troisième valeur, $\xi = -1^m,33$, qui indique que l'eau descendrait au-dessous du plafond du canal, il est évident qu'elle ne peut se produire. C'est une solution purement analytique. Cependant c'est la seule que donne la formule pour certaines valeurs de la vitesse et du rapport des largeurs. En effet, si le canal supérieur est tellement étroit et la vitesse de l'eau tellement considérable, qu'un ressaut de la hauteur du canal, qui est ici de 1 mètre, ne puisse suffire pour la faire descendre à la vitesse U, il y aura nécessairement de D en A une forte dépression avec chocs, tourbillons, etc., etc., qui feront perdre à l'eau toute la force vive qui ne lui sera pas enlevée par le ressaut. Il sera alors impossible d'en calculer la hauteur par les procédés d'analyse que nous venons d'indiquer, et qui supposent que dans le passage de l'étranglement à l'élargissement il ne se développe aucune force retardatrice. Il ne faut donc appliquer les résultats de ces formules qu'aux cas où les variations de section sont renfermées dans certaines limites que le calcul indique lui-même, et qui sont, au reste, celles que présentent ordinairement les cours d'eau naturels.

(*) Indication sommaire des résultats d'expériences faites à Roanne pour l'étude de quelques conséquences du mouvement permanent (*Notice lithographiée*).

Passons maintenant à la détermination de la surface de l'eau dans le canal étranglé en amont de d. Ce point de la surface étant à $0^m,20$ au-dessous de A, se trouve à $0^m,80$ au-dessous de m. Il s'agit donc de déterminer la courbe de dépression en amont d'une ordonnée connue, problème que nous avons résolu dans le chapitre précédent (nº 74). Si le canal est assez large pour qu'on puisse négliger la résistance des bords, on peut se servir de la table qui se trouve à la fin de cet ouvrage. Pour trouver, par exemple, la distance Dp du point où la nouvelle surface coupe la surface naturelle, on cherchera dans la table du remous de dépression :

La distance à l'origine de l'ordonnée $\frac{md}{1,60} = \frac{0,80}{1,60} = 0,50$. . . . 1,0037

et l'on en retranchera la distance à l'origine de l'ordonnée

$\frac{qp}{1,60} = \frac{0,60}{1,60} = 0,375$. 0,9759

La différence. 0,0278

exprimera la quantité $\frac{is}{1,60}$, et l'on en déduira, en mettant pour $i = 0,0003$, valeur qui correspond aux données du problème, $s = \text{D}p = 148^m$.

Si donc les levées d'étranglement n'avaient que cette longueur, elles ne produiraient dans toute leur étendue qu'un abaissement, résultat probablement contraire à celui qu'on aurait espéré en les construisant. Si elles sont plus longues, elles donneront une augmentation de hauteur de plus en plus considérable, mais qui ne pourra pas dépasser $0^m,60$. Si on leur suppose une longueur de 1300 mètres, par exemple, on trouvera qu'en amont du canal d'étranglement, l'eau est encore à $0^m,20$ (*) de la ligne mn du régime uniforme de ce canal ; de sorte que la hauteur sur le plafond $c\gamma$ n'est que de $1^m,40$.

Si en amont de C le canal reprend sa largeur, l'eau se relèvera d'une quantité ξ qui sera donnée par la formule (1), dans laquelle on remplacera U par

(*) Il suffit de retrancher de la distance tabulaire de l'ordonnée md. 1,0037

la distance tabulaire entre les ordonnées, $\frac{is}{\text{H}} = \frac{0,003 \times 1300}{1,60}$. 0,2437

Pour avoir la distance à l'origine de l'ordonnée cherchée. 0,7600

qui correspond à l'ordonnée tabulaire 0,125 et donne enfin $y = 0,125 \times 1,60 = 0^m,20$.

$\frac{2U}{1,40}$, H par $1^m,40$, $\frac{L}{L'}$ par $\frac{1}{2}$. On trouvera ainsi $\xi = 0^m,06$, c'est-dire qu'en B, extrémité inférieure du canal large, l'eau se trouvera élevée d'une quantité $Bb = 0^m,46$, au-dessus de la hauteur du régime uniforme de ce canal. Vers l'amont la surface de l'eau se rapproche de la surface naturelle suivant la courbe du remous de gonflement *bg*.

Voyons maintenant quelles modifications apportera dans cette série de dénivellations de la surface, une augmentation de la hauteur de l'eau. Si dans l'équation (1) on remplace U^2 par $\frac{Hi}{\beta}$, elle pourra se mettre sous la forme :

$$\xi = HF\left(i, \frac{L^2}{L'^2}\right);$$

donc ξ croît proportionnellement à H. Pour $H = 1^m$, nous avions $\xi = -0^m,20$; pour $H = 3^m$, nous aurons $\xi = -0^m,60$. Ainsi, dans cette hypothèse, le ressaut $D'd''$ serait de $0^m,60$. De même, la propriété de la courbe de remous, $s = F\left(\frac{Y}{H}\right)$, nous conduira à conclure que $D'p' = 3Dp = 444^m$. Un calcul semblable à celui que nous avons fait pour les eaux basses donnera $n'c'' = 1^m,26$ (*) et par conséquent $C'c'' = 0,54$, $c''\gamma = 3^m,54$. Ici il n'y a plus de proportion, parce que la longueur 1300 mètres des deux canaux est la même en basses eaux qu'en grandes eaux.

Quant à la chute qui aura lieu de b' en c'', elle se déterminera, comme nous l'avons fait en basses eaux, au moyen des vitesses d'amont et d'aval. Ainsi la vitesse U au point A', correspondant à la pente $i = 0,0003$ et $H = 3^m$, étant $1^m,54$, on en déduira qu'en c'' elle est de :

$$\frac{2 \times 3}{3,54} 1,54 = 2^m,61.$$

Mettant cette valeur de U dans l'équation (1) et faisant $H = 3^m,54$, on en

(*) Retrancher de la distance tabulaire de l'ordonnée d'aval. 1,0037

la distance tabulaire entre les ordonnées, $\frac{is}{H} = \frac{0,0003 \times 1300}{4,8}$. 0,0812

On a la distance à l'origine de la donnée cherchée. 0,9225

à laquelle correspond dans la table 0,262, d'où $y = 0,262$, $4,80 = 1^m,26$.

tire $\xi = 0^{m},27$. Le ressaut a crû ici dans une plus grande proportion que la hauteur des eaux. Cela tient à ce que le canal étroit n'est pas assez long pour que la hauteur sur le plafond y atteigne celle du régime uniforme. On peut donc dire que dans les crues les dénivellations qui se produisent aux changements de section sont au moins proportionnelles à la hauteur des crues, pourvu toutefois que le rapport des largeurs des sections consécutives ne varie pas avec cette hauteur.

Cet exemple fait voir combien il est important de se rendre compte de l'influence de la largeur du lit sur la hauteur de l'eau. Nous avons déjà fait remarquer tout à l'heure qu'en basses eaux l'étranglement court pouvait ne produire qu'un abaissement dans toute son étendue. Supposons maintenant que la partie ADC du canal étranglé représente le passage d'une ville à travers laquelle coule la rivière entre des quais trop resserrés. Si pour débarrasser du danger des crues les terrains précieux qui se trouvent de P en A, si pour diminuer la vitesse de l'eau qui gêne la navigation, si pour des besoins quelconques, on ouvre de nouveaux bras qui donnent à la rivière la section qu'elle a en rase campagne, le résultat d'un semblable travail sera de soulever les grandes eaux de $0^{m},60$ en D, précisément peut-être dans le point où l'on aura voulu les faire baisser. Nous n'avons pas besoin de dire à quels désastres un pareil résultat pourrait exposer les terrains endigués s'il n'avait pas été prévu. On n'oubliera pas que, dans cet exemple numérique, nous nous sommes tenu pour la hauteur des crues dans une limite qui est dépassée par presque tous les grands cours d'eau, que par conséquent on doit rencontrer souvent des résultats beaucoup plus prononcés que ceux que présente la figure 31. C'est ce qu'on reconnaîtra d'ailleurs par l'exemple suivant.

86. Des élargissements partiels par digues parallèles. — Un élargissement partiel de la section d'un canal donne des résultats qui se détermineront de la même manière et par la même formule. Nous avons déjà fait ce calcul pour obtenir la chute de B en C dans la figure 31. Nous croyons donc inutile de le répéter ici. Nous nous bornerons à faire voir, sur un exemple, que ces dénivellations peuvent atteindre des hauteurs considérables.

Supposons qu'un cours d'eau, dont le plan est représenté par la fig. 32, ait été endigué par des levées BCDA et LM qui en ont régularisé la section, autrefois divisée en deux bras dans cette partie. Le nivellement des eaux pendant une crue sera alors représenté par une ligne droite BA. Supposons maintenant que la levée BCDA vienne à être emportée et que le cours d'eau prenne dans cette partie sa largeur primitive, et voyons quel sera dans le nivellement l'effet de ce changement de section. Soit U vitesse dans le canal endigué $= 5^m$, U' vitesse dans la section élargie $= 2^m,50$, nous aurons :

$$\xi = \frac{U^2 - U'^2}{2g} = \frac{25 - 6,25}{19,80} = 1 \text{ mètre.}$$

Ainsi, par l'effet de la rupture de la digue de la rive gauche, le niveau de l'eau va se relever de 1 mètre en D. En amont, cette hauteur ira décroissant suivant la courbe de remous de gonflement *dc*, dont on calculerait les ordonnées au moyen de la table, en les rapportant à la ligne *mn* du régime uniforme de l'eau dans la partie élargie. En *c* on aurait un ressaut à peu près de même hauteur, et en amont de B, une courbe de remous de dépression.

Dans le cas de la figure 32, la rupture de la digue ne produit donc qu'un relèvement dans le canal élargi, mais la longueur de ce canal peut être telle que vers l'amont il y ait abaissement. C'est ce que le calcul indiquera toujours d'une manière facile. Cet abaissement est d'ailleurs limité à la hauteur de la ligne *mn*. Quoi qu'il en soit, il y a toujours à l'aval un relèvement qui peut avoir les conséquences les plus funestes, car les eaux atteindront des propriétés qui étaient à l'abri avant l'endiguement, et qui, par conséquent, n'ont pas été construites en vue de pareils désastres. La digue de la rive droite LM peut être emportée aussi, et le résultat de cette destruction serait encore un léger exhaussement dans le niveau de la crue. Car si la vitesse $2^m,50$ est réduite à $1^m,50$, le relèvement sera porté de 1 mètre à $1^m,15$. Ce relèvement est d'ailleurs évidemment limité à $1^m,26$, hauteur correspondant à la vitesse 5 mètres. On doit remarquer que la vitesse joue ici le rôle principal. Ainsi, dans un cours d'eau dont la vitesse ne dépasserait jamais 3 mètres, des circonstances semblables à celles que nous venons de représenter ne pourraient donner lieu à un relèvement de plus de $0^m,45$. Si la vitesse atteignait 8 mètres, le relèvement pourrait, au contraire, dépasser 3 mètres. La vitesse, qui dans les cours d'eau est un effet de la chute, peut être à son tour cause d'un relèvement égal.

87. Des approfondissements ou des relèvements partiels du fond. — Des approfondissements ou des relèvements partiels du fond du canal donneraient des résultats semblables et qui se calculeraient de la même manière. Nous ne nous sommes arrêté sur ces exemples numériques, qui, sous le rapport du calcul, ne présentent aucune espèce de difficulté, que pour faire voir que de la formule du mouvement varié découlent une foule de conséquences d'une importance extrême pour la pratique, conséquences pour la plupart en contradiction complète avec les idées reçues sur ce sujet. Aussi que d'erreurs commises dans les questions de cette nature! Combien de digues construites qui ont fait baisser les eaux là où l'on voulait les relever! que d'endiguements exécutés de manière à inonder le pays qu'on voulait protéger! que d'opinions erronées émises sur la hauteur des grandes eaux et sur les moyens de s'en préserver!

A l'aide des formules précédentes, il sera toujours facile de tracer dans un canal, dont la section sera donnée, la hauteur de l'eau en amont ou en aval d'un point déterminé; à chaque changement de section, la formule $\xi = \frac{U^2 - U'^2}{2g}$ donne la différence de niveau qui les sépare. Si ensuite, sur une certaine étendue, le canal conserve sa section, on a, ou une courbe de remous de gonflement ou une courbe de dépression, suivant qu'on se trouve au-dessus ou au-dessous de la hauteur du régime uniforme dans cette section; si la section change d'une manière graduelle, des formules spéciales donnent pour ce cas le relèvement ou l'abaissement qui en résulte dans la surface de l'eau.

88. Des étranglements brusques. — Tous ces calculs reposent sur cette hypothèse, que le changement de section du canal n'introduit aucune nouvelle force retardatrice. Nous avons déjà vu qu'il n'en pouvait être ainsi. D'un changement de section, même graduel, résulte toujours une pénétration ou une division de filets fluides qui amène nécessairement de nouvelles résistances; mais les changements de section ont lieu souvent d'une manière brusque qui modifie tout à coup la vitesse de certains filets, la section du fluide se partage en deux parties dont l'une est stagnante ou tourbillonne sur elle-même, et dont l'autre prend seule part au mouvement de translation. De là des forces retardatrices complétement différentes de celles que nous avons considérées jusqu'à présent. La question de savoir quel sera le remous occasionné par un étranglement brusque se présente dans une foule de travaux hydrauliques, et principalement dans les ponts; aussi a-t-elle fait l'objet des recherches de plusieurs ingénieurs qui ont été unanimes pour donner la même formule, quoiqu'elle soit complétement et radicalement fausse. Elle a été trop généralement employée pour que nous ne nous arrêtions pas un instant pour signaler la singulière méprise qui a été commise à cet sujet.

89. Remous occasionné par un étranglement brusque, formule

donnée par M. Gauthey et généralement adoptée. — Voici comment M. Gauthey (*Construction des ponts*, p. 191, t. Ier), pose le problème : « Étant « données la section du lit d'une rivière et la vitesse de l'eau, déterminer la « nouvelle vitesse que prendront ses eaux et la hauteur du remous qui se for- « mera, en supposant que le lit se trouve resserré par la construction des piles « et des culées d'un pont.

« Ce problème n'est point susceptible d'être résolu rigoureusement; mais « nous allons, en négligeant quelques circonstances dont les effets sont peu « sensibles et se compensent même en grande partie, en donner d'après Du- « buat, une solution qui peut être utilement employée dans la pratique. »

M. Gauthey divise le remous tatal en deux parties représentées dans la figure 33 par IK et IE. La partie IK qui correspond à l'augmentation de la vitesse a pour expression

$$IK = \frac{U'^2 - U^2}{2g} = \frac{U^2}{2g}\left(\frac{\Omega^2}{\omega'^2} - 1\right). \qquad (1)$$

Quant à la partie IE, M. Gauthey fait remarquer que les pentes des cours d'eau sont proportionnelles aux carrés des vitesses; on a, en aval du pont, $HI = \beta U^2$; sous la largeur $AB = s$ du pont, on aura $Hi' = \beta U'^2$; on a donc

$$IE = (i' - i)s = Is\left(\frac{\Omega^2}{\omega'^2} - 1\right),$$

et en résumé

$$IK + IE = Y = \left(\frac{U^2}{2g} + is\right)\left(\frac{\Omega^2}{\omega'^2} - 1\right). \qquad (1)$$

La quantité is est toujours fort petite par rapport à $\frac{U^2}{2g}$; on remarquera, en effet, que c'est en grandes eaux qu'on calcule le remous, que, par conséquent, en supposant seulement $U = 2^m,00$, $\frac{U^2}{2g} = 0^m,20$; la pente i n'est, dans les cours d'eau naturels, qu'une fraction de millimètre; is ne sera donc, pour un pont d'une largeur de 10 à 12 mètres, qu'une fraction de centimètre tout à fait négligeable dans une question semblable. On peut donc se dispenser de conserver le terme is de la formule précédente (*); c'est ce qu'ont fait tous les

(*) Il est vrai que Gauthey, dans son calcul, a supposé que sous le pont, le contour mouillé était le même qu'en amont, et qu'en réalité la résistance due à la paroi serait sensi-

auteurs qui ont traité la question depuis Gauthey. (*Voir* Daubuisson, *Traité d'hydraulique*, p. 204; *voir* Navier, *Leçons d'hydraulique*, p. 16.)

90. Application de cette formule à un pont sur la Durance, par M. de Prony. — M. de Prony a fait dans les *Annales des ponts et chaussées* (1835, 1er semestre, page, page 237), une application de cette formule.

« J'ai eu occasion, dit-il, de m'occuper des remous produits par des piles « de pont, dans une note remise au mois de septembre dernier à M. le secré- « taire du conseil général des ponts et chaussées, à propos des projets pré- « sentés pour le pont de Pertuis, sur la Durance. MM. les ingénieurs, auteurs « du projet, ont calculé le remous, en employant une formule tirée du cours « de mécanique, professé par M. Navier, à l'École des ponts et chaussées, j'ai « vérifié leurs calculs en rectifiant quelques interprétations inexactes, et j'ai « trouvé une hauteur de remous un peu plus faible que la leur, c'est-à-dire, « 1m,82 au lieu de 1m,92. »

La formule de M. Navier, dont parle M. de Prony, n'est, comme celle de M. Daubuisson, que la valeur de IK, calculée par M. Gauthey, dans laquelle on remplace, comme nous l'avons fait pour l'équation (1) (n° 86), U, Ω, ω' par leurs valeurs en fonction de la hauteur H et des deux largeurs L et L' du courant.

Nous ne reproduirons pas ici les données numériques du pont de Pertuis, fournies par M. de Prony, parce qu'elles nous paraissent incomplètes, en ce qu'elles ne contiennent pas la largeur de la rivière avant l'étranglement, ou du moins la largeur qui résulte des données n'est pas d'accord avec le calcul. Nous n'avons d'ailleurs cité cet exemple numérique que pour faire voir que la formule de Gauthey était généralement suivie. Car la formule que M. de Prony propose de lui substituer, dans l'article cité, n'est pas une formule nouvelle, mais une simple transformation destinée à éviter les tâtonnements qu'exige l'équation du troisième degré, à laquelle on est conduit par la considération de la différence des forces vives.

91. Application de cette formule au pont de Minden, sur le Weser, par M. Daubuisson. — M. Daubuisson a appliqué la même formule à des observations faites au pont de Minden sur le Weser et données par

blement augmentée pour certains ponts, si l'on avait égard à cette considération, mais le terme *is* resterait toujours très-faible par rapport à $\frac{U^2}{2g}$.

Funk. Les résultats de l'expérience cadrent assez bien avec ceux du calcul pour que cet auteur puisse dire :

« En comparant les hauteurs de remous données par le calcul avec celles « de l'observation, on voit que notre formule rend les effets des rétrécissements « produits par les ponts, aussi bien qu'on peut l'espérer dans une matière où « toute détermination rigoureusement exacte est à peu près impossible. »

M. Mary, ingénieur en chef des eaux de Paris, professeur à l'École des ponts et chaussées, dans son cours de construction à l'École centrale des arts et manufactures, donne pour déterminer le remous la formule de M. Daubuisson. Il l'applique aussi à une expérience du Weser et trouve pour hauteur du remous 0m,362 au lieu de 0m,382 donné par l'expérience, en mettant pour $m = 0,90$.

« Si au lieu de prendre 0,90, dit M. Mary, pour le coefficient de contraction, « tel qu'il est généralement admis, nous avions pris 0,91, nous serions arrivés « à $x = 0,385$. On voit donc que la formule que nous avons donnée est très- « exacte. »

92. La formule donnée par Gauthey et admise jusqu'ici n'exprime pas le remous; erreur commise à ce sujet. — Si l'on n'a pas perdu de vue les considérations que nous avons exposées au commencement de ce chapitre, on a dû reconnaître que non-seulement cette formule n'est pas très-exacte, comme le suppose M. Mary, ni même approximative, comme le suppose M. Daubuisson, ni même satisfaisante, comme le pense M. de Prony (voir l'article cité page 240), mais qu'elle représente tout autre chose que le remous à déterminer.

On démontre bien, en effet, que, pour que la vitesse U″ en amont devienne U′ dans l'étranglement, on doit avoir une chute $\xi = \frac{U'^2 - U''^2}{2g}$; mais on ne complète pas l'explication du phénomène, on ne dit pas comment la vitesse U′ redevient U, et puisque, dans toutes les formules qu'on vient de rappeler, on néglige les forces retardatrices qui ont lieu dans l'étranglement, il faut nécessairement dans cette hypothèse qu'il y ait un relèvement, $\xi' = \frac{U'^2 - U^2}{2g}$, U étant la vitesse du cours d'eau naturel. Or il est bien clair qu'au delà de la section étranglée BD, il ne peut y avoir de ressaut au-dessus de la surface naturelle, puisque la section ayant repris toute sa largeur, ce ressaut donnerait à la partie inférieure, ou une hauteur, ou une pente plus grande que celle qui convient au débit. Il faut donc nécessairement admettre qu'effectivement il y a une chute en E, mais que cette chute n'est pas produite par un exhaussement de la surface d'amont, mais par une dépression de la surface qui s'abaisse dans l'étranglement, pour se relever ensuite d'une quantité égale. C'est absolument ce qui se passe dans l'étranglement graduel de peu d'étendue (*fig*. 27).

Ainsi, dans l'hypothèse admise par MM. Gauthey, Navier, Daubuisson, etc., qui consiste à négliger les forces retardatrices qui se développent dans l'étranglement, la formule qu'ils ont donnée exprime, non pas la quantité dont l'eau se relève en amont de l'étranglement, mais la quantité dont elle s'abaisse dans l'étranglement, ce qui est bien différent (*); car l'eau se relevant d'une quantité égale à l'aval, le remous réel qu'il importe à l'ingénieur de connaître se réduit à zéro dans cette hypothèse. Si les expériences du Weser ont paru confirmer l'exactitude de l'ancienne formule, cela tient à ce que, dans ces expériences, on a pris pour hauteur de remous celle de la chute qui se produit dans l'étranglement, sans tenir compte du relèvement qui se fait à l'aval, relèvement dont on ne soupçonnait pas l'existence.

93. Théorie rationnelle de l'étranglement brusque. — La théorie exacte de l'étranglement brusque ne diffère pas de celle de l'étranglement graduel et les mêmes formules générales lui sont applicables. Seulement on manque de données précises pour calculer la force retardatrice φ dans chaque point de l'étranglement.

En effet, l'étranglement brusque est une abstraction mathématique que l'expérience ne peut réaliser. Le rétrécissement du lit, opéré en un point par des travaux d'art, a nécessairement pour effet d'augmenter les forces retardatrices qui avaient lieu dans le lit naturel sur une étendue λ à l'aval, et λ' en amont; et en appelant toujours U, U', U'', la vitesse normale, la vitesse dans l'étranglement et la vitesse en amont, nous aurons les mêmes équations que dans le cas de l'étranglement graduel (n° 81). Ainsi en B maximum de l'étranglement (*fig*. 34), on a :

$$Bb = y' = \frac{U'^2 - U''^2}{2g} + \int_0^\lambda (\varphi - i)\, ds,$$

pour la distance de la surface de remous à la surface naturelle ; nous aurons de

(*) Et encore dans ce sens, la formule est inexacte, attendu que dans la partie étranglée, la hauteur de l'eau est $H-\gamma$ et non pas H comme le supposent tous les auteurs que nous venons de citer. ED étant la surface naturelle du courant, celle du remous est $m'j$D' et non mID.

même en C en amont de l'étranglement :

$$Cc = Y = \frac{U^2 - U''^2}{2g} + \int_0^{\lambda+\lambda'} (\varphi - i)\,ds;$$

enfin on aurait :

$$cc' = y'' = \frac{U'^2 - U''^2}{2g} + \int_0^{\lambda'} (\varphi - i)\,ds,$$

pour la cataracte qui se formera de l'amont à l'aval au passage du pont. Supposons que l'étranglement soit tel que les longueurs λ et λ' ne soient pas considérables, et que φ, résistance dans l'étranglement, ne diffère pas beaucoup de i, alors la quantité y' sera négative, de plus, U'' ne différant pas beaucoup de U, on aura, en négligeant dans les valeurs de y' et de y'' l'effet des forces retardatrices :

$$y' = -y'' = \frac{U^2 - U'^2}{2g}, \qquad Y = \int_0^{\lambda+\lambda'} (\varphi - i)\,ds.$$

C'est-à-dire que le remous réel Y, en amont du pont, pourra être très-faible pendant que la cataracte aura une hauteur sensible (profil 1); c'est ce qui a lieu probablement au pont du Weser.

Si l'on suppose, au contraire, que la force φ soit très-considérable, qu'à l'aval du pont, par suite de circonstances particulières se forment de nombreux tourbillons, la quantité $\int_0^{\lambda} (\varphi - i)\,ds$, pourra devenir plus grande que $\frac{U^2 - U'^2}{2g}$, et la quantité y' être positive, ce qui donnera au remous la forme du profil 2, et alors le remous réel Y sera beaucoup plus considérable que la quantité y'. Il n'y a donc aucune espèce de relation entre y'' et Y, et la confusion que tous les auteurs qui ont traité de cette question ont faite entre ces deux quantités repose sur une erreur fondamentale.

94. Réfutation de la théorique de M. Belanger. — M. Belanger est le seul qui ne l'ait pas commise. Dans ses leçons lithographiées à l'École des ponts et chaussées, cet ingénieur a reconnu qu'à l'aval de l'étranglement, devait avoir lieu un relèvement qui, lorsqu'on le retranchait de l'abaissement donné par la formule ordinaire, faisait à peu près disparaître le remous. Nous disons *à peu près*, parce que M. Belanger calcule la contre-pente au moyen d'une formule différente qui, selon nous, repose sur des considérations physiques et mécaniques tout à fait inexactes, et qui donne pour le relèvement une hauteur un peu plus faible. Ainsi, dans l'exemple numérique choisi par cet ingénieur, la différence entre la cataracte ($0^m,18$) et le relèvement ($0^m,16$) n'est que de 0,02, quantité insignifiante dans la pratique. Pour éluder cette difficulté et arriver à un chiffre qui s'écarte moins des résultats connus, M. Belanger multiplie la chute $\frac{U'^2 - U^2}{2g}$ qui est ici égale à $0^m,18$ par un coefficient K *qui dépendra de la figure des avant-becs des piles*. Puis, dans l'exemple numérique, il fait $K = 1,50$, c'est-à-dire, qu'il suppose *que, comme dans les ajustages cylindriques, la perte de charge ou de chute serait de moitié de la hauteur due à l'accroissement de vitesse*. C'est ainsi que la chute $0^m,18$ multipliée par K devient $0^m,27$, auxquels M. Belanger ajoute $0^m,02$, pour les forces retardatrices développées sous le pont, ce qui lui donne $0^m,29$, desquels retranchant la contre-pente $0^m,16$, reste pour remous définitif $0^m,13$.

Il est peut-être inutile de faire remarquer que tout ce calcul ne repose sur aucune base rationnelle et qu'on ne peut en tirer parti ni au point de vue théorique ni au point de vue pratique.

Ce n'est pas, en effet, résoudre le problème que de représenter la cataracte qui se forme au passage du pont par une expression de la forme :

$$K\left(\frac{U'^2 - U^2}{2g}\right);$$

car de ce que cette cataracte doit être plus grande que $\frac{U'^2 - U^2}{2g}$, il ne s'ensuit pas qu'on puisse la rectifier en la multipliant par un coefficient. Supposons, en effet, que $U = U'$; beaucoup de ponts présentent cette circonstance, à cause des affouillements qui se forment sous les arches. Alors, quels que soient le nombre et la largeur des piles, la forme des avant-becs, le remous sera toujours nul. Conséquence inadmissible. On met d'ailleurs la formule en contradiction complète avec l'expérience, car si, comme on l'a vu, la formule $\frac{U'^2 - U^2}{2g}$ se vérifie parfaitement avec les expériences du pont de Minden, citées par MM. Daubuisson, Prony, Mary, la formule $1^m,50 \frac{U'^2 - U^2}{2g}$ ne se vérifie plus. La chute n'est pas

$$K\frac{U'^2 - U^2}{2g}, \text{ mais } \frac{U'^2 - U^2}{2g} + K,$$

et K ne dépend pas seulement de la figure des avant-becs, mais encore des vitesses U et U', mais de l'épaisseur des piles, mais de la grandeur et de la forme des arches, mais de la position du pont par rapport aux rives, de la distance des rives, du profil du fond, etc. Certes de toutes les circonstances que nous venons d'énumérer, *la figure des avant-becs des piles* est peut-être la moins importante.

La seconde partie de la formule de M. Belanger, le terme qu'il faut retrancher du précédent, pour arriver au remous, est encore plus inexact, car ce terme ne dépend absolument que du rapport $\frac{L}{L'}$ entre les débouchés, il n'y a plus de coefficient qui tienne compte des circonstances locales. Or, c'est précisément dans cette partie, après le passage du pont, que s'effectue la plus grande perte de force vive. L'eau ayant à la sortie du pont une grande vitesse y produit une agitation et des tourbillons qu'on ne remarque pas à l'amont, ce qui diminue le relèvement théorique et augmente le remous.

95. De la distribution des vitesses dans l'étranglement brusque. — Dans l'état actuel de l'hydrodynamique, on ne peut donc que se rendre compte des effets généraux d'un étranglement brusque, mais il est impossible de les mesurer par le calcul. Nous venons de faire voir que le problème consiste dans l'évaluation des forces retardatrices qui se développent dans l'étranglement. Or, si l'on se reporte à ce que nous avons dit sur les résistances qui se manifestent dans les canaux où la section varie graduellement, on reconnaîtra qu'au point de vue théorique, le problème est pour ainsi dire insoluble. Les divers filets de la masse liquide animés de vitesses qui ne sont plus sensiblement parallèles se mêlent, se divisent, s'entrechoquent, attaquent les obstacles solides qui se trouvent sur leur passage d'une manière si différente, qu'il nous paraît impossible de représenter la résultante de mouvements si divers par une formule applicable à la pratique. Voici selon nous comment les choses se passent.

Considérons un canal régulier, dont la largeur uniforme A'A (*fig.* 34) se trouve étranglée par deux levées B*b*, B'*b'*. Il est clair que vers l'amont nous trouverons une section CC', et vers l'aval une section AA', dans lesquelles les filets auront une vitesse sensiblement parallèle à l'axe du canal. Si l'on imagine dans la partie C*b*, où les filets ont des vitesses convergentes et dans la partie *b*A, où ils ont des vitesses divergentes, des sections intermédiaires, on pourra les séparer en deux parties. La première, composée de tous les filets qui prennent part au mouvement général de translation du liquide; la seconde, des filets qui restent immobiles ou ont un mouvement giratoire périodique qui ramène leurs molécules à la même place, au bout d'un certain intervalle de temps. Cette seconde partie joue, par rapport à la première, le rôle d'une paroi, le long de laquelle celle-ci glisserait, en y éprouvant une certaine résistance, résistance tout à fait différente de celle d'une paroi solide, puisqu'il s'agit de l'eau glissant sur de l'eau. On pourra donc considérer le courant dans la partie CA comme s'opérant dans un canal dont le fond serait solide et les parois latérales *CbnA*, *C'b'n'A'* seraient liquides. Le frottement sur la paroi solide qui forme le fond, peut être assimilé, jusqu'à un certain point, à celui qui a lieu dans le mouvement uniforme, c'est-à-dire, que si la vitesse des filets inférieurs en contact avec la paroi était connue, on pourrait supposer qu'ils éprouvent la résistance due à leur vitesse $aW + bW^2$; mais le long de cette paroi latérale, qui tourbillonne sur elle-même, a lieu un frottement tout à fait différent, car il est du genre de celui de la cohésion, c'est-à-dire qu'il est proportionnel à la différence infiniment petite des vitesses des filets transportés et des filets tourbillonnant sur place; enfin dans la masse fluide, les filets ayant des vitesses non-seulement très-inégales, mais non parallèles, leur glissement les uns sur les autres, leur contraction et leur pénétration, donnent lieu à de nouvelles résistances. Or comment saisir, dans cette masse agitée de mouvements si divers, le filet qui a la propriété de représenter les résultats moyens? Mais si la théorie est impuissante pour résoudre le problème par des formules exactes, elle peut guider l'expérience dans la recherche d'une solution empirique suffisante pour les besoins de la pratique.

96. Extension des formules de l'étranglement graduel au cas de l'étranglement brusque. — Remarquons d'abord que, quoique nous ne connaissions pas les forces retardatrices développées dans l'étranglement, nous pouvons cependant toujours représenter (fig. 34, profils 1 et 2) la hauteur des points *b* et *c*, au-dessus de la surface naturelle, par des équations parfaitement semblables à celles que nous avons posées pour l'étranglement graduel.

Il est clair, en effet, que dans le canal CBA, on peut imaginer des cloisons verticales CDA, C'D'A', dont on réglera l'écartement de manière qu'en B et en C, la dénivellation soit précisément égale à ce qu'elle est dans l'étranglement brusque, sauf à avoir dans la section BB' une proportion d'étranglement toute différente. Il suit de là que l'étranglement brusque peut présenter en B toutes les circonstances que nous avons signalées pour l'étranglement graduel. C'est-à-dire, qu'il peut y avoir en B abaissement ou relèvement de la surface suivant les circonstances de l'étranglement; en C il y a toujours relèvement. De plus les mêmes formules (2) et (4) (§ 81) sont applicables. On aura :

$$Bb = y' = i\left(\frac{\Omega}{m\omega'} - 1\right)\left\{\lambda - 140\left(1 + \frac{\Omega}{m\omega'}\right)\right\};$$

$$Cc = Y = i(\lambda + \lambda')\left(\frac{\Omega}{m\omega'} - 1\right) = is\left(\frac{\Omega}{m\omega'} - 1\right),$$

en appelant s la longueur du cours d'eau dans laquelle le courant ne coule pas à pleine section, et $m\omega'$ la surface de l'étranglement graduel qui produit le même remous que l'étranglement brusque. Maintenant, pour rendre cette formule applicable à la pratique, il faudrait connaître les valeurs de s et de m, qui conviennent à chacune des circonstances de l'étranglement. Or c'est ce que des observations bien faites et nombreuses peuvent seules donner.

Il faudrait qu'un grand nombre de ponts fussent soumis à des observations semblables à celles dont le pont de Minden a été l'objet. Bien entendu qu'il faudrait que ces observations fussent plus complètes, que le nivellement s'étendît à une certaine distance en amont et en aval, ce qui se ferait par des échelles placées de distance en distance et sur lesquelles on lirait la hauteur de l'eau à des époques simultanées; on joindrait à ce renseignement la coupe et le plan du pont et de ses abords, le plan et le nivellement du cours d'eau, sa vitesse et son produit aux hauteurs observées. En classant ensuite tous les résultats dans un ordre méthodique, rapprochant les cas analogues ou peu différents et arrivant aux cas extrêmes par l'observation d'un grand nombre de cas intermédiaires, on mettrait en évidence l'influence des diverses circonstances locales sur les hauteurs de remous produites, et on déterminerait d'une manière approximative les valeurs que doivent prendre les quantités qui entrent dans la formule précédente.

Ces expériences demandent de la part de l'observateur non-seulement une grande exactitude, mais des connaissances théoriques aussi étendues que possible, et une attention toute particulière dans l'observation des faits, pour ne négliger aucun de ceux qui peuvent avoir une influence notable sur les résultats. Ainsi, par exemple, la formule du remous des ponts, telle qu'elle est donnée dans tous les traités d'hydraulique, sans exception, ne demande que deux données pour en déterminer la hauteur : la vitesse du cours d'eau, et le rapport de la section naturelle à la section étranglée, cette dernière étant d'ailleurs légèrement corrigée au moyen d'un coefficient de contraction. Or, à part les considérations théoriques qui doivent faire rejeter cette formule, il suffit d'avoir considéré ce qui arrive au passage de quelques ponts, pour être convaincu que ces données sont complétement insuffisantes. Ainsi, par exemple, un cours d'eau a une largeur de 200 mètres, on se propose de calculer le remous que donnera un pont de 120 mètres, la vitesse du courant étant de 2 mètres par seconde. Pour ce cas particulier, l'ancienne formule donnerait un remous d'environ $0^m,36$. Or il est bien clair que le remous sera totalement différent, suivant les dispositions qui seront adoptées. On peut avoir un pont suspendu de 120 mètres, 12 arches de 10 mètres, 5 arches de 24 mètres, etc.; on peut placer le milieu du pont sur l'axe du courant, ou retirer une culée sur une des rives de manière à avoir à l'amont et à l'aval de la culée opposée des espèces de gares ou des cales pour la navigation; le courant des grandes eaux peut être perpendiculaire au pont ou plus ou moins oblique; on peut exécuter à l'amont et à l'aval du pont des travaux accessoires qui modifient complétement la nature du débouché, etc. De plus il est bien clair, que si au lieu d'un cours d'eau de 200 mètres et d'un pont de 120 mètres, il s'agit d'un cours d'eau de 400 mètres et d'un pont de 240 mètres ou d'un cours d'eau de 800 mètres et d'un pont de 480 mètres, l'effet sera encore complétement différent quoique le rapport de l'étranglement soit le même. Supposons, en effet, que la disposition adoptée, soit un pont suspendu placé au milieu du courant et que les localités comportent ou exigent quatre levées de raccordement qui transforment l'étranglement brusque en étranglement graduel, alors la formule que nous avons donnée plus haut (4) (§ 81) devient immédiatement applicable :

$$Y = is\left(\frac{\Omega}{\omega'} - 1\right),$$

la longueur s des levées de raccordement tant en amont qu'en aval sera d'ailleurs proportionnelle à la largeur de la rivière. Si dans celle qui n'a que 100 mètres de largeur, il faut 150 mètres de longueur de levées en amont et en aval, il en faudra le double, le triple, dans une rivière deux fois, trois fois plus large. La pente étant de 0,0003 par mètre et le rapport, $\frac{\Omega}{\omega'} = \frac{200}{120} = \frac{5}{3}$, on aura : $Y = 0,0002s$, et par conséquent $Y = 0^m,06$ dans une rivière de 100 mètres de largeur ayant des levées de raccordement de 300 mètres, et $Y = 0^m,60$ dans une rivière de 1000 mètres de largeur, ayant des levées de 3000 mètres.

On voit que la largeur de la rivière, quantité qui ne figurait même pas dans les anciennes formules, a, dans ces circonstances, une influence considérable sur le résultat; et pour peu qu'on cherche à se rendre compte de l'effet d'un étranglement, on reconnaîtra *à priori* qu'il doit en être ainsi, même dans l'étranglement brusque. Un cours d'eau de quelques mètres de large, resserré même dans une forte proportion, ne peut évidemment altérer la direction des filets fluides que dans une petite étendue en amont et en aval; les filets des bords extrêmes sont trop voisins du filet central, pour que la communication latérale du mouvement ne leur imprime pas à tous une vitesse sensiblement parallèle après un court intervalle de temps. Mais dans une rivière très-large, les filets des bords, ne recevant l'action des filets centraux, que par de nombreux filets intermédiaires qui atténuent cette communication de mouvement, ne sont entraînés dans le mouvement commun qu'après un bien plus grand intervalle de temps. Ainsi telle disposition, tel étranglement, ne produiront qu'un remous insignifiant dans une petite rivière et pourront en produire un énorme dans un grand fleuve.

En résumé, les formules données jusqu'à présent pour calculer les remous produits par un étranglement brusque ne méritent aucune espèce de confiance, c'est une des nombreuses lacunes de l'hydraulique actuelle; en attendant qu'elle soit comblée, les considérations générales sur les propriétés des liquides, les formules de l'étranglement graduel que nous avons exposées plus haut, pourront peut-être fournir quelques indications utiles à la pratique. Nous reviendrons d'ailleurs sur la question si importante du débouché des ponts dans le chapitre VI.

Ce que nous avons dit de l'étranglement brusque s'applique à l'élargissement brusque; on peut se rendre compte de ses effets généraux par ce qui se passe dans l'élargissement graduel, mais il est impossible de les apprécier exactement par le calcul. Nous croyons inutile de nous arrêter davantage sur ce cas, qui a beaucoup moins d'importance pratique que le précédent.

97. De la distribution des vitesses dans les sinuosités des cours d'eau naturels. — Pour compléter l'étude des effets des diverses natures d'étranglement, nous croyons devoir examiner ce qui doit se passer dans les coudes ou sinuosités des cours d'eau.

Si l'on cherche à déterminer d'une manière expérimentale la vitesse des divers filets de la surface d'un grand cours d'eau dans les parties où sa direction générale présente des sinuosités, on reconnaît de suite de grandes différences entre les vitesses de ces filets. Sur certains points la vitesse est très-forte et très-rapide ; sur d'autres, elle est faible et même nulle souvent. Nous pourrions citer de très-grands ponts qui, sous certaines arches, n'ont aucune espèce de débit, même pendant les crues (*). Limitons par la courbe *pqr* (*fig.* 35) la portion d'eau stagnante qui se trouve le long d'une rive convexe. Puisque cette eau est immobile, sa surface est de niveau ; tous les points de la courbe *p*, *q*, *r*, sont à la même hauteur. Un filet voisin, dont la vitesse est nécessairement fort petite, a très-peu de pente ; le filet suivant en a davantage, ainsi de suite. Traçons la courbe *mno*, qui passe par tous les points dont la vitesse est un maximum dans chaque section, puisque la section Q se trouve rétrécie par le fait des eaux stagnantes, la vitesse moyenne et la vitesse maximum y sont nécessairement plus considérables que dans les sections antérieures et postérieures. Si, dans les différentes sections, on trace la courbe des vitesses pour les filets de la surface, on lui trouvera nécessairement les formes *pab*, *qa'b'*, *ra''b''*, que nous indiquons dans la figure. Par l'effet du coude il se produit donc un étranglement en *q*, quoique la section ne change pas de superficie ; or l'excès de vitesse nécessaire pour franchir l'étranglement ne peut être donné que par une dénivellation de la surface liquide, le point *n* s'abaisse au-dessous de *m* de la quantité nécessaire pour produire l'excès de vitesse, et le point *o* se relève au-dessus de *n*, de manière à ramener la vitesse à la valeur qu'elle doit avoir. Tout se passe comme dans l'étranglement graduel, si ce n'est qu'un des côtés de la section étant assujetti à rester de niveau, la dénivellation dont nous parlons se produit au moyen d'une autre dénivellation dans le sens du profil en travers. Donc la surface de l'eau, dans un pareil courant, n'est pas horizontale, la vitesse se répartit entre les divers filets d'une manière très-inégale dans chacune des sections ; de plus la vitesse des molécules de chaque filet varie sans cesse en passant d'une section à l'autre. Il ne faudrait pas considérer, en effet, la courbe *mno*, qui passe par les points où la vitesse est un maximum, comme représentant un filet particulier ; cette courbe, qui va d'une rive à l'autre, appartient évidemment à plusieurs filets. Ceux-ci, tout en se pénétrant et en se séparant suivant ce qu'exige la largeur de la section courante, suivent une direction sensiblement parallèle à l'axe du canal. Animés d'une grande vitesse en *q*, et attaquant la rive concave dont ils emportent les débris, ils se

(*) Cette circonstance se présente surtout dans les ponts obliques au courant, et dans ceux dont les culées font saillie sur les rives, au moyen de levées qui rétrécissent le débouché naturel.

ralentissent en marchant vers R et laissent les troubles dont ils sont chargés sur la rive convexe RS'T où la vitesse diminue sensiblement.

Les principes que nous avons posés précédemment rendent donc parfaitement compte des effets des sinuosités, mais ne sont pas suffisants pour les calculer. On reconnaît, dans l'explication que nous venons de donner, une foule de causes de pertes de travail dont il est évidemment impossible d'apprécier l'importance en chiffres.

Nous ne nous sommes arrêté un instant sur cet exemple que pour faire comprendre toutes les anomalies apparentes que pouvaient présenter les cours d'eau naturels, anomalies qui expliquent les résultats étranges auxquels on est parvenu en essayant de vérifier, au moyen du nivellement de leur surface, les formules du mouvement uniforme ou du mouvement varié, résultats que nous avons cités à la fin de notre premier chapitre. Quand il fallait obtenir 26 mètres, les formules répondaient 28 mètres, 11 mètres, 30 mètres, 30 mètres, 4 mètres à divers points du même cours d'eau. Non-seulement on a demandé aux formules des résultats qu'elles ne pouvaient pas donner, mais on a admis, dans les calculs, des données évidemment erronées. Ainsi, par exemple, l'expérience (M. Minard, *Navigation des rivières*, p. 41) qui donne 4 mètres pour le produit de la Meuse au lieu de 26 mètres, suppose que cette rivière n'a qu'une pente de 0,01 sur une longueur de 535 mètres; si le nivellement est exact, l'eau marche donc en vertu de sa vitesse acquise, il y a donc en amont un étranglement qui motive une forte cataracte. Or, si l'on examine la colonne des sections, on n'y trouve pas de traces de ce changement brusque de section, ou plutôt il se ferait en sens inverse de celui qui doit avoir lieu. Nous l'avons dit souvent dans ces Études, l'état de l'hydrodynamique laisse encore beaucoup à désirer, il y a de nombreuses lacunes qui appellent de nombreuses recherches théoriques et expérimentales; mais quelque arriérée que soit cette science, ce n'est pas une raison pour marcher au hasard. L'ingénieur guidé par des notions saines sur les propriétés mécaniques des fluides, par des formules dont il connaîtra la portée, pourra presque toujours non pas arriver à une solution exacte, mais à une solution approchée, en évitant ces grandes erreurs qui seules sont à redouter.

CHAPITRE V.

DU MOUVEMENT DES EAUX A DÉBIT VARIABLE.

98. **Du mouvement des eaux à débit variable.** — Jusqu'à présent les géomètres et physiciens n'ont considéré que le mouvement permanent des eaux courantes, celui dans lequel le débit de chaque section est constant. Il y a cependant, même dans les cours d'eau naturels, d'autres mouvements, dont il serait bon par cela même de connaître les lois. Ainsi, en général, ces cours d'eau reçoivent dans leur parcours un accroissement de débit soit d'une manière continue par les filtrations des rives, soit d'une manière discontinue par la rencontre de divers affluents. Lorsque cette adjonction se fait d'une manière constante, c'est-à-dire qui ne varie pas avec le temps, la surface du cours d'eau est permanente, c'est-à-dire qu'elle ne varie pas elle-même avec le temps. Mais il peut arriver que le débit de l'affluent soit lui-même variable avec le temps, alors il se produit des variations de hauteur dans le lit principal; c'est ainsi que les cours d'eau naturels se gonflent tout à coup par l'arrivée de la crue d'un affluent et que cette crue descend dans le cours d'eau qui la reçoit en variant de forme.

Nous allons essayer de traiter séparément ces deux questions, qui à nos yeux ont une grande importance pratique. Les théories que nous allons exposer, les formules que nous allons donner sont bien incomplètes, la difficulté, la nouveauté et l'utilité du sujet nous déterminent cependant à les exposer. C'est un premier jalon dans une voie nouvelle.

99. **Équations différentielles du mouvement des eaux à débit variable.** — Imaginons qu'un canal reçoive le long de son parcours une quantité d'eau déterminée, de manière que le débit soit donné, en fonction de

la distance s, par une équation de la forme $q = f(s)$. L'équation différentielle de la surface du courant sera toujours exprimée par

$$d\zeta = \frac{udu}{g} + \frac{\chi}{\omega}\beta u^2 ds,$$

mais, en mettant pour u sa valeur $\frac{q}{h}$, il faut remarquer que q est variable et qu'on a, par conséquent,

$$du = -\frac{q}{h^2}dh + \frac{dq}{h}$$

et

$$d\zeta = -\frac{q^2}{gh^3}hdh + \frac{qdq}{gh^2} + \frac{\chi}{\omega}\beta\frac{q^2}{h^2}ds.$$

Remplaçant $d\zeta$ par sa valeur $-dh - ids$ et $\frac{\chi}{\omega}$ par $\frac{i}{h}$ il vient :

$$ds = \frac{\left(\frac{q^2}{g} - h^3\right)dh}{h^3 i + \beta q^2 + \frac{qh}{g}\frac{dq}{ds}}, \qquad (1)$$

équation qui ne diffère de celle du mouvement permanent (chapitre III, § 53) que par l'addition au dénominateur du terme $\frac{qh}{g}\frac{dq}{ds}$. Lorsque q est constant cette équation s'intègre facilement, comme on l'a vu, parce que les variables se trouvent séparées, mais dès qu'on a $q = f(s)$, il n'en est plus ainsi et il faut avoir recours à une approximation. S'il ne s'agissait que d'un calcul numérique, on pourrait établir la courbe de la surface par des intégrations partielles, comme l'a fait M. Belanger pour le remous dans les cours d'eau permanents. Ainsi partant d'une hauteur donnée du cours d'eau h_0 on aura la hauteur voisine à une distance σ en calculant dh par l'équation précédente dans laquelle on fera $h = h_0$, et l'on mettra pour q le débit du courant au point considéré. On aura ainsi un second point du courant qui pourra servir à en calculer un troisième, ainsi de suite.

On pourra même se servir des formules, des méthodes et des tables données dans le chapitre III, en considérant le cours d'eau comme permanent sur une certaine étendue. Il suffira de faire varier successivement q. Ainsi, dans le cas des cours d'eau à grande largeur, on pourrait calculer successivement les diverses valeurs de h en faisant varier convenablement la hauteur H du régime uniforme.

Il n'y a donc aucune difficulté dans la solution numérique du problème, mais il n'est pas sans utilité de rechercher l'équation algébrique de la surface des courants à débit variable et d'en étudier les caractères généraux.

100. Équation de la surface lorsque le lit est horizontal. — Lorsque le lit est horizontal et qu'on néglige les termes qui proviennent de la variation de la vitesse, l'équation (1) est intégrable, comme lorsque q est constant, car elle se réduit à :

$$-h^3 dh = \beta q^2 ds.$$

Il suffit de mettre dans cette équation la valeur de q en s et d'intégrer pour avoir l'équation de la courbe.

Supposons d'abord q constant, nous aurons :

$$-\frac{1}{4} h^4 = \beta q^2 s + C,$$

ou en déterminant C de manière qu'on ait $h = h_0$ pour $s = 0$

$$\frac{1}{4}(h_0^4 - h^4) = \beta q^2 s.$$

Pour $s = \dfrac{h_0^4}{4\beta q^2}$ on a $h = o$. Si, pour plus de simplicité, on transporte l'origine en ce point, en comptant les abscisses en sens inverse, l'équation de la courbe se présente sous la forme plus simple :

$$s = \frac{h^4}{4\beta q^2},$$

c'est une parabole du quatrième degré, c'est-à-dire plus aplatie, plus fermée que la parabole ordinaire, car on a :

$$\frac{dh}{ds} = \frac{\beta q^2}{h^3}.$$

On voit que dès que h devient grand $\frac{dh}{ds}$ est très-petit, c'est-à-dire que la courbe est sensiblement horizontale.

Si q au lieu d'être constant est variable et de la forme $q_0 \pm ms$, on aura :

$$\frac{1}{4}(h_0^4 - h^4) = \beta\left(q_0^2 s \pm mq_0 s^2 + \frac{m^2 s^3}{3}\right) = \beta q_0^2 s\left(1 \pm \frac{ms}{q_0} + \frac{m^2 s^3}{3q_0^2}\right).$$

Si nous cherchons maintenant la valeur de s pour laquelle on a $h = o$, c'est-à-dire la tête de la courbe, nous ne pourrons résoudre l'équation précédente que d'une manière approximative. Nous aurons :

$$S = \frac{1}{4}\frac{h_0^4}{\beta q_0^2}\frac{1}{1 \pm \frac{ms}{q_0} + \frac{m^2 s^2}{3q_0^2}},$$

ou en remplaçant ms par sa valeur tirée de l'équation $q = q_0 \pm ms$,

$$S = \frac{1}{4}\frac{h_0^4}{\beta q_0^2}\frac{3}{\frac{q}{q_0} + \frac{q^2}{q_0^2} + 1}.$$

Si $q < q_0$, le dénominateur est plus petit que 3 et $S > \frac{1}{4}\frac{h_0}{\beta q_0^2}$, qui est la distance de la tête pour le débit constant; si $q > q_0$, le contraire a lieu. On voit donc que quand le débit est plus fort vers la tête, la parabole se raccourcit, se ramasse pour ainsi dire et présente une tête plus obtuse, et que quand le débit est plus faible vers la tête, elle s'allonge et s'effile. En effet, en partant de la hauteur commune h_0, il faut que la courbe qui a le plus fort débit ait les pentes les plus fortes. C'est ce que représente la figure 36.

101. Équation de la surface lorsque le lit a une pente. — Si le fond du cours d'eau a une pente, l'équation différentielle (1) devient, en négligeant toujours les termes qui proviennent de la variation de la vitesse et du débit

$$-h^3 \frac{dh}{ds} = \beta q^2 + ih^3. \qquad (2)$$

Cette équation s'intègre facilement si q est une fonction de h. Ainsi l'on aurait une droite pour $q^2 = nh^3$; si q est une fonction de s, comme cela aurait lieu dans la plupart des problèmes qu'on pourrait se proposer, l'équation précédente n'est plus intégrable; mais il est facile de reconnaître les caractères des nouvelles courbes qu'elle représente. D'abord il est clair que si i est très-petit, on aura pour h et pour s à peu près les mêmes valeurs que dans le cas du plan horizontal. Dans le cas où i est positif, c'est-à-dire en sens contraire du courant, $\frac{dh}{ds}$ augmente et la courbe affecte la forme que nous avons reconnue tout à l'heure pour le débit croissant ou décroissant; plus i est grand, plus la tête est obtuse. On remarquera même que h devenant petit, ih^3 devient très-petit et négligeable, de sorte que la tête du remous est sensiblement la même que dans le cas du plan horizontal.

Si i est négatif, c'est le cas des courants ordinaires, $\frac{dh}{ds}$ diminue; c'est-à-dire que la tête s'allonge quand i augmente et finit par disparaître quand on a $ih^3=\beta q^2$, c'est-à-dire quand la hauteur et la pente sont celles qui conviennent au régime uniforme.

On peut d'ailleurs avoir facilement une valeur approximative de l'intégrale. En effet, si l'on suppose que comme première approximation on donne à h la valeur tirée de l'équation

$$h^3 i=\beta q^2,$$

on aura une surface qui ne résout pas le problème, car elle donne, pour q^2, $\frac{h^3 i}{\beta}$, au lieu de $\frac{h^3 i}{\beta}-\frac{h^3}{\beta}\frac{dh}{ds}$; mais si $\frac{dh}{ds}$ est petit par rapport à i, la surface réelle du courant ne différera pas beaucoup d'inclinaison avec celle que nous avons considérée d'abord; on pourra donc en tirer une valeur approchée de $\frac{dh}{ds}$ qui sera

$$\frac{dh}{ds}=\frac{2}{3}\left(\frac{\beta}{i}\right)^{\frac{1}{3}}\frac{1}{q^{\frac{1}{3}}}\frac{dq}{ds};$$

on aura donc, en mettant cette valeur dans l'équation (2) et en y changeant i en $-i$,

$$h^3=\frac{\beta q^2}{i+\frac{2}{3}\left(\frac{\beta}{iq}\right)^{\frac{1}{3}}\frac{dq}{ds}};$$

q étant donné en s, on voit que cette équation représentera la surface du courant, qui ne différerait pas beaucoup de la parabole du degré $\frac{3}{2}$ si q était proportionnel à s. Connaissant donc le débit en un point quelconque, on peut en conclure la surface du courant.

102. Équation de la surface lorsque le débit varie avec le temps. — Les cours d'eau naturels présentent presque toujours une surface plus compliquée que celle que nous venons de considérer. Non-seulement le volume débité en chaque point de leur parcours n'est pas le même, mais ce volume varie avec le temps, ce qui produit à chaque instant une modification de leur surface. Lorsque, abstraction faite de l'apport ou de l'absorption des rives, le débit n'est pas le même dans deux sections consécutives, il se produit une variation de niveau. Si la section d'amont débite q et que la section d'aval débite $q + dq$, le petit réservoir compris entre les deux sections, et dont la longueur est ds et la hauteur y, baissera de $\frac{dq}{ds}$. Un résultat contraire aura lieu si la section d'amont débite plus que la section d'aval; on aura donc en général $-\frac{dy}{dt} = \frac{dq}{ds}$.

Il résulte de cette relation que l'équation générale du mouvement varié se trouve modifiée; la chute d'une section que nous avons représentée par $d\zeta$ devient $d\zeta - dy$, on a donc :

$$d\zeta + \frac{dq}{ds} dt = \frac{udu}{g} + \frac{\chi}{\omega} \beta u^2 ds.$$

A l'aide de ces notions générales, on pourrait, étant donné le profil longitudinal d'un cours d'eau à un moment donné, en déduire le profil au moment suivant. En effet, en divisant le profil donné en intervalles égaux, on déduirait le débit pour chaque plan de division de la formule $q = \sqrt{\frac{H^3 i}{\beta}}$ et de la différence de deux débits consécutifs, on en conclurait le dy et par conséquent l'y relatif à chaque point. Ainsi l'on aurait une seconde courbe qui pourrait servir à en calculer une troisième, ainsi de suite.

Nous indiquons ce procédé graphique, car il nous paraît difficile de trouver une solution analytique qui convienne au cas général. Les problèmes relatifs à cette espèce de mouvement ne nous paraissent pouvoir être résolus dans la pratique que d'une manière approximative, en divisant le temps et l'espace en petits intervalles dans lesquels le mouvement serait considéré comme permanent, comme dans l'exemple que nous allons traiter tout à l'heure. Nous ferons d'ailleurs observer que lorsque l'eau se meut dans les cours d'eau naturels d'une manière régulière, tranquille et non tumultueuse, il se passe un phénomène général que nous devons signaler, c'est que la vitesse verticale de la surface est toujours très-petite par rapport à la vitesse horizontale. C'est par mètres par seconde que celle-ci se mesure, et il n'est pas rare de trouver des vitesses de plusieurs mètres, tandis que l'ascension de la surface est relativement toujours très-lente. Ainsi, si en un point donné l'eau d'un cours d'eau s'élevait de $0^m,001$ par seconde, elle s'élèverait de $3^m,60$ par heure, ce qui ne se voit ni dans les crues ni dans les marées. Il résulte donc de là que même dans ces circonstances le débit est toujours peu variable et que dans les questions de cette nature on peut souvent le regarder comme constant sans erreur sensible, ce qui permet d'appliquer la formule du mouvement permanent.

103. Application au cas où un courant est arrêté par la fermeture d'une porte. — Nous allons faire une application de ces principes à un exemple qui se présente assez souvent dans la pratique.

Supposons qu'un cours d'eau débouche dans une rivière sujette à des crues ou à l'influence de la marée et que pour préserver les propriétés riveraines, il soit muni de portes de garde près de son embouchure. Dès que ces portes seront fermées, la surface du cours d'eau va s'élever successivement, et l'on peut se demander ce qu'elle devient au bout du temps t.

Soit Y la quantité dont l'eau est montée à l'écluse, *fig.* 37. Si par le point m nous menons une horizontale mn et une courbe de remous à débit constant, la surface cherchée sera comprise entre ces deux lignes. En effet, il est évident qu'à la porte le débit est nul et qu'il va croissant vers l'amont. Donc, excepté à l'origine, la courbe cherchée a une pente, elle est donc supérieure à l'horizontale. Mais comme elle débite une quantité $q' < q$, sa pente est plus faible que celle de la courbe de remous dont le débit est q. En calculant donc les ordonnées de la courbe de remous, on aura une limite supérieure de la hauteur de l'eau et qui en différera peu, ce qui suffira pour la pratique. Il suffit donc de déterminer Y, ou l'augmentation de hauteur de l'eau à l'écluse au bout du temps t.

Pour cela, remarquons qu'au bout de ce temps une quantité d'eau égale à tq s'est accumulée en amont de la porte. Si cette eau s'était placée horizontalement au bas du cours d'eau, on aurait évidemment, en appelant x la longueur de ce remous :

$$\frac{xY}{2} = tq,$$

et comme on aurait $ix = Y$, on en déduirait :

$$Y = \sqrt{2itq}.$$

Mais, comme nous venons de le faire voir, la courbe réelle est supérieure à l'horizontale et remonte jusqu'à la source ; on a donc en réalité :

$$Y < \sqrt{2itq}.$$

Si nous supposons au contraire que la surface du courant ne diffère pas d'une courbe de remous dont l'équation serait (chap. III) :

$$y = Ye^{-\frac{3is}{H+Y+y}},$$

nous aurons pour déterminer Y :

$$Y\int_0^{\infty} e^{-\frac{3is}{H+Y+y}}\,dx = tq.$$

Pour intégrer le premier membre, on peut donner à la variable y la valeur constante $\frac{1}{2}$ Y, ce qui ne peut pas beaucoup changer le résultat, et l'on obtient :

$$\frac{Y\left(H + \frac{3}{2}Y\right)}{3i} = tq,$$

d'où l'on tire :

$$Y = \sqrt{2itq + \frac{1}{9}H^2} - \frac{1}{3}H = \frac{2itq}{\sqrt{2itq + \frac{1}{9}H^2} + \frac{1}{3}H}.$$

Mais comme la courbe de remous pour une même valeur de Y est supérieure à la courbe de retenue, elle comprend un plus grand volume d'eau. L'Y de la courbe de retenue serait donc plus grand que celui que nous venons de calculer, nous pouvons donc écrire en simplifiant le dénominateur précédent :

$$Y = \frac{3itq}{H} = 3iUt.$$

En admettant cette valeur pour le remous à la partie inférieure, on déterminerait la hauteur de la retenue en un point quelconque par une des formules ou méthodes que nous avons données ; ainsi en se servant de l'équation que nous venons de rappeler, on obtient :

$$y = 3iUte^{-\frac{5is}{H+\frac{9}{2}iUt}}.$$

Remarquons en passant que si la vitesse d'ascension du cours d'eau principal était plus petite que $3iU$, la porte serait inutile, c'est-à-dire qu'en la supprimant, l'eau du cours d'eau principal ne pourrait entrer dans le cours d'eau secondaire. Il en serait de même de la marée ; si sa vitesse d'ascension se trouvait être au-dessous de $3iU$, l'eau douce ne serait pas refoulée par l'eau salée. On pourrait donc (théoriquement du moins) empêcher la marée d'entrer dans un cours d'eau par un étranglement longitudinal qui donnerait à U une valeur suffisante et l'on s'explique comment la marée doit entrer d'autant plus facilement dans un fleuve que la vitesse du courant y est plus faible. Il va sans dire que l'étranglement dont nous parlons empêcherait l'eau salée d'entrer dans le courant, mais ne détruirait pas l'effet de la marée qui n'agirait plus que comme un barrage placé à l'embouchure et dont on soulèverait la crête assez lentement pour qu'une tranche d'eau y pût toujours couler.

Il est à remarquer que cette situation d'équilibre se produit toujours, sinon à l'embouchure du cours d'eau, du moins en un point situé en amont à une certaine distance. En effet, la vitesse d'ascension de la marée va en diminuant de l'aval à l'amont, de sorte qu'il se trouve nécessairement un point où elle a précisément l'intensité nécessaire pour arrêter le courant d'amont sans le refouler, mais ce point est mobile et remonte pendant le flot, parce que la vitesse n'est pas constante et que l'équilibre détruit en un point se reproduit sur un autre. Quoi qu'il en soit, on doit comprendre qu'il y a un point que l'eau salée ne peut dépasser parce que sa vitesse d'ascension, qui diminue de l'aval à l'amont, finit par se trouver plus faible que celle du courant.

Le mouvement alternatif des marées dans les fleuves donne lieu à des surfaces compliquées qu'il serait intéressant de pouvoir déterminer, car on a souvent besoin de connaître l'influence qu'auront sur elles certains travaux, notamment les endiguements au moyen desquels on resserre le lit. Si incomplètes que soient les notions générales que nous venons de présenter, peut-être pourront-elles être utiles aux ingénieurs qui, s'occupant spécialement de ces travaux, peuvent aider la théorie par l'expérience.

104. De la marche des crues le long d'un cours d'eau. — Les crues accidentelles des cours d'eau naturels présentent aussi une application intéressante du mouvement de l'eau à débit variable. Nous terminerons ce chapitre par quelques considérations sur leur marche.

Lorsqu'une crue survient dans un cours d'eau, elle le trouve avec un certain régime uniforme correspondant à une certaine hauteur H. Tout à coup un ou plusieurs affluents de la partie supérieure, grossis par des pluies, y produisent une intumescence passagère qui va descendre jusqu'à la partie inférieure, puis le cours d'eau reviendra à son état primitif.

Au premier moment de l'arrivée de l'affluent dans le cours d'eau principal, les eaux se précipitent non-seulement vers l'aval, mais même vers l'amont, et y produisent des phénomènes analogues à ceux de la marée, jusqu'à ce que toutes les eaux d'amont se trouvent relevées au-dessus de celles de l'embouchure de l'affluent; alors toute la masse prend un mouvement descendant. Nous ne nous occuperons que de cette période seulement.

La forme de l'intumescence nous est révélée par l'observation journalière des crues. Quand on constate à un point donné les hauteurs successives de l'eau au moment du passage d'une crue, on reconnaît que le niveau des eaux s'élève d'abord rapidement, qu'il devient stationnaire au maximum, puis descend plus lentement. Le flot affecte donc une forme générale analogue à celle qui est représentée par la figure 38, et dont nous allons chercher à mieux définir les circonstances particulières.

Une tangente parallèle au courant nous donnera le maximum Y de la crue. Si, à partir du point M, nous traçons vers l'amont la courbe de remous correspondant à Y et à H, elle devra se trouver au-dessous de la courbe de crue, puisque pour chaque point correspondant du cours d'eau, la crue débite plus que le cours d'eau; vers l'amont ces deux courbes doivent se confondre, puisque le débit est le même. Or la courbe de remous étant asymptote au courant, il s'ensuit que la crue doit l'être aussi. En un mot si, faisant abstraction de la crue, on considère l'effet d'un barrage en M relevant les eaux de Y, il est clair qu'il produira la courbe M*r*S dont nous savons calculer les ordonnées. La crue, produisant le même remous Y, doit évidemment être supérieure à cette courbe que les eaux naturelles suffiraient à produire.

Voyons maintenant ce que devient le débit dans cette courbe depuis S jusqu'à A. Supposons des observateurs échelonnés le long du cours d'eau et relevant au même moment les niveaux; il est clair que ceux situés vers la tête, celui en *p*, par exemple, verra l'eau monter de moment en moment, tandis que celui situé en p' verra l'eau descendre. Il résulte de là, comme nous l'avons démontré plus haut, qu'en p le débit d'amont est plus grand que celui d'aval, et qu'en p' c'est le contraire.

Puisqu'en partant de A et remontant le courant le débit va croissant, et qu'en partant de S et descendant le courant il va aussi croissant, il y a donc nécessairement un point N où le débit est à son maximum. Comme on a $H^3j = \beta q^2$, on voit que ce débit ne correspond pas au maximum de la crue, c'est-à-dire en M, mais à un point voisin N, vers l'aval, pour lequel l'accroissement de j pente de la crue compense le décroissement de H. Il est clair que l'observateur placé en ce point verrait le niveau demeurer stationnaire pendant le temps dt, puisque près du maximum le débit doit être à peu près constant. Si donc nous représentons la position du flot dans deux moments successifs (*fig.* 39), le point N sera nécessairement le point d'intersection des deux courbes; quant au maximum, il se sera lui-même abaissé puisqu'il est à l'amont du point N. Considérons d'ailleurs deux points, p et p', situés l'un en avant du point M, l'autre en arrière et à la même hauteur h au-dessus du fond; il est clair qu'en p la vitesse est plus grande qu'en p', puisqu'en p la pente est plus considérable et que la vitesse est sensiblement égale à $\sqrt{\frac{hj}{\beta}}$. Donc, si q' et q sont les nouvelles positions de p' et p, pq est plus grand que $p'q'$, c'est-à-dire que la tête marche plus vite que la queue, ce qui tend à aplatir le flot.

Voyons maintenant comment les vitesses varient. Considérons d'abord la partie NA (*fig.* 38). Si dans cette partie le débit était constant, la courbe NpA serait une courbe de remous d'abaissement; mais comme le débit va en décroissant de N en A, la courbe NpA est supérieure à celle du remous d'abaissement NR. Elle n'en diffère d'ailleurs pas sensiblement, car comme nous l'avons fait remarquer, dans les crues les volumes successifs varient assez peu pour qu'on puisse considérer le débit comme constant dans une petite étendue. Il résulte de cette observation que, comme la hauteur h décroît sensiblement de N en A, et qu'on a $u = \frac{q}{h}$ (*), la vitesse croît de N en A où elle est à son maximum. Le point A marchant plus vite que N, on voit que la tête du flot s'allonge et s'aplatit par conséquent à mesure qu'il descend vers l'aval.

Il n'est pas aussi facile de se rendre compte de ce qui se passe en amont du

(*) Si la vitesse au point p est $\frac{q}{h}$, elle est au point suivant $\frac{q-dq}{h-dh}$.

point N. En effet, si l'on applique le même raisonnement aux sections diverses, on en conclura que la vitesse décroît de l'amont S à N, puisque la section augmente. Cependant, vers l'amont en S la vitesse du flot doit être à fort peu près égale à $\sqrt{\frac{Hi}{\beta}}$, ou à celle du régime uniforme, car l'eau a sensiblement même hauteur et même pente. D'un autre côté, au point maximum de la crue, la pente du flot doit devenir égale à celle du cours d'eau, et l'on doit avoir $u=\sqrt{\frac{(H+Y)i}{\beta}}$; il y a donc entre S et M un point où la vitesse est à son minimum, de sorte que si l'on représente les vitesses des sections par des ordonnées, elles forment une courbe de la forme *uvt*. On se rendra compte de ce changement dans l'intensité de la vitesse, en remarquant qu'il se passe quelque chose d'analogue pour la pente superficielle. En effet, puisqu'en M l'eau se trouve relevée de Y, il en résulte que la pente moyenne de la queue du flot est moindre que celle du régime uniforme, et qu'entre l'extrémité S et le sommet M, le flot, qui se raccorde à deux lignes parallèles, doit changer de courbure et passer de la forme concave à la forme convexe (*). Ainsi vers S la pente est plus petite que i et va en diminuant, puis en se rapprochant de M elle doit aller en augmentant puisqu'elle se rapproche de i. La queue du flot se comporte donc à peu près comme un remous de barrage, c'est-à-dire que la surface de l'eau doit y être presque stationnaire. (Il s'agit ici du mouvement vertical de cette surface.)

On peut assimiler le mouvement de la queue du flot à celui qui serait produit par un barrage qui descendrait avec le courant en même temps que sa crête s'abaisserait. Il est clair que l'eau voisine du barrage courrait rapidement après lui en s'abaissant, tandis que l'eau plus éloignée ne prendrait que très-lentement part à ce mouvement. Quant à la tête du flot, les sections d'amont se précipitent plus vite que celle qui les suivent, ce qui les abaisse de plus en plus, ainsi que la partie intermédiaire; de sorte qu'avec le temps dans toutes les sections la vitesse, la hauteur et le débit s'approchent de la valeur qu'ils ont dans le régime uniforme.

(*) De l'équation $hj=\beta u^2$ on déduit en mettant pour h sa valeur $\frac{q}{u}$, $qj=\beta u^3$ et en différentiant cette dernière $3\frac{du}{u}=\frac{dq}{q}+\frac{dj}{j}$. Dans les cours d'eau permanents $dq=0$ et est négligeable dans les autres; il s'ensuit que du est toujours de même signe que dj, c'est-à-dire que la vitesse augmente avec la pente, que dans une partie convexe elle va en augmentant de l'amont à l'aval, et que c'est le contraire dans une partie concave.

Ainsi il s'agit ici d'un mouvement ralenti, variable avec la hauteur de la crue et avec celle du régime auquel elle se superpose. Si donc on veut déterminer expérimentalement la vitesse de propagation des crues sur un cours d'eau, il faut tenir compte de ces deux circonstances : leur hauteur, et celle du régime antérieur. Une crue de 2 mètres, par exemple, va plus vite sur le même cours d'eau lorsque le régime antérieur est à 3 mètres que lorsqu'il est à 2 mètres. On ne peut donc pas dire qu'entre deux villes les crues mettent tant d'heures à se rendre de celle d'amont à celle d'aval ; ce temps est variable à toutes les crues. Il faut d'ailleurs s'entendre sur le point de la crue qui sert à mesurer la vitesse. Le seul pour lequel il soit possible de l'apprécier et de la calculer avec exactitude, c'est l'extrémité aval de la tête, parce que seul il est bien déterminé et forme sur le courant une solution de continuité. Comme nous venons de le dire, la vitesse de ce point va sans cesse en diminuant à mesure qu'il descend le courant, parce que l'angle que forme le flot avec le régime uniforme devient plus aigu. Le maximum de la crue est un point indécis par cela même qu'il est un maximum, et que de plus il a pour ainsi dire une vitesse relative par rapport au flot. Si l'on imagine par exemple des flotteurs placés sur le flot, le flotteur de tête est toujours le flotteur de tête, mais le flotteur de maximum n'est pas toujours le même ; cette prédominance passe de l'amont à l'aval, ce qui rapprocherait le maximum de la tête, si cette tête ne marchait elle-même beaucoup plus vite que le maximum. Quant à la queue du flot, elle échappe à toute détermination, puisque le flot est supérieur au remous et que celui-ci n'a pas de terme.

Pour faire comprendre ce mouvement, nous le comparerons à celui d'un immense serpent retenu par la queue, qui se serait contracté sur lui-même de manière à produire le profil du flot, puis qui lancerait sa tête en avant en déroulant ses anneaux. On verrait dans ce mouvement le corps s'aplatir successivement et la queue s'amincir indéfiniment, de manière que le tout ne forme plus sur le sol qu'un léger relief d'épaisseur à peu près uniforme.

Nous venons de considérer une crue simple, mais il est rare que dans la nature les choses se présentent avec cette régularité. D'abord le lit dans lequel la crue se propage n'est pas régulier, ensuite de nombreux affluents viennent y déboucher. Si ces affluents ne sont pas en crue, leurs lits font l'office de réservoirs. L'eau qu'ils enlèvent à la tête du flot aplatit son milieu, puis cette eau, restituée au flot après le passage du maximum, en alonge la durée en en diminuant la hauteur. Le passage d'un pareil affluent modifie donc la forme du flot à peu près de la même manière que son transport en avant ; mais si l'affluent est lui-même en crue, on comprend qu'il peut produire sur le cours d'eau principal une altération semblable à celle du flot, comme le représente la figure 40. Ce sont des crues ainsi superposées qui donnent lieu aux alternatives de maximum que constatent les observations. Ainsi après avoir vu l'eau monter puis redescendre, on la voit remonter de nouveau pour redescendre ensuite; mais il est facile de se rendre compte que ces flots superposés s'effacent en descendant. En effet, si la vitesse de l'ordonnée maximum du premier flot est proportionnelle à $i\sqrt{H+Y}$, celle du fond sera proportionnelle à $i\sqrt{H+Y+Y'}$, et par conséquent plus grande; l'intervalle qui les sépare diminuera donc nécessairement et peu à peu les deux flots se fondront en un seul.

CHAPITRE VI.

DU RÉGIME DES GRANDES EAUX, DU DÉBOUCHÉ A LEUR DONNER.

105. **Du régime des grandes eaux.** — Dans les chapitres précédents nous avons signalé les principales applications dont nous paraissent susceptibles les considérations, les principes, les formules auxquels nous étions successivement conduit; nous nous sommes réservé de traiter, dans un chapitre spécial, d'une manière plus complète la question générale du débouché que les travaux publics et particuliers, exécutés dans les vallées, doivent laisser aux grandes eaux auxquelles elles donnent passage. Cette question devient tous les jours plus importante, et les désastres qui se sont renouvelés à des époques si rapprochées l'ont rendue l'objet de nombreuses discussions dans les chambres et dans la presse.

Pour la résoudre, il importe avant tout de se rendre compte du régime des grandes eaux, de la manière dont elles se comportent habituellement, des causes de leur hauteur plus ou moins considérable et des circonstances qui peuvent la modifier.

Les grandes eaux, lorsqu'elles débordent dans les vallées, s'écoulent à travers un lit très-irrégulier, tantôt très-large, tantôt étroit; sur certains points, elles se précipitent avec une vitesse torrentielle; sur d'autres elles paraissent, pour ainsi dire, stagnantes. Substituons pour un instant à ce lit naturel accidenté, un canal artificiel et régulier composé d'un plafond dressé horizontalement en travers et de deux digues sensiblement parallèles, déterminées de manière que la hauteur des grandes eaux soit partout la même et plus petite que leur hauteur minimum actuelle; resultat facile à obtenir, puisqu'il suffit d'écarter ou de rapprocher les digues pour faire baisser ou monter la surface de l'eau. Comparons maintenant ce lit fictif avec le lit naturel, et nous trouverons que partout ce dernier empiète sur l'autre, par les saillies irrégulières que forme le pied des terrains insubmersibles; nous pouvons donc le supposer comme composé d'une série d'étranglements successifs entre lesquels le calcul nous donnerait la hauteur du remous au-dessus du niveau qui existe dans le canal fictif. La surface des cours d'eau naturels n'est donc composée que d'une série de surfaces de remous qui se développent et se superposent les unes sur les autres, et dont la hauteur en un point quelconque est une fonction de la forme du débouché naturel, non-seulement en ce point, mais de ceux qui sont situés en amont et en aval. Il suit de là que l'idée de remous est nécessairement relative et non pas absolue. Pour dire qu'il y a remous, il faut prendre un terme de comparaison, et il ne peut y en avoir que d'arbitraires. Une rivière prend donc dans son lit des hauteurs de crue variables et qui ne suivent aucune loi régulière, car pour cela il faudrait que le lit naturel en suivît une lui-même, or c'est ce qui n'arrive pas en général. Les accidents géologiques qui ont creusé les vallées en ont bien jusqu'à un certain point régularisé le profil; mais ici et là des dépôts plus ou moins épais sur le plafond, des coteaux plus ou moins saillants forment des irrégularités assez grandes pour donner lieu à des différences de niveau très-notables dans la hauteur des crues. Si nous jetons les yeux sur le profil d'une crue de la Loire, en 1843, entre la Vienne et la Maine, c'est-à-dire sur une étendue de 60 kilomètres environ, où le fleuve ne reçoit aucun affluent important, nous trouverons que ce volume prend pour s'écouler les hauteurs suivantes :

A Saumur.	6^m,70
Aux Rosiers (15 kilom. à l'aval de Saumur).	7^m,37
A Saint-Mathurin (10 kilom. à l'aval des Rosiers). . .	6^m,20
Aux Ponts-de-Cé (17 kilom. à l'aval de Saint-Mathurin).	5^m,54

Et plus bas une hauteur plus considérable.

Si donc on compare la hauteur de Saumur à celle des Rosiers, non-seulement on trouvera qu'il n'y a pas de remous à Saumur, mais dépression de 0^m,67, tandis qu'il y a remous de 0^m,50, par rapport à Saint-Mathurin, et de 1^m,16 par rapport aux Ponts-de-Cé.

Aux Rosiers, le remous est de 0^m,67, 1^m,17 et 1^m,83, suivant qu'on le compare à Saumur, à Saint-Mathurin et aux Ponts-de-Cé. Tous les cours d'eau offrent les mêmes accidents.

Les eaux du Rhin s'élèvent à 4 mètres au-dessus de l'étiage devant Strasbourg, et leur élévation dépasse 6 mètres devant Huningue.

Les plus grandes crues de la Garonne parviennent aux élévations ci-après indiquées :

A Toulouse.	$6^m,30$
A Agen (1770).	$10^m,16$
A Marmande (1835)	$9^m,16$
A Langon (1770).	$12^m,05$

Ces remous naturels si considérables ne sont accusés à la surface par aucune cataracte sensible, ils sont le résultat des étranglements plus ou moins prolongés qu'éprouvent les eaux sur certains points, ou plus généralement des circonstances locales. Lorsque des travaux d'art modifient ces circonstances, on a d'autres remous qui auraient pu être produits par des circonstances naturelles.

106. Causes de leur hauteur variable. — Influence du vent. — La hauteur des grandes eaux, en un point d'un cours d'eau naturel, dépend donc en général de leur volume, de la pente et de la section du lit au point considéré, et à une certaine étendue en amont et en aval. Il n'y a donc, et il ne peut y avoir à cet égard, aucune loi générale qui permette de déterminer *à priori* la hauteur des crues le long d'un fleuve. Vers la source, les cours d'eau ont plus de pente et le volume des eaux est moins considérable, les crues seraient donc beaucoup plus faibles que dans la partie inférieure; mais souvent le lit naturel est beaucoup plus étroit, de sorte que c'est le contraire qui arrive. Enfin il y a une cause accidentelle de la hauteur des crues sur laquelle on n'a pas assez insisté jusqu'à présent. Cette cause c'est le vent; admise par le public sans trop d'examen, l'influence du vent a jusqu'à présent été négligée par la théorie. Nous croyons qu'il n'en a été parlé que dans le rapport présenté à l'Académie des sciences, par M. Navier, sur les expériences faites en Russie par M. Raucourt de Charleville. La théorie, que nous avons exposée dans le premier chapitre de ces études, rend parfaitement compte de l'influence que le vent peut exercer. En étudiant la loi de la distribution des vitesses dans la masse fluide, nous avons supposé que le frottement de l'eau glissant sur de l'air était sensiblement nul. S'il n'en était pas ainsi, si la surface libre éprouvait une certaine résistance, il en résulterait une modification dans la distribution des vitesses qu'il serait facile de calculer si la résistance à la surface était connue. La courbe des vitesses (*fig.* 41), au lieu d'occuper la position mn, occuperait la position $m'n'$, et la hauteur H deviendrait H', le produit étant constant.

« Si le vent a soufflé (dit M. Navier dans le mémoire précité) dans une di-
« rection contraire à celle du courant, l'effet du courant réciproque de l'eau

« contre l'air devient alors beaucoup plus marqué, les ordonnées diminuent « dans la partie supérieure de la courbe, en sorte que la vitesse à la surface « peut être beaucoup moindre que la vitesse maximum et *surpasser peu la « vitesse au fond*. Le frottement dont il s'agit produit alors une résistance « très-comparable à celle qui serait due au frottement sur une paroi solide. »

Si l'on admettait, avec M. Navier, que l'influence du vent peut ralentir la vitesse à la surface au point de la rendre à peu près égale à celle du fond, on déduirait facilement de cette donnée le surcroît de hauteur qui en résulterait pour les grandes eaux.

En se servant de la formule de M. de Prony, on aurait, pour un temps calme et pour le cas d'un très-grand vent qui aurait pour effet de doubler le contour mouillé, les deux équations suivantes :

$$i = \frac{1}{H}\beta U^2, \qquad i = \frac{2}{H'}\beta U'^2,$$

d'où l'on tirerait, à l'aide de l'égalité $HU = H'U'$,

$$H' = H\sqrt[3]{2} = 1,26\,H.$$

Ainsi, par le seul effet du vent, la hauteur naturelle de la crue pourrait être augmentée d'un quart en sus. Une crue de 6 mètres deviendrait une crue de 7^m,50, et une crue de 12 mètres, comme celle de la Garonne à Langon, deviendrait de 16 mètres. M. Navier n'a mentionné aucune expérience de M. Raucourt, et cet ingénieur n'a pas publié son mémoire, de sorte que nous ne savons quel degré de confiance méritent les expériences sur lesquelles est fondée l'assertion que nous avons citée plus haut. Mais lorsqu'on réfléchit aux effets bien connus et bien constatés des grands vents sur la surface des eaux et sur les surfaces solides, lorsqu'on les voit soulever les marées sur le rivage de la mer à des hauteurs très-considérables, lorsqu'on les voit sur la terre emporter le sable et les parties ténues de certains terrains, comme le font les eaux elles-mêmes, on est porté à conclure que leur action peut en effet donner une résistance très-comparable à celle du frottement d'une paroi solide. L'opinion de M. Navier, fondée sur les expériences de M. Raucourt, nous paraît donc très-admissible.

On remarquera que le vent, en soufflant dans le sens du courant, peut tout aussi bien produire une diminution dans les crues et donner la courbe $m''n''$ (*fig.* 35), de sorte qu'on sera d'autant plus porté à conclure, comme M. Navier, « qu'on ne pourra se dispenser par la suite d'avoir égard à l'état de l'atmo-

« sphère dans les observations et expériences qui auront pour objet la connais-
« sance de la vitesse de l'eau dans un canal ou dans un fleuve, et l'appréciation
« du volume qui s'écoule dans l'unité de temps. »

107. Il n'est pas démontré que le déboisement du sol ait augmenté le volume des crues. — Les grandes crues des rivières résultent de la coïncidence des crues de leurs affluents. — Le volume des crues a, sur leur hauteur, une influence directe qui n'est pas contestable; mais ce qui est très-contestable, selon nous, c'est que ce volume soit aujourd'hui beaucoup plus considérable qu'autrefois, et que ce fait soit la conséquence directe du déboisement du sol.

Faisons remarquer que cette hauteur toujours croissante des inondations n'est pas un fait directement prouvé. Tout ingénieur qui a eu à recueillir des renseignements sur la hauteur d'une crue, sait combien il est difficile d'obtenir quelque chose d'exact et de précis. Les populations effrayées exagèrent les dangers auxquels elles ont été exposées et les désastres dont elles ont été victimes, de sorte qu'on a beaucoup de peine à démêler la vérité au milieu d'assertions contradictoires. Lors donc qu'on vient comparer une crue récente à une crue ancienne, on se trouve placé entre l'incertain et l'inconnu. Mais admettons qu'on ait des points de repère bien précis, qu'il soit parfaitement constaté que les dernières crues ont dépassé toutes celles connues depuis un siècle, est-on en droit d'en conclure logiquement qu'il y a un changement de régime dans le cours d'eau? Nous ne le pensons pas. Un grand cours d'eau n'est que la réunion d'autres cours d'eau moindres, composés eux-mêmes de cours d'eau plus petits, etc. Ces cours d'eau si nombreux ne sont pas tous influencés dans leurs crues par les mêmes causes; ceux-ci le sont par la fonte des neiges, ceux-là par les pluies, ceux-ci viennent du Sud, ceux-là viennent du Nord, etc., etc., de sorte que leurs crues ne coïncident pas nécessairement; mais rien ne s'oppose à ce qu'elles ne coïncident en plus ou moins grand nombre. Ainsi, représentons pour chacun d'eux leur plus grand volume par 6, et par 5, 4, 3, 2, 1, les volumes intermédiaires jusqu'à celui de l'étiage. Le volume d'eau qui passera à un point donné pourra être considéré comme le produit de tous les affluents arrivés à un certain point de la crue. Son maximum ne sera donc atteint qu'autant que tous ces affluents le lui apporteront simultanément. La probabilité de ce résultat peut donc être comparée à celle d'amener dans le jet d'un grand nombre de dés, autant de 6 qu'il y a de dés. Or tout le monde sait combien, quand le nombre des dés est un peu considérable, cette coïncidence présente peu de probabilité, combien, au contraire, les résultats moyens deviennent probables, cependant si peu probables que soient ces résultats extrêmes et ceux qui en diffèrent peu, ils le deviennent par la répétition d'un grand nombre de jets.

L'histoire de toutes ces crues confirme ce que nous venons d'avancer. Ainsi, sur la Loire, la plus forte crue qu'on ait vue depuis plus d'un siècle, entre le confluent de la Vienne et celui de la Maine, est celle de 1843. Or, pendant cette crue, la Loire ne s'est élevée à Tours qu'à 4m,25, 2m,35 de moins qu'en 1789, tandis qu'à Saumur elle s'élevait à 6m,70 (0m,50 *en plus qu'en* 1799), c'est-à-dire que cette crue se composait des grandes eaux de la Vienne et des eaux moyennes de la Loire supérieure.

La crue de 1844 présente les mêmes circonstances, elle est encore uniquement le résultat du gonflement des eaux de la Vienne. La crue de 1846, celle qui a causé de si terribles ravages dans la Loire supérieure, à Roanne, à Digoin, Orléans, Blois, Tours, celle qui a motivé une allocation de 7 millions pour la réparation d'une partie des dommages causés par les crues aux travaux publics et de nombreuses souscriptions pour réparer les dommages particuliers; cette crue s'est tenue à 0m,80 au-dessous de celle de 1843, à Saumur, et au-dessous du confluent de la Maine, à Ingrandes, à Ancenis, ce n'est plus qu'une crue ordinaire comme celle qu'on voit tous les hivers. La Vienne et la Maine se trouvaient en effet en eaux basses dans le moment de cette crue de la Loire supérieure, qui arrivée seule dans le lit commun de la Loire et de la Vienne, puis dans le lit commun de la Loire, de la Vienne et de la Maine, a pu s'y étaler sans prendre une hauteur considérable. Il y a plus, c'est que ces affluents, pendant cette crue, ont joué, par rapport aux parties inférieures, le rôle de réservoirs. Les eaux de la Loire s'y sont précipitées avec une vitesse proportionnelle à la rapidité de leur ascension. Ainsi, la Maine qui ne se trouvait qu'à 2 mètres au commencement de la crue de la Loire, est montée à 5m,50 à Angers. Pendant trois jours, il y a eu au pont de pierre de cette ville, une cataracte de 0m,10 de l'aval à l'amont, ce qui donne un produit d'environ 1000 mètres par seconde. La Loire, au-dessous de l'embouchure de la Maine, se trouvait donc débiter 1000 mètres de moins qu'au-dessus. Mais on peut se demander, puisque la Loire à 4m,20 à Tours et la Vienne à 6m,13 à Chinon, donnent 6m,70 à Saumur, qu'arriverait-il si 6m,60 de crue à Tours (*crue de* 1846) correspondaient à 6m,32 à Chinon (*crue de* 1792)? Évidemment la crue de 1843, à Saumur, la plus forte des temps modernes, serait dépassée de 2 mètres. Ce n'est pas encore là une limite infranchissable, car les crues de Tours et de Chinon, que nous venons de citer, ne sont pas elles-mêmes les produits des maxima de tous les affluents supérieurs. Il faut donc regarder comme possibles des crues beaucoup plus considérables que celles qu'on a vues jusqu'à présent. Ces crues extraordinaires peuvent arriver d'un jour à l'autre sans qu'il y ait modification dans les causes de ces accidents. Ce que nous disons de la crue maximum peut se dire des crues qui en approchent, les chances qui doivent les amener sont d'autant moins nombreuses qu'elles s'éloignent plus de la crue moyenne, et cela est vrai au-dessous et au-dessus. L'étiage n'a pas plus de limites naturelles que les grandes eaux; pour qu'il se réalise en un point donné, il faut que chacun des affluents supérieurs soit lui-même à l'étiage. Or, cela arrivera d'autant moins souvent que ces affluents seront plus nombreux. Ainsi, dans la partie supérieure d'un grand cours d'eau naturel, là où les affluents sont encore en petit nombre, les crues maxima sont plus probables, plus fréquentes, mais il est moins probable qu'elles seront dépassées; dans la partie inférieure, où les crues sont le produit de nombreux affluents, les grandes crues sons plus rares, mais la limite possible de leur hauteur est bien plus considérable. Pour en revenir à la comparaison des dés que nous faisions tout à l'heure, dans la partie supérieure, vous n'avez qu'un petit nombre de dés; ainsi la chance d'amener 12 avec deux dés est de $\frac{1}{36}$, tandis qu'elle n'est que de $\frac{1}{1296}$ pour amener 24 avec quatre dés. Or, si l'on réfléchit au grand nombre d'affluents qui alimentent la partie inférieure d'un fleuve, et au petit nombre de crues qui se reproduisent annuellement, on en conclura que, pour étudier par la simple observation le phénomène des crues, il faudrait embrasser des siècles entiers. Or, qu'a-t-on fait jusqu'à présent pour constater que ces événements sont devenus plus probables par un changement dans les conditions primitives du phénomène? Où sont ces anciens repères, ces anciens registres où les faits toujours comparables entre eux ont été consignés avec un soin intelligent, en vue de prouver un résultat auquel on ne s'attendait pas alors? Où a-t-on tenu note du progrès du déboisement d'une part, et de l'autre de la hauteur correspondante des crues, de manière à établir la relation qu'on prétend exister entre ces deux faits? Quant aux témoignages historiques qu'on apporte à l'appui de cette opinion, ils sont sans aucune valeur pour l'ingénieur qui a pu étudier le régime d'un fleuve sur des tables journalières un peu étendues. Ainsi, par exemple, la Loire atteint, à l'échelle du pont de Saumur, la cote $6^m,20$ en 1799, et l'année suivante le zéro de l'échelle; quarante quatre ans se passent sans reproduire la première cote, et tout à coup, en 1843, elle est dépassée de $0^m,50$. Quant à l'étiage, il n'a pas encore reparu. Dans cet intervalle, neuf ans consécutifs s'écoulent sans que les eaux atteignent la cote 5 mètres; en 1832 la plus forte crue ne dépasse pas $2^m,62$. Si donc aujourd'hui on retrouvait une table des hauteurs journalières de la Loire, ou de tout autre fleuve, tenue très-exactement et pendant dix ans par un lieutenant de César ou de ses successeurs, il faudrait bien se garder d'en tirer une conclusion quelconque sur le régime du fleuve durant les premiers siècles de l'ère chrétienne; mais il ne s'agit ni de table, ni de hauteur, ni de rien de précis, il n'est question que de quelques membres de phrases écrits par des empereurs romains, qui décrivaient le pays sur lequel s'étendait leur domination en historiens et non en physiciens. Ainsi, selon nous, le fait de l'augmentation successive des crues n'est pas directément prouvé et ne pourra l'être de bien longtemps, et à plus forte raison ignore-t-on la relation qui le rattache au déboisement. Il n'y a donc là qu'un fait douteux et une conjecture plus ou moins rationnelle à laquelle on en pourrait opposer d'autres peut-être aussi vraisemblables (*).

108. Causes économiques du déboisement du sol. — Le reboisement partiel du sol n'aurait que des résultats insignifiants. — Mais admettons l'un et l'autre pour un instant. Faut-il en conclure, comme on le fait généralement, que pour se mettre à l'abri des inondations des fleuves et des rivières, il faut reboiser la France? On ne fait pas attention que le déboisement du sol est une conséquence nécessaire de l'augmentation de la population et des progrès de la civilisation. A mesure que la population augmente, il faut bien demander au sol un supplément de subsistances pour les nouveaux venus. Sans doute l'ancienne partie du sol cultivé, sollicitée par un travail plus nombreux et plus puissant, en fournit une partie, mais on s'adresse aussi à la partie du sol qui n'est pas cultivée. Le haut prix qu'atteignent les subsistances

(*) Dans son ouvrage sur les inondations publié en 1857, M. l'ingénieur en chef Vallès fait remarquer avec raison que la culture, en ameublissant la terre, augmente sa faculté d'absorption et par conséquent diminue la quantité d'eau qui s'écoule à la superficie; que quant à la quantité d'eau retenue sur les feuilles, elle est tout à fait insignifiante. Nous ajouterons que cette quantité est certainement moindre que celle qui est retenue par les plantes d'un terrain cultivé. Qu'une pluie de 2 ou 3 centimètres vienne à tomber, évidemment l'hectare de forêt en laissera plus échapper que l'hectare de pré, ou que l'hectare de blé ou de chanvre. Il y a eu, il est vrai, quelques déboisements dans les montagnes qui n'ont pas été suivis de culture, parce que la terre végétale ayant été entraînée par les eaux le roc a été mis à nu; mais ce sont là des exceptions, et il est aussi difficile aujourd'hui de reboiser ces terrains que de les cultiver, et si l'on avait le choix, il vaudrait mieux prendre ce dernier parti.

permet au propriétaire de défricher et de mettre en culture certaines parties du sol qui ne l'étaient pas à cause de la grande quantité de travail qu'elles demandaient. Supposons que l'hectare de bois vaille 1000 francs, que cet hectare exige 1200 francs de travail de défrichement, et que la valeur de l'hectare de terre arabe ne soit que de 2000 francs; dans ces circonstances le propriétaire ne pense pas à défricher, mais si la demande du blé augmente, si l'agriculture, par ses progrès, en fait produire une plus grande quantité à chaque hectare dont le prix s'élève à 3, 4 ou 5 mille francs, si de plus les capitaux deviennent plus abondants, si les outils se perfectionnent de manière que le défrichement qui aurait coûté 1200 francs à un propriétaire, fort embarrassé pour se les procurer, n'en coûte plus que 7 à 8 à un propriétaire qui ne sait que faire de ses capitaux, évidemment l'hectare de bois sera défriché et converti en terre à froment. C'est ainsi que les forêts des Gaules ont disparu successivement à mesure que la civilisation et la population se sont développées; c'est ainsi que disparaissent aujourd'hui les forêts de l'Amérique, sous la hache de hardis pionniers qui ne s'inquiètent guère de l'influence qu'auront, par la suite, leurs défrichements sur le régime de leurs fleuves magnifiques. Au reste, lorsqu'on se lance dans le domaine des conjectures, on reconnaît que bien d'autres causes ont pu amener des changements dans le régime des cours d'eau; le défrichement des landes, le desséchement des étangs et des marais, l'établissement des routes, des chemins, des fossés, dont les agriculteurs ont successivement entouré leurs champs, ont pu concourir au même résultat. Faut-il remettre le sol de la France comme il était au temps des Druides, pour avoir le plaisir de dire de tous nos fleuves ce qu'a dit l'empereur Julien de la Seine, qu'il ne connaissait guère, *raro fluvius minuitur ac crescit; sed qualis æstate talis esse solet hyeme?* Il est vrai que quelques-uns se restreignent et ne parlent du reboisement que sur la source des fleuves; ils prétendent qu'il suffit d'y attaquer le mal pour le voir disparaître partout. On perd de vue que l'eau des fleuves et des rivières ne se compose pas uniquement de ce qui vient de leur source, mais de l'eau qui tombe dans toute l'étendue du bassin, que ce qui vient de la source même est presque partout un infiniment petit dans la masse débordée, que par conséquent, pour que le reboisement ait un effet sensible et salutaire sur le régime des fleuves, il faut qu'il puisse couvrir une vaste étendue du bassin. Toute mesure partielle, à ce sujet, peut même amener des résultats tout à fait contraires. Par exemple, il arrive souvent aujourd'hui que la Loire entre en crue lorsque la Vienne commence à baisser; admettons que par des plantations dans le bassin supérieur de la Vienne on ait retardé la crue de cette rivière de quelques jours, le résultat de ce travail sera de faire coïncider la crue de la Loire avec la crue de la Vienne, et d'occasionner, au-dessous de leur confluent, une inondation qui n'aurait pas eu lieu sans ce travail. Pour que le reboisement soit efficace, il faut donc qu'il soit à peu près général; or, il y a tant d'impossibilités contre une pareille mesure, qu'il n'est pas à craindre qu'on fasse jamais autre chose que d'impuissantes tentatives. Mais ce qui est à craindre, dans cette question, ce qui nous a fait nous y arrêter un instant, c'est qu'on ne se persuade que le seul remède aux inondations qui désolent nos vallées, ne soit le reboisement du sol, et que, sous le prétexte que ce remède est impossible, on n'ait pas recours à ceux que l'état de la science met à notre disposition, et dont l'efficacité est certaine et immédiate. Selon nous il faut accepter le régime de nos cours d'eau tel que la nature l'a donné, ou tel que la civilisation l'a modifié. La surface du sol, soumise aux inondations, n'est peut-être que la centième partie de la surface entière de la France; pour diminuer les inconvénients des inondations sur cette partie, il n'est pas rationnel de bouleverser les quatre-vingt dix neuf autres. C'est sur la partie malade qu'il faut agir directement, d'autant plus que si l'on veut l'examiner de près on y trouvera presque toujours la cause du mal.

109. Les travaux publics et particuliers exécutés dans les vallées ont eu pour résultat d'augmenter les crues. C'est dans une meilleure direction de ces travaux qu'on doit chercher un remède aux inondations. — A Saumur, par exemple, la Loire se divisait autrefois en six bras; la construction du pont Cessart, en 1770, les réduisit à trois, et celle du pont Napoléon à deux, en 1820. Depuis cette époque on a pris encore sur le lit du fleuve l'emplacement d'un quai fort large; la crue de 1843 a donc passé, à Saumur, dans un lit complétement différent de celui de 1799, et aujourd'hui, si une crue revenait, elle trouverait encore des lieux tout à fait différents de ceux de 1843. Sur une longueur de 6 kilomètres, à l'aval de Saumur, le chemin de fer a été établi dans le lit des grandes eaux, qu'il a sensiblement rétréci. Ce que nous disons de Saumur, nous pourrions le dire pour d'autres localités; en descendant la Loire, nous rencontrerions partout de nouveaux ponts, de nouvelles levées. On serait bien embarrassé de trouver, le long de nos grands fleuves, une certaine étendue du lit des grandes eaux que la main des hommes ait respectée depuis un siècle. Outre les travaux publics, que certaines conditions de leur tracé obligent presque toujours de placer dans les vallées, il y a les travaux particuliers, les digues, les plantations, les haies, les fascinages, les perrés, les enrochements, les murs, les maisons qui tous les ans enlèvent quelque chose à la section des grandes eaux. Par la même raison que les hommes arrachent les bois pour cultiver les coteaux, ils plantent dans les vallées pour défendre le terrain contre les eaux; et nous ne mettons pas en doute que le boisement des vallées a plus contribué à relever les crues que le déboisement des montagnes. Mais nous n'en conclurons pas qu'il faut déboiser les vallées, qu'il ne faut y établir ni quais, ni routes, ni digues, ni ponts, ni chemins de fer; ce sont encore là des nécessités de la civilisation auxquelles on doit se soumettre, mais ce que nous demandons, c'est qu'en exécutant tous ces travaux on se rende toujours compte de l'influence qu'ils doivent avoir sur le régime des grandes eaux, et qu'on en apprécie toutes les conséquences. La règle générale qui domine toute question de débouché, c'est de prévoir ce qui arrivera. Un dommage, si grand qu'il soit, prévu, calculé, évalué, n'est plus un dommage, c'est un article de dépense à ajouter à l'estimation du projet. Lorsqu'on ouvre une route, un canal, on s'empare de terrains souvent précieux pour l'agriculture, on détruit des moissons considérables, etc., etc.; ce sont là des résultats qu'on accepte sans se plaindre, parce qu'ils ont été prévus et qu'on en a tenu compte dans la rédaction du projet. Mais qu'à la suite de l'établissement d'un pont, d'un endiguement ou d'un travail quelconque dans le lit des grandes eaux, des terrains soient emportés, que des maissons s'écroulent aux premières grandes eaux; ces dommages qui n'ont été ni annoncés, ni calculés d'avance, prennent un tout autre caractère. Ajoutons que ce défaut de prévision ajoute nécessairement à leur importance; car, par la même raison, que quelques centimètres de plus ou de moins, dans une crue, peuvent établir une énorme différence dans les résultats, il est très-souvent facile de les prévenir ou de les atténuer. Si, trop confiant dans des calculs erronés, vous n'avez pas prévenu ce propriétaire qui se croit à l'abri derrière sa digue, parce qu'il est à 4 ou 500 mètres en amont des travaux, que les crues seront relevées de 20 ou 30 centimètres en ce point; si vous ne lui avez pas donné les quelques cents francs nécessaires pour relever cette digue, la voilà emportée, et avec elle tout ce qu'elle protégeait; si vous n'avez pas averti cet autre que, la vitesse du courant devant beaucoup augmenter dans le chenal qui longe sa propriété, il faut mettre ici des plantations, là des perrés, plus loin des enrochements et peut-être même des pieux, de grandes avaries surviendront qui auraient pu être prévenues par des dépenses modérées. De plus, cette prévision des résultats doit servir continuellement de guide dans l'étude des dispositions à adopter pour le projet; car si la nature des dommages, des accidents peut varier à l'infini, les ressources du métier de l'ingénieur ne sont pas moins nombreuses. En indiquant quelques-unes d'entre elles pour les circonstances que nous allons considérer, nous n'avons pas la prétention de prescrire des modèles de solution; nous ne voulons que faire voir tout ce qu'il y a d'indéterminé dans le problème du débouché des grandes eaux.

110. La question du débouché à laisser aux grandes eaux n'a pas de solution déterminée. — La question de savoir quel débouché il faut laisser à un certain volume d'eau n'a donc pas de réponse déterminée. On ne peut pas dire qu'il faut tant de mètres carrés de section pour tant de mètres cubes d'eau. Si petit que soit un débouché, il est toujours suffisant pour que le volume de la rivière, si grand qu'il soit, s'y écoule; mais il s'écoulera avec une hauteur, une vitesse, une direction qui dépendront de ce débouché. Or, la hauteur, la vitesse, la direction qui conviennent à une localité peuvent être désastreuses pour une autre. Que la Loire monte de 7 mètres aux Rosiers, cela n'a pas le moindre inconvénient, si elle montait de 7 mètres aux Ponts-de-Cé, les dommages seraient incalculables!

Lorsque depuis longtemps une localité est soumise à un certain régime de crues, le terrain sur lequel elles coulent s'est mis en équilibre avec cette puissance, tout ce qui ne pouvait résister a été emporté, ce qui était sujet aux ensablements s'est élevé successivement, les hommes s'en sont emparés, l'ont cultivé, ils ont descendu leurs habitations au niveau des plus grandes crues, ou s'ils les ont placées plus bas, ils les ont bâties en conséquence, et tout est préparé pour les abandonner au moment voulu; ou bien ils ont mis leurs propriétés à l'abri derrière des digues dont le niveau est calculé sur ces crues. Maintenant, par un travail d'art quelconque, vous changez ce régime; ici pour avoir augmenté la vitesse du courant, ou seulement pour avoir changé sa direction, le terrain submersible est emporté; là pour l'avoir diminuée, de vastes ensablements viennent se déposer sur des terres autrefois fertiles; pour avoir relevé le niveau des eaux, les habitations sont envahies, leurs fondations s'écroulent, les digues surmontées cèdent à la violence des eaux, qui s'élançant dans le terrain inférieur avec impétuosité, y causent plus de ravages que si elles y étaient entrées peu à peu, comme elles l'auraient fait s'il n'y avait pas eu de digue.

111. Cette question est toute locale, il n'y a pas de rapport entre le débouché d'un pont et celui des ponts situés sur le même cours d'eau en amont et en aval. — Telles peuvent être les conséquences désastreuses d'une modification, même assez légère, dans le régime d'un grand fleuve. On s'étonne et l'on dit : mais nous n'avons fait là que ce que nous avions fait à l'aval, pour une quantité d'eau plus grande, cela était donc parfaitement suffisant. C'est là, selon nous, une erreur très-grave, et que nous n'hésiterons pas à combattre malgré l'autorité des noms sur lesquels elle s'appuie; erreur du reste bien naturelle, car la question que nous allons examiner est plus nouvelle qu'on ne croit.

Autrefois, en effet, la construction des travaux d'art dans les vallées était bien rare, cela se bornait à quelques ponts, presque toujours situés dans des villes entre des murs de quai, donnant pour ainsi dire la mesure du débouché convenable. L'industrie, à peu près stationnaire pendant tant de siècles, ne réclamait d'ailleurs en fait de ponts que des reconstructions, dans lesquelles la question de débouché se trouvait résolue par celui qui existait. Les anciens ingénieurs n'ont donc considéré la question du débouché des ponts qu'au point de vue de la solidité de l'ouvrage. Suivant eux, un pont a un débouché suffisant quand les eaux ne produisent pas d'affouillement au pied de ses fondations, ce qui conduit à l'augmenter avec la quantité d'eau qu'il doit débiter et à prendre pour exemple les ponts exécutés sur la même rivière dans des emplacements voisins.

« Le débouché d'un pont qu'on projette, dit Gauthey, est moins difficile à « bien déterminer, lorsqu'il existe près de son emplacement d'autres ponts « sur la même rivière, alors on a soin de mesurer pendant les crues la section « du fleuve au passage de ces ponts et d'observer la vitesse de l'eau et la chute « qui se forme ordinairement en amont ; au moyen de comparaisons fournies « par ces données, on peut quelquefois fixer le nouveau débouché d'une ma- « nière assez exacte. » Depuis Gauthey, beaucoup d'ingénieurs ont reproduit et appliqué cette méthode de détermination de débouché que nous ne croyons pas rationnelle.

Suivant nous, la connaissance du débouché des ponts voisins est dans cette question un renseignement d'une utilité très-restreinte. Nous croyons qu'entre deux ponts de 200 mètres, qui se trouvent parfaitement suffisants à l'amont et à l'aval du point qu'on considère, un pont de 300 mètres ou 400 mètres peut se trouver insuffisant, que telles dispositions locales peuvent exiger un pont de 500 mètres, 600 mètres ou même davantage; c'est ce que nous allons essayer de faire voir par quelques exemples.

112. Exemple d'une localité qui exige un pont d'un débouché

double ou triple de celui qui existe à l'aval. — Supposons les dispositions locales suivantes (*fig.* 42) : on a fait en AB un pont de 200 mètres ; là la rivière était encaissée entre deux rives distantes aussi de 200 mètres et assez élevées pour que les plus grandes crues ne pussent les atteindre. Ce pont n'a eu et ne pouvait avoir aucune influence fâcheuse sur le régime des eaux. Maintenant on veut faire en amont un pont vis-à-vis la ville C, où le profil de la rivière est tout à fait différent. Là le courant des grandes eaux est divisé en deux bras, à peu près égaux, de 300 mètres de largeur, par une île insubmersible, ayant 2 kilomètres de longueur. Le succès obtenu en AB peut engager l'ingénieur à fermer le bras EH et à établir un pont de 200 mètres dans le bras de DC. Cette solution est d'ailleurs entièrement conforme à l'ancienne théorie. Or voici quelles peuvent en être les conséquences.

Le pont sur DC ayant 200 mètres, tandis que le bras dans lequel il est établi en a 300, donnera lieu, dans la surface de l'eau, à un pli ξ, calculé d'après les anciennes formules. Les bateaux obligés de franchir cette saillie à la remonte éprouveront une très-grande résistance (*). Mais allons plus loin, et supposons que, pour faire disparaître cet inconvénient, on ait donné au pont 300 mètres de largeur, c'est-à-dire celle du bras lui-même ; il n'y aura plus la dépression ξ ; mais il n'en restera pas moins un remous très-considérable dans ce bras ; car si la vitesse est double, la pente deviendra, à peu près, quadruple (**); si la pente du courant était antérieurement de $0^m,40$, de F en G, on aura un remous de $(1^m,60 - 0^m,40) = 1^m,20$ en tête de l'île. La ville C peut être complétement inondée, ainsi que le pays en amont, à une distance d'autant plus grande que la rivière sera plus profonde. On doit remarquer que, dans cette disposition locale, les eaux se trouvent soulevées, même à l'aval du pont, sur une longueur qui dépendra de celle de l'île en aval. Tous les désastres que peut amener une plus grande hauteur dans les crues pourront donc se faire sentir sur une vaste

(*) Il ne faut pas perdre de vue qu'à la remonte, les bateaux ont à vaincre non-seulement l'effet du courant, mais celui de la pesanteur décomposée, suivant la pente. Ainsi, si au passage d'un pont il y a chute brusque de $0^m,15$, il faut que le tirage soit capable de résister au courant et de soulever le bateau de $0^m,15$ sur une petite distance. L'intensité du tirage peut donc devenir aussi forte qu'elle l'est pour une voiture sur une route. Lorsqu'on substitue un étranglement graduel à un étranglement brusque, on donne aux bateaux une facilité semblable à celle que procurent sur les routes les adoucissements de pente par déblais et remblais.

(**) Pour se rendre compte exactement de la dénivellation qui aurait lieu dans ces circonstances, il faudrait avoir recours aux formules du n° 87 ; mais nous ne voulons ici qu'apprécier les effets les plus saillants pour en faire comprendre l'importance.

étendue de pays, quoique à ne considérer que la surface de l'eau, aux abords du pont, il n'y ait aucun remous apparent. Des inconvénients, d'une autre nature, pourront même se manifester avec plus ou moins d'intensité, nous voulons parler de ceux qui résulteront d'une augmentation de la vitesse ou d'un changement dans sa direction. Ainsi la vitesse devenant double dans le chenal conservé, il peut y avoir d'énormes affouillements de fond, des corrosions de rives; les travaux de défense qui avaient suffi jusqu'alors contre une vitesse moitié moindre, pourront être successivement emportés, de là d'énormes dégâts pour les propriétés riveraines, et même pour les travaux publics qui peuvent se trouver le long des rives, tels que quais, chemins de halage, etc., etc. Ce n'est pas tout : le produit de ces affouillements ira se déposer à l'aval, former des îles, changer le régime de la rivière, couvrir les propriétés particulières sur une grande épaisseur et les rendre stériles. De plus l'étranglement du courant qui se trouve en amont et l'épanouissement qui se trouve à l'aval de l'île, auront pour effet d'établir des courants transversaux, en sens contraires, qui pourront attaquer les rives contre lesquelles ils seront dirigés. Examinons enfin ce qui se passera dans le bras de la rivière fermé par une levée insubmersible EH. Il est clair que de l'amont à l'aval de cette levée, l'eau prendra une différence de niveau égale à toute la pente qui existe actuellement entre le point F et le point G, qui serait 1^{m},60 dans l'hypothèse où nous nous sommes placé. Il y aura donc contre cette levée une pression considérable qui pourrait donner lieu à des filtrations et par suite à une rupture, si cette circonstance n'avait pas été prévue. De plus, si la crête de cette levée n'a été calculée que sur les anciennes grandes eaux, elle sera franchie par les nouvelles, car le remous d'amont sera non-seulement des 1^{m},20 qui existent en F, mais de la pente primitive de F en D; il faudra donc avoir soin de donner à la levée EHD une hauteur et une épaisseur convenables. Remarquons maintenant que le réservoir EHF contient des eaux plus élevées que le chenal laissé aux eaux courantes, tandis que le réservoir EHG en contient de plus basses. Si dans l'étendue de l'île insubmersible FDG, il se trouve quelques dépressions que les grandes eaux actuelles puissent surmonter, elles se précipiteront des parties plus hautes dans les parties plus basses par un mouvement transversal, en sens inverse, suivant que ces dépressions seront à l'amont où à l'aval de la route qui fait suite au pont. De là de nouveaux dégâts, de nouvelles avaries pour l'île, sur laquelle ces courants nouveaux ont lieu, et pour les rives situées en face; de là de nouvelles difficultés pour la navigation.

Nous n'irons pas plus loin dans l'énumération de tous les inconvénients qui peuvent résulter de l'établissement d'une route et d'un pont de 300 mètres sur la ligne EHDC, quoique un pont de 200 mètres se trouve suffisant en aval, dans l'emplacement AB. Au reste, ce n'est pas le pont qui est insuffisant sur la ligne EHDC, car si au lieu de faire un pont de 300 mètres dans le bras DC, on faisait un pont de 100 mètres dans chacun des bras, on n'aurait plus qu'un remous très-faible, avec une cataracte assez forte, il est vrai, au passage des ponts, mais qu'on pourrait faire disparaître par des levées de raccordement. Ainsi, on voit que, dans cet emplacement, la question de distribution de débouché est bien plus importante que celle de l'étendue.

113. Exemple pris dans une autre localité. — Examinons maintenant d'autres dispositions locales (*fig.* 43) : à l'étiage et dans les eaux moyennes une autre rivière d'un volume plus considérable passe en AB dans un lit de 500 mètres de largeur, mais dans les crues il y a débordement, l'eau franchit la rive gauche en GD, et s'élève dans la plaine jusqu'à la limite HCF des terrains submersibles, où elle coule avec une hauteur moyenne de 3 mètres, ne laissant à découvert qu'une portion de la rive DBE, qui constitue un petit coteau insubmersible de 1500 mètres de longueur environ. Il s'agit d'établir un moyen de communication dans la direction CBA. Plusieurs ponts de 400 mètres ayant été établis sur cette rivière, même à l'aval, on croit avoir donné un débouché suffisant en établissant un pont de 400 mètres en AB, et en élevant une route insubmersible dans la partie CK de la vallée.

La conséquence de ces travaux est évidemment de faire passer le fleuve tout entier dans le bras AB, qui ne débitait qu'une faible partie des eaux de la crue. L'ancienne pente ne suffit plus alors, et il en faudra une d'autant plus forte que la vallée CK débitait un volume plus considérable par rapport à celui qui passait dans le chenal conservé. De là un grand remous dans le canal DBE et dans toute la surface de l'eau en amont, remous qui n'aurait aucun rapport avec le pli ou ressaut qui aurait lieu de l'amont à l'aval du pont AB.

Nous croyons inutile d'énumérer de nouveau les désastres, les avaries qui peuvent résulter d'une pareille disposition. Tout le pays en amont de la ligne CKBA, et même une partie de celui d'aval, peuvent être inondés sur une grande hauteur. Des villes, des villages, situés en amont, peuvent être submergés, le courant devenu plus rapide, et contrarié par la disposition des îles, des rives, des accidents de la surface du sol et même par les travaux particuliers tels que les fossés, les plantations, etc., etc., ravagera les propriétés, y creusera d'énormes affouillements qui iront se déposer à l'aval.

Nous n'avons indiqué dans ces deux exemples que des dispositions locales assez simples, mais on doit comprendre que la nature en présente de plus compliquées : les bras du cours d'eau, les îles, les parties submersibles et insubmersibles peuvent varier à l'infini dans leurs formes et dans leur nombre; la direction générale du courant, au lieu d'être rectiligne, peut être très-contournée (*fig.* 35) et même changer de direction suivant la hauteur des eaux. Il est donc impossible d'énumérer toutes les circonstances qui peuvent se présenter, et d'indiquer la solution qui convient à chacune d'elles, cette solution pouvant dépendre d'une foule de considérations diverses.

114. Solutions diverses à donner à la question du débouché dans ces deux localités, suivant les circonstances locales. — Nous avons dit, par exemple, que dans le cas de la figure 42, un pont de 100 mètres sur chacun des bras ferait disparaître tous les inconvénients qui proviennent de l'énorme remous, occasionné par le pont unique de 300 mètres dans le bras DC, est-ce à dire que la première solution soit meilleure que la seconde? Nullement. Supposons d'abord qu'on ait voulu en même temps améliorer la navigation à l'étiage, pénible en cet endroit, parce que l'eau partagée entre deux bras n'avait plus assez de hauteur dans chacun d'eux; supposons que le fond et les rives du bras conservé soient d'une nature très-résistante, que les propriétés submergées ne consistent que dans quelques masures de peu de valeur et dans quelques prairies qui n'aient rien à souffrir d'une plus ou moins grande hauteur des crues; supposons qu'on attende l'établissement d'un chemin de fer sur la rive droite, et qu'il y ait grand intérêt à mettre la station dans l'île FDG; en voilà plus qu'il ne faut pour que, sur le même plan, cette disposition, tout à l'heure si vicieuse, devienne excellente. Maintenant supposons que la rivière ne soit pas navigable, que ses rives et son fond se composent d'un rocher excessivement dur qui n'a rien à craindre d'une grande vitesse, que la ville C soit bordée de quais élevés et étroits qui doivent être élargis; rien n'empêche que pour débarrasser les abords du pont, vous ne poussiez les culées en rivière et ne diminuiez encore beaucoup le débouché. Vous aurez beaucoup plus de cataracte, un peu plus de remous, mais qu'importe? La ville est-elle, au contraire, très-basse, ainsi que toute la rive gauche, et bordée de constructions importantes? Il faudra jeter en rivière une digue insubmersible, et ménager l'écoulement des eaux de la ville au moyen d'une longue rigole débouchant fort loin à l'aval. Ce travail exige-t-il trop de dépenses, les intérêts qu'il s'agit de protéger sont-ils trop importants pour les exposer aux chances de rupture d'une digue artificielle : il faudra peut-être élargir et approfondir le bras DC, soit aux dépens de l'île FG, soit aux dépens de la rive CB, peut-être ouvrir un canal de décharge autour de la ville C. Après avoir réfléchi à toutes ces combinaisons, vous reconnaîtrez peut-être que c'est l'autre bras qui doit être donné au courant, et qu'il faut combler celui-ci par le déblai du terrain insubmersible, ce qui fournira à la ville d'immenses terrains pour s'étendre, et vous permettra d'apporter plus facilement des modifications au bras EH, le long duquel ne s'élève aucune construction.

Arrêtons-nous-là pour cet exemple, et passons au suivant (*fig.* 43) : remarquons d'abord que si l'on veut remédier aux inconvénients de la hauteur du remous, l'agrandissement du débouché du pont, situé en BA, n'aura qu'un résultat insignifiant : en portant de 400 mètres à 500 mètres son ouverture, on ne fera guère que diminuer le pli de la surface de l'eau au passage du pont.

L'enlèvement de tout ou partie du terrain insubmersible DBEK aurait, au contraire, un grand résultat sur la hauteur du remous, surtout le long de la digue CK; mais si ce terrain est large, élevé, si c'est du rocher d'une exploitation difficile, ce système peut entraîner dans d'énormes dépenses. Il en est de même de l'élargissement du bras AB, qui ne serait guère praticable pour une rivière aussi grande que celle que nous supposons, mais qui le serait peut-être pour une plus petite.

On peut percer des ponts dans la levée CK, de manière à se rapprocher de l'ancien état de choses. Mais on remarquera que, pour débiter un volume un peu considérable par ce moyen, il faudra avoir recours à de très-longues ouvertures, et par conséquent très-dispendieuses; car l'eau ne coulant sous ces ponts que sur peu d'épaisseur, et presque avec la seule vitesse due à la différence de niveau entre les deux bassins, le débit par mètre courant diminue à mesure que la longueur augmente. Si l'on suppose que la vitesse de l'eau, dans la vallée, soit de 2 mètres par seconde avant l'établissement de la levée, et que la différence de niveau, de l'amont à l'aval de la levée, soit de $1^m,60$ après son établissement, on en conclura que la vitesse pour un petit pont de décharge sera de $5^m,60$. A mesure que les dimensions de ce pont augmenteront, la vitesse de l'eau diminuera de manière à se rapprocher de 2 mètres, vitesse primitive de la vallée; de sorte qu'un pont de 500 mètres ne débitera pas le double d'un pont de 250 mètres et donnera encore lieu à un remous assez considérable. Ainsi, si les circonstances étaient telles qu'on ne pût avoir recours à un autre système pour diminuer le remous, et que ce remous dût avoir les plus grands inconvénients pour des propriétés particulières, pour des travaux publics, canaux, chemins de fer, établis dans les vallées, on voit que cet emplacement pourrait exiger une ouverture de 1000, 1200 et 1500 mètres et peut-être davantage, tandis qu'un débouché beaucoup moindre suffirait ailleurs.

Il peut se faire, au contraire, que les ponts de décharge ne puissent être établis dans la levée CK; car, outre la dépense considérable qu'ils occasionneraient, ces travaux pourraient avoir des inconvénients plus graves que ceux auxquels on veut remédier. Le courant qui s'établirait au droit de ces ouvertures, nécessairement beaucoup plus rapide que celui qui existait auparavant, pourrait entraîner le terrain sous les ponts, et même en amont et en aval de manière à compromettre leur solidité et à rendre toute culture impossible sur une certaine étendue. Avant d'abandonner ce système, on devrait encore examiner s'il n'y aurait pas lieu, pour diminuer ces inconvénients, d'ouvrir un chenal qui, en donnant plus de hauteur à la section du débouché, permettrait d'en diminuer la largeur, et en fixant le courant dans une direction appropriée à sa destination, empêcherait les dommages de s'étendre sur les propriétés particulières. Ces travaux équivaudraient à un élargissement du bras AB, travail qui sera presque toujours préférable.

Si les principaux dommages ont lieu sur la rive gauche en amont de la levée CK, si c'est là que sont les habitations inondées qu'il faut protéger à tout prix, on pourra être conduit à faire une levée insubmersible de D vers G jusqu'au coteau, d'autant plus qu'elle permettra alors de faire la route CK beaucoup plus basse. Mais cette levée, on le conçoit, ne remédiera en rien aux inconvénients qui ont lieu dans le bras AB, elle pourra, au contraire, les graver : ainsi, l'île J, qui avait résisté jusque-là, pourra être emportée par l'effet de cette disposition.

Les débordements de la rivière sont-ils peu fréquents? La route CK n'a-t-elle qu'une importance très-secondaire? On pourra la laisser au niveau de la vallée et se résigner à quelques rares et courtes interruptions.

Enfin, il faut examiner si la direction choisie pour traverser la vallée est bien la meilleure, s'il ne serait pas possible de remonter le passage de la route en amont, ou de le descendre à l'aval, en un point où les grandes eaux, réunies dans une seule section, seront beaucoup moins influencées par les dimensions ou la disposition du débouché. Le déplacement de la route soulève de nouvelles difficultés auxquelles l'ingénieur peut opposer une série de combinaisons nouvelles. Mais nous n'en dirons pas davantage sur ce sujet, nous ne voulions que faire voir que cette question du débouché était tout entière du domaine de l'imagination et de l'invention, domaine qui n'a pas de limites; et le peu que nous avons dit doit suffire pour le prouver; car même en se renfermant dans les dispositions que nous avons indiquées, on pourrait en faire sortir un nombre immense de solutions différentes, en les combinant ensemble partiellement. Si la partie insubmersible DBE, ne peut pas être enlevée entièrement, on pourra en enlever une partie, en diminuant les ponts de décharge, en élargissant plus ou moins le bras AB, laisser une partie ouverte plus ou moins longue dans la digue DG, etc....

La question du débouché des ponts est donc plus vaste que ne l'ont pensé ceux qui en ont traité jusqu'à présent. La considération du volume des eaux à débiter est une des données du problème qu'il est bon d'avoir, mais elle est bien loin de suffire, et il faut bien se garder de calculer ce débouché d'après cette donnée unique, ou par analogie, avec le débouché des ponts situés en amont et en aval. Prendre mesure du pont qu'on projette dans un emplacement sur un pont qui existe à côté, c'est prendre mesure de l'habit de Pierre sur le dos de son voisin, et courir grand risque qu'il lui aille fort mal. Selon nous la question est toute locale, ce qu'on a fait au-dessus et au-dessous n'apprend rien, ou presque rien, sur ce qu'on doit faire entre les deux, et souvent c'est sur une autre rivière, plus grande ou plus petite, qu'il faut prendre exemple des dispositions à adopter. Chaque localité demande une étude spéciale, et la solution de la question du débouché dépend d'une foule de circonstances particulières. Nous allons essayer cependant de poser quelques principes généraux qui nous paraissent propres à faciliter cette étude.

115. Principes généraux sur le débouché des ponts. — Lorsqu'on doit traverser un fleuve, une rivière, un cours d'eau quelconque, le débouché qu'il conviendrait le mieux de donner à ce pont, en n'ayant égard qu'au régime du cours d'eau, à la facilité de la navigation et à la solidité de l'ouvrage, serait la distance qui sépare le terrain insubmersible sur les deux rives. Nous nous bornerions à avancer cette proposition, qui nous paraît évidente, si elle n'était contestée.

« Il est dangereux, dit Gauthey, de donner à la rivière un trop grand dé-
« bouché : il pourrait dans ce cas se former sous quelques arches des atterris-
« sements, qui ayant acquis, avec le temps, assez de consistance pour résister
« à l'action du courant, obligeraient dans une grande crue les eaux à se porter
« de préférence sous les arches qui seraient restées libres et exposeraient leurs
« piles à être affouillées. Il faut en général éviter, par une raison semblable,
« de composer un pont de deux parties séparées par une île. Il pourrait se faire

« que, l'une des deux parties se trouvant encombrée, tout le courant fût « obligé de se reporter sous l'autre, ce qui en occasionnerait la destruction. « Les ponts de Charez et de Roanne ont été emportés de cette manière. On voit, « au surplus, que les ponts ne périssent jamais que par le défaut de débouché, « et qu'en dernière analyse, la trop grande diminution de la section est tou- « jours la cause de leur ruine, soit qu'on n'ait d'abord donné au pont qu'une « trop petite longueur, soit qu'au contraire, on lui en ait donné une trop « considérable. »

Nous trouvons dans les leçons d'un professeur de l'École des ponts et chaussées, les mêmes principes exposés à peu près dans les mêmes termes, et nous savons que les petits débouchés ont encore d'assez nombreux partisans. Nous croyons donc devoir nous arrêter un instant pour combattre une opinion que nous croyons très-dangereuse.

On ne peut lire ce passage de Gauthey, sans qu'une objection se présente de suite à l'esprit ; puisque le débouché trop considérable finit par devenir trop petit, à cause des atterrissements, il y a nécessairement un moment où ces atterrissements, qui se déposent peu à peu, donnent au pont le débouché convenable, et puisque malgré le débouché qui a lieu dans ce moment les atterrissements continuent, il est permis d'en conclure que ces atterrissements nouveaux se seraient formés quand même le pont n'aurait eu que le débouché restreint qu'on veut lui donner. Cette opinion se réfute donc d'elle-même. L'erreur qu'elle renferme tient à ce qu'on suppose que la vitesse de l'eau sous un pont est toujours en raison inverse de son débouché ; or cela n'est vrai que pour la vitesse moyenne qui est celle d'un petit nombre de filets ; même avec un débouché très-étranglé, il peut y avoir des filets animés de très-peu de vitesse et qui donnent lieu à des dépôts. Pour qu'il n'y ait pas d'atterrissement sous un pont, il ne suffit pas que la vitesse moyenne ne descende pas au-dessous d'une certaine quantité donnée, il faut, comme on le verra plus tard, que la puissance de suspenson du courant ne diminue pas, ou que, si elle diminue, cette diminution soit compensée par une augmentation de la puissance d'entraînement. La disposition du lit en amont et en aval a à cet égard une influence bien plus considérable que l'ouverture du pont.

Partout donc où rien ne s'oppose à ce qu'on comprenne tout le terrain submersible dans le débouché du pont, il ne faut pas hésiter à le faire. Si le lit se trouve encaissé entre des murs de quais ou entre des levées qui en limitent la largeur d'une manière précise, si la distance entre ces digues n'est pas telle qu'elle entraîne dans de grands excédants de dépense, le débouché du pont est parfaitement déterminé; donnez 170 mètres de débouché à votre pont, parce que cette dimension est nécessaire pour que les culées ne fassent pas saillie sur les murs de quai; n'allez pas, parce qu'il y a deux ou trois ponts de 150 mètres à l'aval, avancer vos culées de 10 mètres de chaque côté, de peur d'atterrissements qui ne viendront pas sous votre pont de 170 mètres, parce qu'il laisse les choses dans leur état naturel et qui viendraient peut-être sous celui de 150 mètres, qui aurait certainement pour effet de diminuer la vitesse de certains filets. Mais si la distance des murs de quai, des digues, est telle que vous soyez entraîné dans des dépenses trop considérables par cet excédant de dimension, si vous avez besoin d'établir en rivière des cales d'abordage, des chemins de halage, si les quais doivent être élargis, au lieu de 170 mètres, vous pourrez descendre à 120 mètres et même 100 mètres, sans qu'on soit en droit de vous accuser d'avoir donné un débouché trop petit. C'est à vous de calculer les conséquences de cette dimension exceptionnelle, sous le rapport des inondations, sous le rapport de la navigation, sous le rapport de la solidité du pont, d'évaluer les dépenses, les pertes qui vont résulter de ce nouveau régime et de les mettre en comparaison avec les avantages que vous attendez du rétrécissement. Ainsi, le débouché peut être différent, suivant qu'il s'agit d'un pont en charpente, d'un pont suspendu et d'un pont en maçonnerie, parce que la dépense de ces divers systèmes de construction est très-différente; plus le système sera dispendieux, plus il sera convenable de diminuer le débouché.

Le cas que nous venons de considérer est le plus simple de tous. Ordinairement, et surtout en rase campage, les crues s'écoulent en grande partie en dehors du lit des eaux ordinaires sur des étendues considérables, et alors l'ingénieur est presque toujours obligé de restreindre d'une manière notable le débouché naturel.

C'est alors que le problème se présente avec toutes ses difficultés, et que surgissent une foule de questions à résoudre. Faut-il, par exemple, après avoir établi un pont principal sur le lit des eaux moyennes, percer d'un ou plusieurs ponts de décharge la levée insubmersible qui est à la suite? Cette question, comme toutes les autres de cette nature, ne peut être susceptible d'une réponse absolue. Seulement nous croyons devoir présenter quelques considérations qui nous paraissent de nature à ne faire admettre les ponts de décharge qu'avec une extrême réserve.

116. Des ponts de décharge. — Supposons qu'on se soit, en effet, arrêté à une solution qui comporte des ponts de décharge. Comment empêcher que des propriétaires, situés à l'amont et à l'aval, gênés par la vitesse de l'eau qui passe sous ces ponts, ne leur opposent des lignes de plantations ou d'enrochements qui en paralysent le débit? Ces propriétaires, en effet, ne sauraient être tenus de laisser passer sur leurs fonds toute l'eau de débordement, dont auparavant ils ne recevaient qu'une faible partie. Ainsi, après avoir dépensé des sommes considérables en travaux d'art, on peut les voir détruits ou annihilés par les propriétaires riverains. C'est ce qui a lieu dans beaucoup d'anciennes levées : des arches de décharge se trouvent aujourd'hui comblées, parce que les propriétaires ayant relevé le terrain, en amont et en aval, ont empêché l'eau d'y passer avec vitesse; des dépôts s'y sont formés, des plantes, des arbres ont poussé, et avec le temps et la bonne volonté des riverains, tout a fini par se remplir. Enfin un terrain soumis à des inondations irrégulières qui endommagent ou enlèvent les récoltes, doit être considéré comme étant en friche, c'est l'état sauvage; la civilisation tôt ou tard amènera l'endiguement; plus tôt là où les terrains sont plus fertiles, plus étendus, et les crues moins élevées, plus tard dans les autres. Or l'endiguement rendra inutiles les ponts de décharge, et nécessitera peut-être l'agrandissement du débouché du pont principal. L'ingénieur doit prévoir ce que ces conjectures ont de probable et de prochain, et modifier son projet en conséquence; si les localités s'y prêtent, des travaux accessoires, en amont et en aval, telles que des levées partant des culées du pont et se dirigeant vers le terrain insubmersible, résoudront presque toujours le problème d'une manière plus heureuse. Nous ne reviendrons pas du reste sur ce que nous avons dit plus haut relativement à toutes les ressources que peut offrir l'art de l'ingénieur, pour résoudre les difficultés qui se présenteront; nous ne voyons plus de règle générale à suivre, que celle que nous avons donnée, qui consiste à prévoir toutes les conséquences des dispositions qu'on projette.

117. Principes généraux sur les endiguements. — Nécessité de soumettre à une législation spéciale le terrain soumis aux inondations. — Ce que nous avons dit du débouché des ponts peut se dire de tout ouvrage, de tout travail d'art quelconque établi dans le lit des grandes eaux. Cependant nous croyons devoir présenter quelques considérations particulières sur les endiguements.

Les formules que nous avons données dans les chapitres précédents, détermineront toujours, d'une manière suffisamment approchée, l'exhaussement de la surface des grandes eaux qui résultera d'un endiguement plus ou moins resserré. Mais ce n'est pas là le seul problème à résoudre pour l'ingénieur chargé de faire le projet d'endiguement sur une certaine étendue de rivière. La première question qui se présente est de savoir quel débouché il faut réserver aux eaux, quelle distance il faut laisser entre les deux levées sur les rives. Ici, comme sur les ponts, il n'y a pas de réponse absolue possible. Le but de l'endiguement est de mettre à l'abri des inondations accidentelles, soit des terrains déjà cultivés ou en friche, soit des propriétés bâties. Plus les digues seront avancées dans le lit des grandes eaux, plus on gagnera de terrain et plus le résultat sera avantageux; mais plus aussi les crues s'élèveront entre les digues, plus il faudra les exhausser, les consolider, et les prolonger en amont, si l'on ne veut pas, en protégeant certains terrains contre les inondations, leur en livrer qui seraient peut-être plus précieux. Il y a donc ici, pour résoudre la question, une comparaison à faire entre les avantages et les inconvénients. Les digues doivent s'élever ou se rapprocher plus ou moins, suivant que les terrains qu'elles peuvent protéger, sont plus ou moins précieux, suivant que leur construction est plus ou moins dispendieuse. Chargé de continuer vers l'aval un endiguement déjà exécuté à l'amont, ne considérez donc pas la largeur donnée à l'endiguement supérieur, comme un minimum au-dessous duquel vous ne pouvez descendre: si des terrains précieux se présentent, si de nombreuses propriétés bâties se trouvent dans le lit actuel des grandes eaux, ne les laissez pas en dehors de l'endiguement pour conserver une largeur qui peut être motivée à l'amont, mais qui ne le serait plus à l'aval; relevez au besoin ces digues d'amont, si leur prolongement ou leur rétrécissement n'a pas été prévu. Chargé, au contraire, de prolonger vers l'amont un endiguement déjà exécuté à l'aval, élargissez le débouché, reportez vos digues vers le coteau pour qu'elles soient moins dispendieuses, si vous ne rencontrez que des terrains moins précieux à protéger. Il résulte de ce principe général que l'endiguement d'une rivière peut présenter dans son étendue une série d'élargissements et de rétrécissements parfaitement motivés, qu'un endiguement avec levées parallèles loin d'être la perfection à laquelle doive viser l'ingénieur, est presque toujours la preuve que les circonstances locales n'ont pas été étudiées; car la nature n'offre certainement nulle part cette régularité de distribution d'intérêts qui amènerait une ligne droite pour solution.

Si l'on se rappelle ce que nous avons dit plus haut sur les circonstances qui déterminent la hauteur des crues, on reconnaîtra qu'un endiguement ne peut avoir pour but de mettre le pays endigué à l'abri des inondations, d'une manière complète et définitive. Il ne peut être question que des crues les plus ordinaires, on ne se préoccupera des crues extraordinaires et des crues possibles qu'autant que les intérêts qu'on aurait à protéger seraient très-considérables ou que les travaux de défense seraient peu dispendieux. Ainsi, la hauteur des digues et leur distance ne dépendent pas uniquement de la hauteur des crues, mais d'une foule de circonstances locales qu'il serait impossible d'énumérer d'une manière complète: on fera rationnellement, pour une ville importante, des digues plus élevées que pour un village ou pour de simples terrains d'agriculture. Rien n'empêche donc que dans un endiguement d'une certaine étendue, on ne projette des levées à des hauteurs très-différentes. Cependant nous croyons devoir à cet égard appeler l'attention sur quelques conséquences fâcheuses qui peuvent résulter d'un défaut de relation entre les hauteurs d'un endiguement.

Un endiguement divise les rives en autant de parties différentes que les levées rencontrent de fois le terrain insubmersible; la surface comprise entre deux points des levées d'attache consécutifs, constitue un système particulier, indépendant du système supérieur et du système inférieur. Ainsi, par exemple, la digue *lmn* (*fig.* 44), qui touche le terrain insubmersible en *l*, *m* et *n*, donne deux portions de territoire tout à fait indépendantes. Si, dans la portion de vallée *lCm*, il y a des intérêts beaucoup plus considérables à préserver que dans la portion inférieure *mn*, la digue *lm* pourra être plus haute que la digue *mn*; mais dans chacune des parties *lm* ou *mn*, la hauteur de chaque point de la digue n'est plus arbitraire, et il ne serait pas rationnel de tenir la partie inférieure de la digue *mn* plus élevée au-dessus des grandes eaux que la partie supérieure, il pourrait résulter de cette disposition de très-graves accidents. Examinons, en effet, quelles seront les conséquences d'une brèche qui se formera dans cette levée *mn*. Si cette brèche a lieu en *b*, dans la partie inférieure de la digue, les eaux se précipiteront dans la partie endiguée, et y occasionneront des dégâts qui pourront être considérables; ainsi, si les crues du fleuve étaient autrefois de 5 mètres et que l'endiguement les ait portées à 6 mètres, toute la partie inférieure de la vallée subira d'abord une inondation beaucoup plus élevée que si elle n'avait pas été endiguée; des propriétés qui n'auraient pas été atteintes par les eaux, le seront par le fait de l'endiguement, ensuite le désastre s'accroîtra encore, parce qu'il arrivera subitement et que les populations n'auront pas toujours le temps d'enlever leurs meubles et même de fuir, ce qui peut toujours avoir lieu lorsque les crues du fleuve se répandent librement sur les rives. Mais quelque grands que soient ces désastres, ils le sont beaucoup moins que quand la brèche se forme en b' à l'amont de la levée. En effet, les eaux qui entrent par cette brèche, causent d'abord à l'amont de l'endiguement des dégâts tout à fait semblables à ceux que nous venons de décrire pour l'aval; ensuite ces eaux se précipitent dans la partie inférieure où elles s'accumulent et peuvent s'y élever à une hauteur considérable, si une brèche de rentrée ne se forme pas promptement à l'aval vers b. Supposons, en effet, qu'à l'aval la digue soit beaucoup plus élevée, relativement aux grandes eaux qu'en amont, il est clair que les eaux pourront s'élever dans la partie inférieure de ce réservoir au niveau où se trouve la rivière vis-à-vis la brèche d'entrée b'; si, par exemple, la pente de cette rivière est de 0m,25 par kilomètre, si la distance de la brèche à la partie inférieure de l'endiguement est de 12 kilomètres, les eaux pourront atteindre dans cette partie un niveau de 3 mètres plus élevé que celui où elles se trouvent dans la rivière vis-à-vis l'aval de l'endiguement. Rarement, il est vrai, une pareille différence pourra exister, parce qu'avant d'atteindre ce niveau les eaux rentreront en rivière, d'abord par-dessus la levée, et ensuite par une nouvelle brèche qui ne manquera pas de se former à l'aval; mais cette rentrée ne peut s'opérer qu'autant qu'il existe une différence de niveau assez sensible entre les eaux retenues et les eaux de la rivière, de sorte qu'il peut fort bien arriver qu'elles s'élèvent en deçà de la digue beaucoup plus haut que dans le lit même de la rivière, de 1 mètre à 2 mètres par exemple : les dernières inondations de la Loire en ont fourni plus d'un exemple. On voit donc combien il importe que la levée ne soit pas plus haute en aval de l'endiguement qu'en amont, que ce serait souvent une bonne précaution d'avoir à l'aval une ouverture éclusée, assez grande pour que les eaux d'amont puissent rentrer en rivière, sans s'élever trop haut et sans former une nouvelle brèche. Lorsqu'un endiguement a une certaine étendue, il se termine presque toujours à l'aval par un pont éclusé destiné à donner en temps ordinaire l'écoulement aux eaux de cette partie de la vallée; en temps de crue, les portes ou vannes de ce pont sont fermées. On pourrait augmenter considérablement l'utilité de ces ouvertures en leur donnant des dimensions plus considérables, et en disposant le système de fermeture de manière à ce qu'il s'ouvrît de lui-même toutes les fois que les eaux de l'intérieur de la vallée s'élèvent à un niveau plus élevé que dans la rivière.

Malgré les désastres épouvantables qu'occasionne la rupture des levées d'endiguement, quelques personnes ont cru devoir combattre les mesures prises pour rendre ces ruptures moins fréquentes; elles ont prétendu que si ces ruptures n'avaient pas lieu, les pays inférieurs seraient complétement inondés et qu'en évitant quelques désastres à l'amont, on en occasionnerait de plus considérables à l'aval. Nous ne croyons pas cette opinion fondée. Les brèches qui se forment dans les endiguements d'amont ont peu d'influence sur la hauteur des crues en aval; pour se rendre compte de leur effet, il suffit de mettre en comparaison le volume d'eau que peuvent contenir les portions de terrain endiguées et l'énorme volume que débite un grand fleuve dans les crues. Ainsi, pour la Loire, ce volume est évalué à 10000 mètres cubes par seconde dans sa partie supérieure; imaginons maintenant que tout à coup soit ouvert un réservoir de 15 kilomètres de longueur sur 6 kilomètres de largeur, et que les eaux puissent s'y élever à 2 mètres de hauteur moyenne: le volume d'eau contenu dans ce réservoir sera de 180.000.000 mètres cubes, et équivaudra au produit de la Loire pendant cinq heures; mais ce réservoir mettra, en réalité, beaucoup plus de temps à se remplir, car une partie seulement de l'eau du fleuve sera détournée de son cours et le reste suivra le lit ordinaire. Supposons que cette opération dure vingt-quatre heures, il s'ensuivra que, pendant ces vingt-quatre heures, le pays situé à l'aval recevra un volume d'eau moindre que si la brèche ne s'était pas formée, mais, après ces vingt-quatre heures, le bassin étant rempli et la partie supérieure du fleuve fournissant le même volume, tout reviendra dans la situation où cela se trouvait auparavant. A l'aval de la brèche, l'ouverture du réservoir n'aura donc d'effet pour baisser la hauteur de la crue, que dans le cas où la brèche se formerait au moment où la crue atteint son maximum et où ce maximum ne durerait que vingt-quatre heures; or, il sera fort rare que ces deux circonstances se trouvent réunies à la fois, les brèches s'ouvrent souvent plusieurs jours avant que la crue soit arrivée à son maximum, et alors leur influence sur ce maximum, en hauteur et en durée, est à peu près nulle, ensuite il est très-rare que le maximum ne dure que vingt-quatre heures. Nous venons d'examiner l'effet de l'ouverture du réservoir sur la partie du fleuve immédiatement à l'aval; sur la partie plus éloignée, cet effet se trouve encore atténué par les affluents, soit que dans le moment ces affluents concourent à la crue par leur produit, soit qu'ils la diminuent en jouant le rôle de réservoirs. En effet, le maximum de crue ne descend pas le long d'une rivière d'une manière régulière et proportionnelle, par exemple, à la vitesse de l'eau; au-dessous de la rencontre de chaque affluent, le maximum a lieu, non pas en amont où le cours d'eau principal est à son maximum, mais au moment où la somme des produits des deux cours d'eau est au maximum: or ce moment peut différer de plusieurs jours à la rencontre de chaque affluent. Il peut même arriver que le réservoir supérieur augmente la crue dans la partie supérieure; car l'effet de ce réservoir étant de diminuer le produit pendant la période ascendante de la crue, et de l'augmenter pendant la période descendante, il s'ensuit que là où le maximum aura lieu pendant la baisse du cours d'eau principal sous l'influence de la crue d'un affluent, le maximum de la crue se trouvera relevé par l'écoulement des eaux du réservoir. En résumé, l'inondation de certaines parties endiguées n'est que très-rarement un préservatif pour les parties inférieures. Il serait d'ailleurs impossible d'établir un système rationnel d'endiguement sur un pareil principe. Empêchera-t-on les propriétaires des terrains supérieurs endigués de défendre leurs digues en cas de crue, ou même de les élever d'une manière définitive à leurs frais, en leur disant : il faut qu'en cas d'une grande crue votre digue puisse être emportée, vos maisons puissent être détruites, dussiez-vous périr vous-même, pour préserver tel village ou telle ville situé au dessous? Ne seraient-ils pas en droit de répondre que rien n'empêche ce village ou cette ville de relever ses digues et de faire comme eux; qu'on ne peut les astreindre à rester exposés à un danger continuel pour préserver de ce même danger d'autres parties du territoire où des précautions semblables pourraient être prises. Il est donc impossible de compter sur l'ouverture de ces réservoirs accidentels, pour préserver les parties inférieures de grandes inondations. C'est par des mesures directes et spéciales que ce fléau doit être combattu sur chaque point. Cependant, il va sans dire que tout l'ensemble de l'endiguement doit être coordonné de manière à concourir au même but; il serait même à désirer que tout le terrain sujet aux inondations fût soumis à une espèce de servitude, qui obligerait les propriétaires à n'y rien exécuter sans l'autorisation de l'administration, car tout travail public ou particulier, établi sur ce terrain, a pour effet de modifier le régime des grandes eaux et peut avoir des conséquences désastreuses. Ainsi, il n'est pas nécessaire d'établir un pont en DC (*fig.* 42) pour produire une partie des désordres que nous avons considérés, il suffit de fermer le bras EH d'une manière quelconque, de s'en emparer pour y établir un canal latéral, d'avancer un chemin de fer, une digue, un chemin de halage insubmersible sur l'île FDG. De même dans l'exemple suivant (*fig.* 43), sans qu'il soit construit de pont AB et de route KC, tout travail sur la ligne GD qui rendra la rive insubmersible occasionnera un remous considérable dans le bras AB; un arbre même planté dans le lit des grandes eaux courantes, fait naître une force retardatrice qui donne lieu à un remous très-faible il est vrai, mais qui peut devenir très-sensible, si au lieu d'un arbre il y en a plusieurs centaines ou plusieurs milliers. Pour que tous ces travaux fussent dirigés vers un but commun, pour qu'ils ne se nuisissent pas les uns aux autres, ne devraient-ils pas être soumis à une législation spéciale, qui serait sans contredit beaucoup plus efficace que le reboisement du sol?

118. Du système des réservoirs contre les inondations. — Les inondations de 1856, qui furent presque générales sur tous les grands cours d'eau de la France et qui occasionnèrent de si grands désastres, précisément dans les parties endiguées, amenèrent dans l'opinion publique une espèce de réaction contre les digues longitudinales; on chercha partout un remède plus sûr et plus économique contre ce redoutable fléau. Celui qui sembla un moment prévaloir consistait à retenir par des barrages établis à l'origine, les eaux d'inondation, de manière que leur arrivée dans le thalweg ne fût pas simultanée. Ce système s'étayait à la fois sur des considérations théoriques et sur un grand exemple que nous avait laissé, disait-on, la sage prévoyance de nos prédécesseurs, en établissant un barrage sur la Loire à Pinay et en créant làu n réservoir artificiel qui protégeait la partie inférieure de la vallée.

Beaucoup d'ingénieurs publièrent alors des mémoires sur la question et nous mêmes crûmes devoir prendre part à la discussion par une publication intitulée : *des Inondations, examen des moyens proposés pour en prévenir le retour.* Nous croyons devoir extraire de cet ouvrage quelques considérations générales relatives au système de réservoirs dont nous n'avions pas cru devoir parler dans notre première édition, car quoiqu'il eût été préconisé par quelques ingénieurs, il n'avait donné lieu à cette époque à aucun projet ni à aucune étude.

A l'aide des calculs et des méthodes établis dans le chapitre III, nous avons démontré d'abord que la retenue en amont du barrage de Pinay est une retenue naturelle produite par les gorges du Forez dans lesquelles la Loire s'engage au-dessous de Balbigny et que l'étranglement artificiel exécuté à la Roche et à Pinay, à la suite d'enlèvement de roches qu'on avait fait disparaître dans l'intérêt de la navigation, n'a eu sur le régime du fleuve qu'un résultat complétement insignifiant. Ainsi il y a là une retenue et un réservoir naturels qui ont existé de tout temps. Le système au point de vue pratique est encore entièrement nouveau et on ne peut invoquer en sa faveur aucune expérience. Quand on en examine les conséquences, on ne tarde pas à reconnaître qu'il a contre lui trois graves inconvénients : grandes difficultés d'exécution, dépenses considérables, résultats très-incertains. C'est ce que nous allons essayer de démontrer.

119. Difficultés d'exécution des barrages de retenue. — La construction des barrages pour les crues présente beaucoup plus de difficultés que celle des barrages de navigation. Ces derniers, en effet, n'ont d'autre but que de modifier et de relever la hauteur des basses eaux. Dans les grandes eaux, la chute s'efface pour ainsi dire, et l'emplacement où ils se trouvent dans le cours d'eau n'a pas beaucoup plus à souffrir que le reste. On prend d'ailleurs toutes les précautions pour qu'il en soit ainsi; on multiplie les pertuis, on allonge les barrages, et l'on a même considéré comme une très-heureuse invention l'idée qu'a eue M. Poirée de les rendre mobiles pour pouvoir les coucher en temps de crue. En effet, il arrive souvent que les barrages fixes sont emportés avec les pertuis qui les accompagnent. Mais ici il s'agit de barrages de hautes eaux, de barrages dont la fonction est de produire de grands remous dans les crues, de pertuis où l'eau doit passer avec une vitesse torrentielle. Il n'y a donc aucune espèce de comparaison à établir entre les deux genres de travaux dont le but est si différent. Nous ne voulons pas dire qu'il y ait là une impossibilité qu'on ne pourra pas surmonter, mais nous soutenons que ces travaux occasionneront certainement des dépenses très-grandes. Quoi qu'il en soit, c'est la moindre difficulté du système, et je ne m'y arrêterai pas davantage.

La grande difficulté, la difficulté sérieuse, c'est de trouver pour ces barrages des emplacements tels que les retenues qu'ils sont destinés à opérer ne produisent pas des dommages plus considérables que ceux qu'ils doivent prévenir. Il faut remarquer, en effet, que le premier résultat de ce système est d'inonder une partie du sol qui ne l'est pas aujourd'hui. Or, où trouver des emplacements convenables pour ces immenses réservoirs? Partout, depuis longtemps, l'homme dispute aux grandes eaux le terrain cultivable, et il a poussé ses cultures, ses travaux, ses habitations, jusqu'aux dernières limites qu'atteignent les crues; presque partout même il les a dépassées, préférant supporter quelques inconvénients accidentels que d'abandonner des terrains précieux. Cela est si vrai que, lorsque, dans l'établissement de nouvelles voies de communication, il s'agit de traverser les vallées par des digues insubmersibles, on est obligé de les percer de nombreuses ouvertures, pour apporter le moins de changement possible au niveau desg randes eaux, et que, quand un remous insignifiant est produit, l'administration, cédant aux réclamations quelquefois même peu fondées des populations, est obligée d'ajouter de nouvelles arches aux ponts déjà construits. Mais, objectera-t-on, les populations supportent bien les réservoirs naturels, pourquoi ne supporteraient-elles pas les réservoirs artificiels? Les réservoirs naturels sont supportés, parce qu'ils sont naturels, qu'on a acquis les terrains inondés dans l'état où ils se trouvent. Le propriétaire d'un marais, qui en a hérité ou qui l'a acheté comme marais, n'est pas étonné de le trouver tel et de n'y récolter que du jonc. Il ne s'avise pas, et personne ne s'est avisé avant lui, d'y bâtir des granges, des écuries, des fermes; les usines, les chemins, les travaux publics et particuliers, tout est arrangé en vue du niveau actuel des grandes eaux, et on ne peut plus le modifier sans convertir des champs, des prairies en marais, sans amener les eaux dans les maisons d'habitation, sans inonder les voies de communication, en un mot, sans détruire les richesses artificielles que la civilisation a accumulées sur les terrains les plus fertiles. Cette impossibilité n'avait pas échappé à M. Vallée; cet habile ingénieur l'a fait parfaitement ressortir dans l'ouvrage qu'il a publié sur le Rhône et le lac de Genève, ouvrage où il met en avant un système qui, au premier coup d'œil, a quelque analogie avec celui que nous combattons, mais qui en est essentiellement différent. Ce système consiste à obtenir une réserve dans le Léman, au moyen de l'*abaissement* des eaux du lac. M. Vallée, en dérasant le seuil, crée ainsi une réserve tout entière comprise au-dessous du niveau actuel. Il est évident qu'il aurait pu obtenir le même résultat en relevant les eaux du lac au moyen d'un barrage, mais il s'en est bien gardé; car la hauteur des eaux du lac étant déjà nuisible aux populations riveraines, la proposition de les relever aurait ôté à son projet toute chance de succès. Voici, au reste, comment il s'exprime à ce sujet (page 252) :

« Supposons que le lac de Genève soit desséché et qu'il s'agisse de le recréer. « Ses profondeurs étant petites par rapport à ses largeurs, on peut dire que, « soustrait au séjour des eaux, il serait partout cultivé. Or, en estimant l'hec- « tare de terrain en culture à 3,000 francs et la superficie du lac étant de « 60,000 hectares, les indemnités à payer seraient de plus de 180 millions, car « il y aurait certainement des habitations et même des villages entiers sur cette « plaine. Les lacs du Bourget et d'Annecy, s'ils étaient desséchés et qu'il fallût « les rétablir, proportion gardée, ne seraient pas d'un moindre prix.

« De même, si l'on voulait transformer la plaine de Chamouny ou celle de « Bourg-d'Oisans, dans l'Isère, en vastes réservoirs, il faudrait faire des dé- « penses qui excéderaient évidemment les avantages.

« De là il suit qu'on ne peut guère obtenir des réserves d'eau d'une capacité « d'un million de mètres cubes, par exemple, en couvrant d'eau des espaces « desséchés, et qu'il faut recourir pour avoir de telles réserves, à de grands « lacs naturels, dont on barre le débouché afin de conserver une tranche d'eau « disponible.

« On ne doit pas compter d'après cela que la réserve de Genève puisse être « bien sensiblement augmentée par des réservoirs à créer dans le Valais et « dans les autres vallées qui versent leurs eaux dans le Léman. »

Tels sont, d'après M. Vallée, les obstacles économiques qui s'opposent aux réserves artificielles, et peut-être cette citation aurait-elle dû nous dispenser de présenter les considérations dont nous l'avons fait précéder. La démonstration à cet égard est tellement concluante, qu'elle soulève dans notre esprit, contre le système même de M. Vallée, une objection qui nous paraît grave. Si, en 1843, à l'époque où M. Vallée écrivait son intéressant mémoire, le lac de Genève desséché pouvait être évalué à 180 millions, cette valeur, déjà bien supérieure aujourd'hui, doit suivre une progression ascendante très-rapide, tandis que les dépenses du desséchement en suivent une inverse; de sorte que cette entreprise devient de plus en plus avantageuse et de plus en plus probable. Car ce que nous disions plus haut à propos des défrichements, peut parfaitement s'appliquer aux desséchements.

Il est impossible, lorsqu'on considère la marche envahissante de l'agriculture, qui étend sans cesse son domaine, de ne pas prévoir qu'elle ne respectera pas plus les lacs qu'elle n'a respecté les forêts, les marais, les étangs et la mer elle-même.

Si donc le lac de Genève peut être desséché en tout ou en partie, soyez sûr qu'il le sera. Avant donc de lui assigner ce rôle de régulateur des eaux du Rhône, il faut bien se rendre compte s'il n'y a pas des chances pour que, dans un avenir prochain, l'agriculture ne demande les terrains précieux qui, dans le système de M. Vallée, doivent être éternellement recouverts par les eaux.

Il semble donc qu'on peut dire, à un point de vue général, que faire de la conservation des lacs la base d'un système régulateur des eaux, c'est vouloir arrêter l'extension de l'agriculture; que prendre pour base de ce système la création de lacs artificiels, c'est vouloir la faire rétrograder.

A Dieu ne plaise que je présente cette objection au projet de M. Vallée comme un obstacle invincible; il n'y a pas de règle sans exception, et peut-être que la disposition des lieux est telle que le desséchement de tout ou partie du lac doive être considéré comme un projet qui ne pourra s'exécuter que dans un avenir trop éloigné pour qu'on ait aujourd'hui à s'en occuper. Je dis seulement qu'il faut, avant d'exécuter le projet, réfuter l'objection, et que si, dans les conférences diplomatiques à ouvrir à ce sujet, les représentants de la Suisse faisaient valoir l'importance future et peut-être prochaine de cette réserve de terrain, il faudrait pouvoir leur démontrer que le dessèchement total ou partiel ne saurait devenir d'ici longtemps une opération avantageuse.

Quoi qu'il en soit de la difficulté de se servir des lacs naturels comme modérateurs des crues, il est certain que c'est là une solution tout exceptionnelle et qui ne saurait être généralisée. Si nous nous y sommes arrêté un instant, ce n'est que pour faire voir que, sur la question des lacs artificiels à créer, M. Vallée pensait tout à fait comme nous et qu'il reconnaissait que si le lac Léman n'existait pas, il faudrait bien se garder de l'inventer. Cependant cet habile ingénieur ajoute, à la suite de la note que nous venons de citer :

« Cependant les notes suivantes vont faire voir que s'il ne s'agissait que « d'obtenir 100 ou 200 millions de mètres cubes d'eau par an, on pourrait « cependant créer dans ces vallées des réservoirs dont les dimensions et les « prix sont dans les usages admis. »

120. Dépenses de la construction de ces réservoirs. — Puis il fait connaître les chiffres suivants pour quelques réservoirs :

	Capacité en millions de mètres cubes.	Dépense.
Réservoirs des Andryes, Settons, etc., sur l'Yonne (projet).	125	5.000.000
Réservoirs du plateau de Lanemezeu (projet).	50	4.000.000
Réservoirs de Grosbois.	8,5	3.600.000
Autres réservoirs du canal de Bourgogne.	20	12.000.000

Ces chiffres donnent une idée de ce que coûtent les réservoirs artificiels. Le premier, dont la dépense est relativement la plus faible, s'élève à 5 millions de francs pour une réserve de 125 millions de mètres cubes, c'est-à-dire pour un volume égal à celui retenu dans la plaine du Forez. Nous voilà déjà bien loin des 210,000 francs de M. Boulangé; mais les deux premiers chiffres sont des chiffres de projets non exécutés, et on sait combien, dans ces sortes de travaux, les comptes définitifs diffèrent des estimations primitives. Aussi les deux derniers chiffres, relatifs aux réservoirs du canal de Bourgogne, s'élèvent-ils à 15,600,000 francs pour une réserve de 28,500,000 mètres cubes. A ce taux, une réserve comme celle de la plaine du Forez coûterait plus de 50 millions. On dira peut-être que les réserves qu'il s'agit de créer ne devant fonctionner qu'accidentellement, les terrains qui doivent leur être consacrés ne seront pas à acquérir comme ceux des réservoirs d'alimentation des canaux dont le service doit être continu. On leur promet même une espèce d'indemnité au moyen du limon qui se déposera sur la surface. Sans doute, il n'y a pas d'analogie complète dans les deux systèmes de réservoirs, mais la destination spéciale des réservoirs d'inondation crée des difficultés particulières, qui compensent les avantages qu'ils présentent sous quelques rapports, au point de vue de la dépense.

Les réservoirs d'alimentation des canaux ont pour se remplir toute la saison pluvieuse, ce qui permet de les placer vers des sommets peu habités, et de ne pas y recevoir les eaux d'orage, qui bien vite les encombreraient. Mais pour qu'une retenue puisse avoir un peu d'influence sur le volume des crues, il faut que dans son emplacement le cours d'eau ait un débit considérable, pour qu'en en retenant une partie, on diminue sensiblement celui du cours d'eau principal; de là la nécessité de descendre à un point assez bas de son bassin le réservoir de l'affluent qu'on veut retenir. Un réservoir qui pourrait emmagasiner 100 millions de mètres cubes, et qui, eu égard à sa position élevée, demanderait un mois ou deux pour se remplir, pourrait être un excellent modérateur de l'étiage du cours d'eau à la source duquel il serait placé; mais il est évident qu'il n'aurait qu'une influence insignifiante sur la hauteur des crues, car sa retenue par seconde serait nulle pour ainsi dire. Si le réservoir naturel de la plaine du Forez a réellement sauvé Roanne en 1846, cela tient à ce que la retenue de 108 millions de mètres cubes s'y est faite en seize heures, au moyen d'une retenue qui s'est élevée en certains moments à 3,600 mètres cubes par seconde. Or, pour obtenir de pareils résultats, pour opérer des retenues aussi puissantes, il faut barrer le cours d'eau dans un point où leur débit en temps de crue soit considérable. Ainsi, par exemple, on comprend que la Seine ne débitant à Paris que 1,800 mètres cubes dans ses grandes crues, il serait impossible d'y produire une retenue semblable à celle du Forez, quand même on y ferait un barrage qui joindrait la montagne Sainte-Geneviève à la butte Montmartre. Les réservoirs d'alimentation des canaux sont donc dans des conditions toutes différentes de celles des réservoirs projetés pour les inondations. Les uns, qui n'ont besoin pour se remplir que de simples ruisseaux, peuvent être placés près des sources; les autres qui, pour être efficaces, doivent retenir beaucoup d'eau en peu de temps, ne peuvent être placés que beaucoup plus bas, là où l'importance des cours d'eau a appelé depuis longtemps les populations sur leurs rives, là où, devenus voies de communication, ils sont eux-mêmes côtoyés ou traversés par d'autres voies, là où ils alimentent des usines importantes. De sorte que, quoiqu'il ne s'agisse pas d'une occupation permanente comme dans les réservoirs d'alimentation, on se trouve en présence d'intérêts beaucoup plus considérables. Il faut remarquer en outre que ces retenues agiraient non-seulement dans les cas de crue extraordinaire, mais même dans les eaux moyennes. Il est clair, en effet, que ce n'est pas seulement le régime des grandes eaux qui sera altéré par l'établissement de barrages échancrés, mais le régime même des eaux moyennes qu'ils transformeront en grandes eaux. De sorte que pour faire peut-être du bien tous les vingt ans, on fera certainement du mal pendant dix-neuf. Il faudra donc tenir compte aux propriétaires riverains non-seulement des dommages causés lorsque la retenue fonctionnera d'une manière utile pour les terrains inférieurs, mais des dommages annuels qui seront la conséquence forcée de son existence. Il y a en effet, sur le bord des cours d'eau, sujets à être ravagés par les crues, des terrains cultivés situés de manières bien différentes. Les uns sont visités par les eaux presque tous les ans, d'autres tous les trois, quatre ou cinq ans, etc.; il y a des digues plus ou moins submersibles, qui les protégent, et sauvent un plus ou moins grand nombre de récoltes. Lors donc qu'on viendra altérer l'état de choses actuel par l'établissement d'un barrage, on devra s'attendre à des demandes d'indemnités exorbitantes, car, encore une fois, autre chose est de voir l'inondation enlever une récolte tous les dix ans ou de voir se renouveler ce désastre tous les deux ou trois ans. Ainsi il faudra, dans le bassin de l'inondation, indemniser non-seulement ceux qui seront nouvellement atteints, mais ceux qui l'étant déjà le seront plus souvent et plus gravement. Quant aux propriétés bâties, il va sans dire qu'il faudra les faire disparaître, comme s'il s'agissait d'une retenue permanente. Il est évident qu'on ne peut guère courir les chances de les voir s'écrouler sur leurs habitants, lorsqu'elles seront atteintes par le niveau de la retenue.

Nous pouvons citer un exemple, qui nous paraît curieux, de la difficulté que présentera la recherche de ces emplacements de réservoirs. En 1857, un pont suspendu fut construit à Balbigny, précisément dans cette prétendue retenue de la digue de Pinay; or, en remontant au cahier des charges imposées au concessionnaire, on y retrouve la préoccupation continuelle de l'administration de ne rien changer au régime du fleuve. Ainsi, pour le débouché, quoiqu'on ne se trouvât qu'à quelques kilomètres en amont des fameux pertuis de la Roche et de Pinay de 20 mètres de largeur, l'administration prescrivit 130 mètres; et encore, craignant de n'avoir pas assez fait, elle ajouta : « Les « culées seront disposées de manière *à ne rien changer au régime actuel du « fleuve et seront placées en conséquence sur la ligne même des berges actuelles.* » Enfin, dans le paragraphe suivant, elle impose au concessionnaire l'obligation de construire une levée pour se raccorder avec la digue qui défend *des grandes inondations* les terres de M. le comte de Bastard. On voit donc partout, dans la plaine du Forez comme ailleurs, cette espèce d'équilibre, conséquence de la lutte de l'agriculture contre les ravages des inondations, et quant à nous, nous n'avions pas besoin de nivellement, de plans et de calculs, pour être assuré que les ingénieurs n'avaient pu en 1711 soulever impunément les eaux de la Loire de 5 à 6 mètres, comme on l'a prétendu. Alors, comme aujourd'hui, les ingénieurs étaient obligés de respecter le régime des fleuves; pour se permettre impunément de pareils travaux, il aurait fallu venir quelques années après que la Loire, se frayant un passage à travers les gorges qui se trouvent à la suite de la plaine du Forez, mettait à découvert les vastes terrains de cette plaine.

121. Des barrages à fermetures mobiles. — On pourrait, il est vrai, atténuer quelques-uns des inconvénients que nous venons de signaler, en substituant aux barrages fixes dont il a été question jusqu'ici, des barrages à fermetures mobiles; on ne retiendrait alors les eaux que quand cela serait utile aux vallées inférieures. Considéré au point de vue théorique, ce système est sans contredit bien préférable au précédent. Supposons, par exemple, que la retenue de Pinay soit effectivement, comme on l'a supposé, une retenue artificielle et construite de manière à pouvoir s'ouvrir et se fermer à volonté; il est évident d'abord que, dans les années ordinaires, elle ne changerait rien à l'état de choses naturel, puisqu'on laisserait alors le barrage complétement ouvert. Quand arriveraient les grandes crues, la manœuvre ne se ferait qu'au moment où elle serait utile, ce qui augmenterait la durée possible de la retenue, ou plutôt la durée utile. Il est clair, en effet, que toute l'eau retenue au commencement de la crue, par le barrage à ouverture invariable, et qui aurait pu s'écouler impunément pour les pays situés en aval, emplit inutilement le réservoir et devient un obstacle à ce que plus tard il continue à recevoir les eaux. Il faut remarquer, en effet, que, pour le succès du système, il faut que la crue ne dure que le temps nécessaire pour emplir les réservoirs, et que ceux-ci, une fois remplis, débitent nécessairement tout ce qu'ils reçoivent et ne rendent plus aucun service. Il est donc très-fâcheux d'occuper une partie de leur capacité par des eaux qu'on aurait pu laisser s'écouler sans inconvénient, et il y aurait, pour le succès de ces retenues, un immense avantage à avoir des fermetures mobiles.

Examinons maintenant, au point de vue de l'art, si un pareil système est praticable. Il ne s'agit plus, comme nous l'avons dit, d'appliquer ici l'ingénieuse invention des barrages mobiles de M. Poirée : ces barrages, d'après leur destination, ne se lèvent que dans les eaux basses; on les couche pour les crues. Les nouveaux barrages doivent au contraire se lever dans les crues et se baisser dans les eaux basses. Cette différence dans leur destination doit en amener une énorme dans leur construction et leur manœuvre. On conçoit combien le volume, la hauteur et la vitesse des eaux viennent ajouter de difficultés à la question d'art. Ce ne sont plus des masses inertes de maçonnerie brute qu'il faut opposer aux eaux, c'est un système compliqué de nombreuses ouvertures se fermant par des poutrelles, des vannes ou des portes, mises en mouvement par des mécanismes puissants et rapides; il faut des ponts de service, des engrenages, des crics; par conséquent du bois, de la fonte et du fer, le tout ajusté avec précision. Quelles que soient ces difficultés, nous ne doutons pas cependant qu'avec les ressources actuelles de l'art on ne parvienne à les vaincre et qu'on ne puisse établir un barrage qui pourra se manœuvrer pendant les crues à l'aide d'un personnel exercé : c'est une question de dépense. Mais ce barrage une fois exécuté, que deviendra-t-il? que fera-t-on du personnel? Il ne faut pas perdre de vue, en effet, qu'il s'agit ici d'ouvrages qui, suivant les cours d'eau où ils seront placés, ne pourront servir que tous les quinze ans, tous les vingt ans, tous les cinquante ans et quelquefois davantage; que par suite de leur destination, ils doivent contenir beaucoup de pièces mobiles qui exigeront un entretien dispendieux, un renouvellement fréquent, un personnel nombreux et exercé. C'est tout au plus si, dans de pareilles circonstances, on pourrait compter sur l'intérêt particulier. Comment espérer qu'une administration publique qui ne peut suffire à entretenir les ouvrages qui sont d'une utilité journalière, à cause de l'insuffisance des crédits dont elle dispose, ne laissera pas dépérir ceux qui ne sont que d'une utilité aussi rare; que pendant les années de guerre, de disette, on ne négligera pas l'entretien de ces ouvrages, qu'on maintiendra sur les lieux, et les bras croisés, un personnel nombreux, pour attendre une crue incertaine? Tous ceux qui ont quelque expérience des hommes, et surtout des administrations, reconnaîtront que c'est là un espoir chimérique. Voyez ce qui s'est passé pour les digues de Pinay et de la Roche; ce sont, il est vrai, de très-innocents ouvrages qui ne font ni bien ni mal, mais on pensait le contraire, et l'administration, les ayant construits dans un but qu'elle croyait éminemment utile, y devait attacher la plus grande importance. Or M. Boulangé nous apprend ce qu'il en est advenu.

« Quoique ces constructions, dit-il, remontent à peine à un siècle, l'admi-
« nistration et le public avaient complétement oublié leur destination. A
« l'époque de la révolution, après 1790, les riverains se sont emparés des
« pierres de taille qui recouvraient la digue de Pinay pour daller leurs habi-
« tations, et l'on n'a jamais pensé à réparer ces dégradations. Quant à la digue

« de la Roche, elle est devenue une propriété particulière, sur laquelle on « avait établi une avenue et un jardin, etc., etc. »

Tel est le sort réservé à tous les ouvrages qui ne sont pas d'une utilité journalière. Donc, si l'on faisait des barrages mobiles, au moment où il faudrait s'en servir, on ne trouverait sur place ni le matériel, ni le personnel nécessaires pour opérer la manœuvre. Mais supposons pour un instant que, sur un certain barrage, on ait été assez heureux pour maintenir le matériel en parfait état d'entretien et qu'on puisse disposer du personnel nécessaire pour opérer la manœuvre, on trouverait encore un grand obstacle dans la résistance des populations situées en amont des retenues. Qu'on se représente alors ce qui se passerait en pareille circonstance.

Nous sommes dans une plaine comme celle du Forez, mais elle n'est pas suivie par une gorge qui, en resserrant les eaux, y provoque des crues très-élevées, dont on ne se plaint pas, parce qu'on les voit souvent, et que tout est disposé en conséquence ; de sorte qu'il n'y a que des crues d'une hauteur ordinaire : du moins, c'est ainsi que les choses se passent depuis trente ou quarante ans. Mais voilà que des pluies torrentielles surviennent et qu'une crue extraordinaire, telle que les hommes de cinquante ans ne se rappellent pas d'en avoir vu de pareille, inonde les propriétés. Tout à coup, survient un ordre de faire fonctionner les retenues, c'est-à-dire de faire monter les eaux de 4 à 5 mètres au-dessus de leur niveau naturel. Évidemment l'administration, qui, au moment de l'établissement du barrage, aurait payé aux anciens propriétaires d'amont l'indemnité nécessaire pour jouir du droit éventuel de le fermer quand elle le jugerait nécessaire, ne devrait être exposée à aucune réclamation dans ces circonstances. Eh bien! nous sommes convaincu que les populations entières, armées de fourches et de fusils, viendraient mettre obstacle à la fermeture, et que l'administration locale y regarderait à deux fois avant d'essayer de vaincre cette résistance par la force. Sans doute, le droit ne serait pas contestable, mais l'utilité d'en user le serait. On se trouverait en présence, d'un côté, d'un mal certain et présent, et de l'autre d'un avantage incertain et éloigné. En effet, la fermeture du barrage aurait pour résultat d'inonder des terrains qui ne le seraient pas sans cette fermeture, et ne préserverait les terrains inférieurs qu'autant que les crues des affluents inférieurs précéderaient l'arrivée des affluents retardés, et dans le cas où la crue n'aurait qu'une certaine durée, circonstances qui pourraient bien ne pas se présenter. Or comment espérer que dans un pareil doute l'administration locale sera assez héroïque pour sacrifier les propriétaires présents aux propriétaires éloignés. Nous ne doutons donc pas qu'après y avoir réfléchi, les partisans du système des retenues ne se décident pour les retenues fixes ; c'est le seul en effet qui puisse fonctionner. Il faut donc l'accepter avec ses inconvénients.

122. Résultats que le système aurait eus sur la crue de 1856. — Voyons-en maintenant les résultats possibles. Supposons qu'après la terrible leçon de 1846, on ait construit dans la partie supérieure de la Loire les vingt-cinq ou trente barrages proposés par les partisans des systèmes de réservoirs. Cherchons quel eût été leur résultat sur la crue de 1856. Certes, si ces barrages avaient dû préserver la partie inférieure des affreux désastres dont elle a été victime, l'administration aurait des reproches bien graves à se faire. Sans doute, ces barrages auraient coûté incomparablement plus qu'on ne le supposait, et leur dépense première se trouverait encore accrue par les intérêts perdus depuis l'époque de leur construction ; mais, si grande qu'elle fût, elle se trouverait largement compensée par le résultat obtenu. Or l'inondation de 1856 a présenté cette circonstance particulière qu'il n'y a pas eu de crue dans la partie supérieure de la Loire. A Roanne, les eaux se sont tenues à $2^m,09$ au-dessous des eaux de 1846 ; ainsi, les circonstances atmosphériques ont fait bien au delà de ce que pouvaient espérer les partisans les plus exagérés du système des retenues. Certes, ils n'espéraient pas obtenir au moyen de ses barrages un abaissement de 2 mètres à Roanne, et cependant la partie inférieure de la Loire a eu à subir une crue bien autrement considérable que celle de 1846. C'est qu'à part les difficultés d'exécution et les énormes dépenses du système, il y a encore son inefficacité complète ; car ses partisans s'appuient sur une erreur de fait facile à constater. Ils considèrent les crues comme uniquement produites par les pluies tombées sur les sommets des montagnes où les cours d'eau prennent leur source, d'où résulte dans l'écoulement des affluents un ordre de priorité à peu près invariable. Eh bien ! il était impossible que, pour la Loire, le système reçût un plus éclatant démenti que celui que lui a donné la crue de 1856. Quel rôle eût été alors celui de l'administration, si elle avait suivi les conseils de quelques ingénieurs ! Elle aurait dit aux populations de la vallée : Vous étiez ravagées par la réunion de la Loire et de l'Allier, mais j'y ai mis bon ordre ; je tiens maintenant dans mes mains les crues de la Loire, et vous ne les verrez passer qu'après celles de l'Allier ; j'ai détruit le mal en le divisant, soyez désormais tranquilles. Or, en 1856, les trente barrages proposés n'auraient pu retenir une crue qui n'est pas venue, et s'ils avaient été construits, tout se serait passé comme cela a eu lieu ; nous nous

serait exagéré et violemment reproché. Quand le propriétaire ne peut s'en prendre qu'à la main qui dirige les nuages des désastres qui lui arrivent, il finit par se résigner ; mais lorsque ces désastres sont causés par des travaux publics, auxquels il a lui-même contribué pour sa part d'impôt, la résignation n'est plus possible. Le gouvernement aura beau dire que s'il est vrai qu'une coïncidence, provoquée par les retenues, a amené à l'aval la perte de trois millions de récoltes, il est incontestable que ces retenues, en empêchant à l'amont une autre coïncidence, en ont sauvé quatre, ce qui constitue un bénéfice net d'un million ; cette balance ne sera pas acceptée, et les quatre millions gagnés par les propriétaires d'amont ne consoleront pas les propriétaires d'aval d'en avoir perdu trois. Il pourra arriver, du reste, que dans une autre crue le phénomène se présente dans un ordre inverse, c'est-à-dire qu'on perde quatre millions pour en sauver trois. Car, comme nous l'avons déjà dit, rien n'est plus inexact que cette idée que les crues sont toujours le résultat de grandes chutes d'eau sur les montagnes dans lesquelles les cours d'eau prennent leur source, et que les pluies de la plaine n'apportent aux crues qu'un contingent complétement insignifiant. Que la moyenne de la quantité d'eau tombée soit plus grande sur les montagnes que dans les plaines, cela peut être, mais ce phénomène météorologique a peu d'influence sur les crues, qui sont le résultat de très-grandes pluies accidentelles survenues dans une partie quelconque du bassin : tantôt dans la partie supérieure, tantôt dans la partie intermédiaire, tantôt dans la partie inférieure ; tantôt au midi, tantôt au nord, tantôt à l'est, tantôt à l'ouest.

Ainsi, deux crues de même hauteur, en un point donné d'un cours d'eau, peuvent être le résultat d'une infinité de combinaisons diverses de celles des affluents supérieurs ; ceux-ci, quoique fournissant à chaque fois des contingents différents, pouvant composer dans le lit qui les réunit le même débit total, au moyen des compensations qui s'établissent entre leurs débits partiels. C'est ce que nous avons expliqué plus haut.

La crue de 1856 est venue d'ailleurs apporter de nouveaux faits qui donnent une éclatante confirmation à cette théorie.

Ainsi, nous avons déjà dit qu'en 1856 il n'y avait pas eu de crue dans la Loire supérieure, qu'à Roanne les eaux s'étaient tenues à plus de 2 mètres, et à Digoin même à $1^m,25$ au-dessus de celles de 1846 ; à Orléans, à Tours, elles les dépassent au contraire de $0^m,65$ et de $0^m,55$; le Cher, qui, en 1846, ne s'était élevé à Saint-Aignan qu'à $0^m,75$ au-dessus de l'étiage, s'est élevé à $4^m,20$ en 1856 ; la Vienne, qui, en 1843, avait avec le Cher causé une forte crue dans la partie inférieure de la Loire, s'est, pour ainsi dire, abstenue en 1846 et en 1856. Nous n'en finirions pas si nous voulions multiplier ces exemples, car il n'y a pas de cours d'eau qui n'en puisse fournir de semblables. On aura beau observer les faits, les consigner avec le plus grand soin, les comparer, les analyser, on n'arrivera jamais à d'autre conclusion que celle-ci : c'est qu'il y a dans le phénomène des crues un élément essentiellement éventuel, sur lequel il n'est permis d'établir aucun système rationnel. Si, par exemple, à l'aide de pluviomètres répandus en nombre suffisant sur la surface du bassin d'un fleuve, ou par tout autre moyen d'observation, on parvenait à déterminer la quantité d'eau tombée sur chaque point du bassin et qui a contribué à la crue, et qu'ensuite on appliquât sur la carte de ce bassin des teintes plus ou moins foncées, suivant les quantités d'eau ainsi déterminées, on obtiendrait pour chaque crue des images complétement différentes. Les clairs, les teintes foncées et les demi-teintes, inégales en surface et changeant de place dans chacune de ces figures, donneraient lieu à des combinaisons aussi nombreuses que celles des nuages dans le ciel, dont elles ne seraient au reste qu'une espèce de représentation. La variété possible de ces images ne donne même pas une idée exacte de celle qui peut exister dans les crues, car elles ne tiendraient pas compte d'un élément essentiel, le temps. On comprend, en effet, que la crue dépend non-seulement de la quantité d'eau totale tombée en chaque point, mais du temps pendant lequel elle est tombée et de l'heure à laquelle elle y est tombée. Ainsi, nous sommes en présence d'une infinité de combinaisons, dont chacune peut en engendrer une infinité d'infinités. Tout système préventif basé sur certaines combinaisons, sur un certain ordre déterminé dans la marche du phénomène des crues, ne saurait donc réussir.

Remarquons d'ailleurs que le succès des réservoirs exige non-seulement que la pluie veuille bien s'astreindre à un certain ordre dans sa chute, mais encore que sa durée ne dépasse pas le temps nécessaire pour emplir les réservoirs. Le grand réservoir de 100 millions de mètres cubes que la nature a créé en amont des gorges du Forez, s'étant, dans la crue de 1846, rempli en seize heures, cessait d'exister à la dix-septième. Or il arrive souvent que les grandes crues sont précédées par des alternatives de crues moyennes, qui rendraient les réservoirs à peu près inutiles, parce qu'elles en rempliraient la plus grande partie avant la pluie finale qui détermine le débordement. Ainsi tout le monde se rappelle que les grandes crues de la fin de mai 1856 avaient été précédées d'une série de crues plus ou moins considérables, qui eussent suffi pour paralyser l'action de tous les réservoirs, lorsque est survenue la crue de la fin du mois. Il faut donc, pour le succès du système des retenues, deux conditions essentielles, un certain ordre et une certaine durée dans les crues des affluents; changez l'ordre, augmentez la durée, et le système peut aggraver le mal au lieu de le diminuer.

Ainsi, 1° le système des réservoirs d'inondation n'a jamais été expérimenté, quoiqu'on ait cru le contraire; 2° son exécution présenterait d'immenses difficultés et entraînerait à d'énormes dépenses, sauf dans quelques localités exceptionnelles, trop rares pour qu'il y ait lieu d'en tenir compte dans la question générale des inondations; 3° ce système ne saurait d'ailleurs diminuer la hauteur des crues que dans l'hypothèse d'une pluie de courte durée et tombant dans un ordre déterminé; 4° il pourrait avoir des résultats funestes dans toute autre hypothèse aussi probable que celle qui aurait servi de base à son établissement.

123. Des levées parallèles aux cours d'eau. — Mais, dira-t-on, après les terribles leçons de 1846 et de 1856, on ne peut attendre les bras croisés le retour de pareils fléaux. Les levées ont été surmontées, emportées, les propriétés qu'elles protégeaient ont été ravagées; faut-il donc persister dans un système que l'expérience a condamné d'une manière aussi éclatante? Oui, il faut faire des levées, rien que des levées, et avec cette conviction que ces levées plus hautes, plus épaisses, mieux défendues que les dernières, pourront être encore emportées et que, malgré ces levées et quelquefois à cause de ces levées, on pourra voir se produire des désastres encore plus considérables que ceux dont nous avons été témoins.

Avant de proposer le remède, examinons d'abord un peu le mal, et voyons s'il est aussi considérable qu'on le représente. D'ailleurs, pour s'en préserver, il est essentiel de le bien connaître.

Le débit des cours d'eau est en général excessivement variable; très-faible dans certains moments, il se trouve alors contenu dans un lit permanent qui n'a d'autre usage que de lui fournir une voie d'écoulement, ou du moins ce lit est considéré comme perdu pour l'agriculture. Ce débit, par suite de pluies, de fontes de neiges, s'augmente successivement, de manière que l'eau s'élève plus ou moins au-dessus de son niveau le plus bas. Pour certaines vallées, cette variation de hauteur n'a pas de résultat funeste : le lit se trouvant profondément encaissé, il n'y a pas débordement; mais ce n'est pas le cas général. Sur la plupart des cours d'eau, lorsque les eaux atteignent une certaine hauteur, elles franchissent les bords, s'étalent dans les vallées sur une plus ou moins grande étendue, et elles y courent ou y restent stagnantes, suivant le relief du terrain. Ces surfaces, occupées temporairement par les eaux, sont utilisées par l'agriculture, ce sont en général même les plus fertiles. Elles présentent d'ailleurs entre elles, sous le rapport des inondations, des différences essentielles d'après leur niveau, relativement à celui des crues. Ainsi, il y en a qui sont visitées par les eaux plusieurs fois par an, d'autres tous les deux ou trois ans, d'autres plus rarement encore, d'autres tous les siècles, et cela d'une manière très-irrégulière, c'est-à-dire que les inondations ne sont pas périodiques dans leur marche, que tantôt elles se présentent dans une saison, tantôt dans une autre, que tantôt des séries d'années humides succèdent à des séries d'années de sécheresse et que tantôt elles alternent. Cette irrégularité dans leur retour est la seule cause du mal qu'elles produisent, ou du moins des plaintes qu'elles soulèvent.

Les crues annuelles, les crues ordinaires sont très-nuisibles à l'agriculture; les terrains sur lesquels elles se répandent voient leurs récoltes plus ou moins avariées; mais les propriétaires, ayant acheté ce terrain en conséquence de ce faible revenu, ne sont pas admis à se plaindre d'un malheur qui cesse d'en être un, parce qu'il est habituel. Les crues moyennes, un peu plus rares, atteignant des terrains ordinairement préservés, commencent à susciter des plaintes plus nombreuses; mais enfin comme ces crues sont assez fréquentes pour n'être pas oubliées, comme on en a tenu un certain compte dans la valeur de la propriété, on finit par se résigner aux dommages qu'elles occasionnent. Quant aux grandes crues extraordinaires, qui n'apparaissent qu'à de longs intervalles, elles excitent des plaintes d'une vivacité extrême. Les propriétaires, habitués à tirer depuis longtemps de magnifiques récoltes des terrains ravagés, ne sauraient se résigner à supporter une perte qui n'était jamais entrée dans leurs calculs. Comme nous l'avons déjà dit, ils s'en prennent alors à tout, au déboisement, au défrichement, aux ponts, aux canaux, aux chemins de fer construits dans les vallées. On veut absolument trouver une cause récente et accidentelle sur laquelle on puisse agir.

De sorte qu'en définitive les propriétaires qui se plaignent le plus sont ceux dont les terrains sont le plus rarement inondés. Cela est si vrai, que si, nous ne savons par quelle révolution du globe, la crue de 1856 était devenue permanente, si les eaux ne s'étaient pas retirées des terrains envahis et que leur niveau se fût maintenu à la plus grande hauteur où il est arrivé, certes les habitants actuels des vallées eussent fait des pertes bien plus considérables que celles qu'ils ont subies; mais au bout de quelque temps, l'équilibre s'étant rétabli entre la population et les moyens de production, on aurait tiré un parti quelconque de ces fleuves immenses, et l'on n'aurait pas plus pensé à se plaindre de leur largeur et de leur profondeur que ne le font les riverains de l'Ohio, du Mississipi ou de la rivière des Amazones. Ces grands fleuves recouvrent évidemment d'immenses étendues de terrain dont l'agriculture pourrait tirer parti si elles n'étaient qu'accidentellement couvertes par les eaux. Il y aurait donc un moyen sûr de ne jamais souffrir des inondations, ce serait de ne pas cultiver, de ne pas habiter les terrains sujets à ce fléau, de faire pour ceux que les eaux recouvrent accidentellement comme pour ceux qu'elles recouvrent habituellement. Le remède serait sans doute pire que le mal et nous sommes loin de le conseiller; nous voulons seulement faire voir qu'il ne s'agit pas d'un mal absolu, mais d'un mal relatif. Peut-on même l'appeler un mal? Sans doute, il vaudrait mieux que certains terrains fussent complétement à l'abri des inondations, mais c'est là un état de choses naturel qu'il faut savoir accepter comme on accepte toutes les imperfections naturelles. Voilà d'un côté 10 hectares de terre excellente qui, année moyenne, rapportent pour 10.000 francs de récolte; mais il arrive que par suite d'inondations on perd une récolte tous les dix ans : voici d'un autre côté 10 hectares situés sur un aride plateau qui donnent tous les ans une récolte de 1.000 francs; il est vrai que cette récolte n'a rien à craindre de la hauteur des eaux et que le propriétaire est aussi sûr d'avoir une récolte qu'il est sûr de l'avoir mauvaise. Eh bien! quel sort différent pour ces deux propriétaires dans l'opinion publique : le propriétaire accidentellement inondé a toutes les sympathies, on le plaint, on vient à son secours, parce qu'il ne perd que rarement; quant à celui qui perd toujours, non-seulement on ne le plaint pas, mais encore il faut qu'il vienne au secours de celui qui ne perd que rarement. Sans doute, si le propriétaire inondé consomme annuellement tous ses revenus, il se trouve fort malheureux quand ils viennent à lui manquer; mais c'est là un malheur qui résulte plutôt de son imprévoyance que des circonstances naturelles où il se trouve; car si, par suite d'une intelligente économie, il ne dépensait habituellement que les neuf ou les huit dixièmes de ses revenus, il se trouverait en mesure de faire face aux désastres causés par les inondations accidentelles, et celles-ci ne lui imposeraient aucune privation.

Quand on examine la question sous son véritable jour, il y a donc un remède qui se présente immédiatement à l'esprit. Ce remède consisterait à économiser chaque année, sur le revenu des terrains sujets aux inondations, la part du fléau; mais avant d'entrer dans l'examen de ce côté de la question, nous croyons devoir exposer les avantages et les inconvénients des travaux qui pourraient rendre cette part moins considérable.

L'idée de mettre les champs à l'abri des inondations au moyen de levées est tellement simple qu'elle a dû être mise en pratique en même temps que l'agriculture. Ce système préservatif s'est développé avec elle, et aujourd'hui il embrasse d'immenses étendues de terrain. Il serait très-intéressant, suivant nous, d'en constater la surface et de se rendre compte de l'importance des récoltes préservées chaque année par ces digues. Il est à remarquer en effet qu'on ne parle jamais des digues que quand elles rompent; quand des crues ordinaires surviennent et que, grâce à ces digues, les champs et les habitations se trouvent complétement préservés, comme c'est une chose ordinaire qui arrive tous les ans, personne ne s'en occupe, personne n'en parle et le public croit que les choses se seraient ainsi passées naturellement. Arrive une crue extraordinaire, la digue surmontée cède, le terrain est envahi, et le public de dire : « Décidément le système des digues est déplorable, il n'est bon à rien, il faut en chercher « cher un autre. » Quand je dis le public, je parle du public des villes et des pays qui ne connaissent les inondations que par les journaux; mais le public inondé, qui connaît le mal pour en avoir souffert, a sur ce sujet des idées toutes différentes. Il a vu, il est vrai, les digues rompre quelquefois, mais il les a vues résister très-souvent, de sorte qu'il sait bien les services qu'elles lui rendent. Au moment des terribles inondations de 1856, il y a eu, comme nous l'avons dit, dans la presse et l'opinion publique, une espèce de *tolle* général contre les digues, et cependant qu'a-t-on fait dès que les eaux se sont un peu retirées (*)?

(*) Cette espèce de réaction contre le système des levées longitudinales avait déjà eu lieu en 1846; si, à cette époque, notre camarade Collignon, trompé par des renseignements inexacts ou incomplets, s'était laissé séduire par le système des réservoirs supérieurs, il avait su, sous d'autres rapports, résister à l'entraînement général.

Voici comment il s'exprimait dans la séance de la chambre du 22 mai 1847 :

« ... L'utilité des digues élevées pour défendre contre l'invasion des eaux les propriétés « riveraines a été contestée; on a opposé aux désastres que la rupture de ces digues entraîne « l'action fécondante d'une submersion lente, arrivant sans courant sur les terrains qu'elles « sont destinées à protéger. C'était mettre les avantages d'un système en présence des incon- « vénients de l'autre. Si les débordements arrivaient toujours à propos, et précisément aux « époques où la submersion peut être sans danger pour les récoltes; si, d'ailleurs, ils cou- « vraient sans violence des terrains susceptibles de résister à leur action; si, enfin, ils n'en- « traînaient avec eux que des limons fécondants, il n'est pas douteux qu'on ne pût renoncer « sur beaucoup de points à la protection des digues. Mais quand le fond de la vallée est « affouillable, quand le fleuve l'attaque profondément, quand il est soumis à des divagations « qui le portent à changer complétement de lit, quand enfin il traîne avec lui dans ses crues « des masses de graviers stériles, sous lesquels il ensevelit souvent les récoltes, on ne peut

On a rétabli, consolidé les digues emportées, et les populations n'ont accordé de trêve à l'administration que lorsque ce travail a été complétement terminé. On a mis en avant beaucoup d'autres systèmes préservatifs, chaque journal a eu le sien, les inondés n'en ont repoussé aucun, à la condition qu'on rétablirait et qu'on maintiendrait leurs digues. Il faut remarquer en effet que tous les autres systèmes ne sauraient se passer d'être complétés par celui-là. Reboisez les montagnes, faites sur le flanc des coteaux les rigoles transversales conseillées par M. Polonceau, établissez sur un certain nombre d'affluents les grands réservoirs de M. Boulangé, vous aurez toujours des crues; les plus chauds partisans de ces divers systèmes n'ont en effet d'autre prétention que d'en diminuer la hauteur. Admettons pour un instant cette prétention comme fondée. Supposons qu'à l'aide d'un de ces systèmes on parvienne à diminuer la hauteur des crues d'une certaine quantité, d'un cinquième ou d'un sixième. Certes, ce serait là un beau résultat, plus beau peut-être que celui qu'espèrent leurs partisans, mais il ne permettrait de supprimer aucune des levées qui existent et ne dispenserait pas d'en créer de nouvelles. De ce qu'une crue de 6 mètres serait réduite à 5, il n'en faudrait pas moins protéger les terrains situés à 2, 3, 4 et 5 mètres. Il y a plus même, c'est qu'une fois ce résultat acquis, on en profiterait absolument comme s'il était naturel; les riverains des grands cours d'eau avanceraient leurs cultures et leurs habitations jusqu'à la nouvelle limite des grandes eaux, et lorsqu'elles se présenteraient, elles occasionneraient des désas-

« nier l'utilité et les immenses avantages de l'endiguement. La vallée de la Loire, notamment, « ne serait qu'une vaste plaine de sable sans les levées qui s'opposent au mouvement désor- « donné du fleuve, et qui protégent les magnifiques terrains conquis sur le champ que la « nature avait abandonné à ses attaques.

« La situation actuelle n'est, d'ailleurs, pas le résultat d'une théorie; c'est la puissance des « faits qui l'a créée; c'est la nécessité d'une protection qui a imposé aux populations le « sacrifice de l'endiguement; le bienfait est réel, et, sur presque tous les points où il n'existe « pas d'ouvrages de ce genre, les riverains les réclament avec instance. »

Peut-être y a-t-il quelque exagération dans le tableau que présente M. Collignon de l'état de la vallée de la Loire avant l'endiguement, car il y a des parties non encore endiguées qui ne sont rien moins que des plaines de sable. Le grand mal, selon nous, consistait dans le défaut d'*à-propos* des débordements, d'où résultaient des pertes de récoltes fréquentes; mais il est impossible de mieux justifier l'établissement et la conservation des levées longitudinales que ne le fait notre camarade. Quelle plus grande preuve de l'utilité des digues que leur existence même? Comment croire que les populations, qui avaient sous les yeux la comparaison des terres endiguées et de celles qui ne l'étaient pas, se soient livrées pendant des siècles à un travail dispendieux qui n'avait d'autre résultat que de rendre leur condition plus mauvaise?

tres beaucoup plus considérables que ceux qu'occasionnent aujourd'hui des eaux de même hauteur. Pour s'en convaincre, il suffit d'examiner les différences de hauteur des mêmes crues sur la plupart de nos cours d'eau depuis leur source jusqu'à leur embouchure. Cette hauteur dépend en effet du volume des eaux, de la pente et de la largeur du lit. Ainsi, nous faisions remarquer plus haut que sur un développement de 60 kilomètres, le long duquel la Loire ne reçoit aucun affluent important, elle avait pris les hauteurs suivantes dans la crue de 1843 :

A Saumur.	6m,70
Aux Rosiers (15 kilomètres à l'aval).	7m,37
A Saint-Mathurin (10 kilomètres à l'aval des Rosiers).	6m,20
Aux Ponts-de-Cé (17 kilomètres à l'aval de Saint-Mathurin).	5m,54

Ainsi, des Rosiers aux Ponts-de-Cé, voilà une différence de près de 2 mètres dans la hauteur de la crue. Cependant, sous le rapport des désastres, il n'y en a aucun. Ils ne sont pas, en effet, la conséquence de la hauteur *absolue* de la crue, mais de sa hauteur *relative* par rapport aux crues ordinaires. Ainsi, étant données les hauteurs d'une crue le long d'un cours d'eau, ce serait étrangement se tromper que de considérer le mal comme proportionnel à ces hauteurs, et de croire qu'il y a plus de désastres là où la crue a atteint 7 mètres que là où elle n'en a atteint que 6 ou 5; ce qui fait le mal, ce qui peut en donner la mesure, c'est la quantité dont la hauteur habituelle en chaque point a été dépassée. Donc si, par un système préventif quelconque, placé à la source des cours d'eau, on parvenait à diminuer la hauteur des crues, cela ne dispenserait pas les populations riveraines de protéger par des levées les terrains qu'elles voudraient mettre à l'abri des nouvelles grandes eaux, et l'on verrait de temps en temps se renouveler des désastres analogues à ceux dont nous avons été témoins. Il faudrait s'attendre à voir encore des digues rompues, des moissons emportées et des maisons écroulées. Ces divers systèmes, en leur supposant une efficacité à laquelle nous ne croyons pas, ne sauraient donc tout au plus que rendre la construction des digues plus facile et moins dispendieuse, en permettant de les faire moins élevées. Or, est-ce là un résultat qui autorise à se jeter dans les hasards d'une entreprise hérissée de difficultés de toute espèce et d'un succès douteux? Puisqu'il faut des digues, dans tous les cas, n'est-il pas plus simple et surtout plus sûr de les élever de la hauteur dont on espère faire baisser les crues? En effet, pour que système des réservoirs réussisse, il faut, comme nous l'avons déjà dit, que la crue non-seulement ne dépasse pas une certaine intensité, mais une certaine durée. Dès que les réservoirs sont pleins, ils cessent d'agir et peuvent même nuire, comme nous l'avons fait voir. Avec des levées, au contraire, il n'y a pas à se préoccuper de la durée : elles résistent à une crue de huit jours comme à une crue de vingt-quatre heures.

Un autre avantage des levées, c'est qu'elles constituent un remède local qui peut être appliqué là où il est utile et aux frais de ceux à qui il doit profiter. S'agit-il de préserver un terrain, un village, une ville, au moyen d'une levée, il ne saurait y avoir d'incertitude sur les moyens de pourvoir à la dépense. Le propriétaire ou les propriétaires qui doivent être préservés sont appelés naturellement à s'imposer dans la mesure des avantages qu'ils doivent retirer des travaux à exécuter, et ces travaux s'exécutent successivement, à mesure que les intérêts qu'ils sont appelés à protéger se développent et prennent plus d'importance. Il n'en est pas de même de ces systèmes généraux destinés à préserver plus ou moins tous les terrains que menacent les crues. Qui en payera les dépenses? A cette question, il y a malheureusement en France une réponse toujours prête, une réponse qui lève toutes les difficultés, et devant laquelle toutes objections se taisent. Dans tous les systèmes d'amélioration sociale, l'État, comme le *Deus ex machina* du théâtre antique, vient dénouer les difficultés financières des entreprises. L'État a-t-il donc, en dehors du budget auquel tout le monde contribue, une caisse s'alimentant par des ressources spéciales, étrangères aux revenus des contribuables? Évidemment non. Un centime de plus dans le revenu public, c'est un centime de moins dans le revenu particulier. Que l'État prenne à sa charge certaines dépenses qui, profitant à tous, ne sauraient être mises à la charge ni d'un individu ni d'une classe d'individus; rien de mieux. Mais est-ce ici le cas?

Les dépenses destinées à diminuer la hauteur des crues ne profiteront évidemment qu'à un petit nombre de propriétaires. Si, sur une carte de France d'échelle ordinaire, on indiquait par une teinte les surfaces de terrain qui recevront, par suite de ces travaux, une certaine plus-value, on aurait le long des cours d'eau çà et là quelques lignes à peine perceptibles, qui feraient voir qu'en définitive les terrains sujets aux inondations ne sont qu'une très-petite partie de la surface de la France. Maintenant, à quel titre cette très-petite partie de la France vient-elle demander le concours de la France entière pour améliorer sa position? S'agit-il de pays disgraciés de la nature, de malheureux habitants épars sur un territoire stérile et décimés par des fièvres périodiques? Y a-t-il en question de ces considérations d'humanité dont on n'use et abuse que trop souvent? pas le moins du monde. Les vallées de nos grands cours d'eau, nous l'avons déjà dit, renferment les terrains les plus fertiles, c'est une conséquence de leur constitution géologique; les chemins, les routes, les canaux, les chemins de fer s'y trouvent accumulés, c'est une conséquence de leur situation géographique; enfin la population y est plus dense et plus riche que partout ailleurs. Sans doute, si belle que soit cette position, elle peut encore être améliorée indéfiniment; mais ce qui nous paraît très-contestable, c'est qu'elle doive l'être aux dépens du reste de la France.

Les nombreuses levées qui existent le long des cours d'eau se sont faites aux frais des propriétaires intéressés; certes, l'État y a contribué souvent, parce qu'en même temps qu'elles défendaient les propriétés privées, elles étaient utiles aux voies de communication, soit par terre, soit par eau, et il ne faut pas se le dissimuler, parce que souvent aussi il n'a pas su résister aux obsessions d'intérêts particuliers puissants. Quoi qu'il en soit, on comprend parfaitement que, dans le système des levées, le concours de l'État, loin d'être une nécessité, est plutôt un inconvénient, parce qu'il peut provoquer des travaux qui ne seraient pas en rapport avec leur utilité. Mais qui payera les dépenses des travaux de réservoirs qui n'ont pas pour but de préserver telle ou telle localité, et dont l'influence doit se faire sentir sur une vaste étendue de territoire où leurs résultats seront aussi différents que les intérêts qu'ils sont destinés à protéger? Évidemment, on ne trouverait pas une souscription volontaire dans toute l'étendue du bassin qu'il s'agira de préserver, et alors on aura recours à cette grande fiction à travers laquelle, comme l'a dit un économiste, tout le monde s'efforce de vivre aux dépens de tout le monde. Or, n'est-ce pas là un inconvénient bien grave, en présence de la situation du budget, et par conséquent n'est-ce pas un bien grand avantage pour le système des levées de pouvoir se passer du concours de l'État?

Mais, dit-on, les levées se rompent et alors les terrains violemment envahis éprouvent les désastres encore plus considérables que si l'on avait laissé les eaux s'y répandre librement. Quelques personnes même prétendent que les inondations, laissant après elles un limon qui féconde le sol, font en définitive plus de bien que de mal (*). Elles citent des cours d'eau le long desquels les terrains sujets aux inondations ont plus de valeur que ceux que les eaux ne recouvrent jamais. Il y a quelque chose de vrai dans cette assertion. Pour certaines cultures, dans certaines saisons de l'année, l'inondation est un avantage loin d'être un inconvénient; lors donc que les terrains se trouvent dans ces

(*) Voir la note de la page 204, sur l'utilité des levées.

circonstances exceptionnelles, il n'y a qu'à les laisser dans l'état où ils sont. Et c'est là encore un avantage du système d'endiguement, c'est qu'il se prête avec une merveilleuse facilité aux besoins locaux. On peut, le long d'un cours d'eau, endiguer ou ne pas endiguer telle ou telle partie de terrain, suivant qu'il y a avantage ou inconvénient à le faire ou à ne pas le faire, sans que le système en souffre, c'est-à-dire que les terrains non endigués profiteront des avantages des inondations. Que si, au contraire, agissant à la source, vous parveniez à supprimer l'inondation, vous priveriez de ses avantages tous les terrains qui en jouissent aujourd'hui. Cette objection, du reste, n'a peut-être pas la valeur qu'on lui attribue généralement; car s'il est vrai que l'inondation apporte quelquefois de l'engrais utile, il est vrai aussi qu'elle apporte souvent des matières inertes ou nuisibles, et enfin il ne suffit pas de mettre de l'engrais sur le sol, il faut l'y mettre encore dans la saison convenable. Quand les eaux limoneuses se répandent peu de temps avant la récolte, le limon, au lieu de se déposer sur le sol, s'attache aux herbes et aux pailles et les rend impropres à la consommation; enfin, si elles séjournent un peu longtemps, les récoltes elles-mêmes sont perdues. Il ne faut pas oublier que la dernière inondation a eu lieu à la fin de mai et au commencement de juin, et qu'à cette époque, elle ne pouvait offrir à l'agriculture aucune espèce de compensation. D'ailleurs, nous devons faire observer que toutes les fois que l'endiguement pourrait être nuisible, en privant les terrains d'une irrigation féconde, on peut, au moyen de vannes convenablement disposées, répandre les eaux dans les enceintes endiguées, absolument comme si elles ne l'étaient pas. L'endiguement permet donc de profiter des avantages de l'inondation, et de ne pas souffrir de ses inconvénients. Nous ne nous arrêterons donc pas davantage à cette objection, qui atteint beaucoup moins le système d'endiguement que tout autre système, et nous passerons tout de suite à l'objection plus grave de la rupture des digues dans les grandes inondations.

Les nombreuses ruptures qui ont eu lieu en 1856 ont, comme nous l'avons dit, beaucoup discrédité les systèmes d'endiguement. Cela tient à ce que, dans le public, on se fait une très-fausse idée des services qu'on leur demande. On se figure que quand un terrain est endigué, il ne doit plus avoir rien à craindre des inondations, et que toute rupture est la conséquence d'une faute ou d'un vice du système. Or c'est là une erreur.

Il y a deux espèces de digues le long des cours d'eau : les digues submersibles et les digues dites insubmersibles. Les digues submersibles sont celles que recouvrent les crues ordinaires : elles ont pour but, soit de diriger le courant dans l'intérêt de la navigation, soit de protéger les terrains contre les petites crues, qui sont de beaucoup les plus fréquentes. Mais il est admis que dans les grandes crues, elles doivent disparaître sous les eaux, et que, dans ces moments, on renonce à leurs services. Il y en a, du reste, de toute espèce de hauteur par rapport aux grandes eaux; une des considérations qui limite cette hauteur est presque toujours la dépense. On s'arrête lorsque son chiffre ne paraît plus en rapport avec les avantages à obtenir d'une plus grande hauteur, et on se résigne à toutes les conséquences d'un accident qui paraît trop peu probable pour qu'il soit sage de faire de plus grands sacrifices pour le prévenir. Eh bien, les digues dites insubmersibles ne sont que des digues plus rarement submersibles que les autres. Rien, en effet, ne limite la hauteur des grandes eaux; il n'y a pas, pour ainsi dire, de niveau qu'elles ne puissent atteindre. C'est ce que nous avons expliqué plus haut. Lors donc qu'on dit qu'une digue est insubmersible, cela ne veut pas dire qu'elle ne peut pas être surmontée par les eaux, mais qu'elle ne l'aurait pas été par telle ou telle grande crue connue. Or, quand la hauteur de cette crue se trouve dépassée, la digue formant déversoir, et n'étant pas construite pour cet usage, est presque toujours emportée. Il ne faut pas s'en prendre alors au système, car c'est un événement prévu, calculé, et contre lequel on n'a pas jugé utile de se mettre en garde. Ce serait une grande erreur de croire que dans ces circonstances la sagesse humaine consiste à ne faire d'entreprise ou de travaux que ceux dont le résultat est certain; s'il en était ainsi, l'homme n'aurait jamais mis et ne mettrait jamais le pied ni sur un vaisseau, ni sur un waggon; c'est à peine s'il devrait ensemencer, car, sans compter les inondations, il y a la gelée, la sécheresse, la grêle, qui viennent, de temps en temps, ruiner et détruire ses espérances. Il ne faudrait pas bâtir, à cause des tremblements de terre et des incendies.

Quand l'homme a à lutter contre des fléaux qui ne sont régis par aucune loi fixe et régulière qui lui permette d'en prévoir la marche, il doit se borner à mettre de son côté un certain nombre de chances en rapport avec les dépenses nécessaires pour se les rendre favorables, et avec l'importance des intérêts que ces travaux doivent protéger.

Une digue emportée, c'est une maison qui brûle, c'est un vaisseau qui échoue: le propriétaire et l'armateur ont prévu l'événement, la maison se reconstruit, un autre vaisseau est lancé, et quoique la nouvelle maison puisse brûler le lendemain et le nouveau vaisseau échouer à son premier voyage, et que le propriétaire et l'armateur n'aient à cet égard pas plus de garantie qu'ils n'en avaient la première fois, personne ne s'avise de les taxer d'imprudence ou d'imprévoyance. Pour ces sinistres, dira-t-on, il y a un système d'assurances qui justifie la hardiesse de l'entreprise, et il n'y en a pas pour les inondations. Sans doute; mais les assurances sont une invention moderne, et le commerce maritime avait pris un grand développement, avant qu'on lui eût appliqué ce système financier. Pouvait-on considérer comme insensés tous les architectes et tous les commerçants de l'antiquité?

Pour qu'une entreprise, pour qu'un travail public ou particulier se justifie aux yeux de la raison, il n'est pas nécessaire qu'il soit d'une durée indéfinie et à l'abri de toutes les chances d'accident; il suffit qu'il procure assez d'avantages ou de profits pour compenser les réparations, les renouvellements ou les reconstructions que nécessitent ces avaries. Eh bien! il en est ainsi de la plupart des digues; leurs inconvénients, si grands qu'ils soient, ne sauraient être mis en balance avec leurs avantages.

A Dieu ne plaise que notre conclusion soit qu'il faut dès à présent entreprendre l'endiguement complet et radical de toutes les vallées sujettes aux inondations; ce travail, comme le défrichement des forêts, comme le dessèchement des marais, des étangs et des lacs, se fera certainement, mais il doit suivre les progrès de la population, et il serait aussi dangereux de s'y opposer qu'inutile de le provoquer; dangereux de s'y opposer, parce que la faim d'une population croissante a des arguments auxquels rien ne résiste; inutile de le provoquer, parce que l'intérêt particulier suffit pour le développer dans la mesure de ce qui est utile. Il y a tel terrain qui, aujourd'hui, ne doit pas être endigué, parce que l'amélioration qui en résulterait dans ses produits, ne justifierait pas la dépense de ce travail, et qui, dans vingt ans, trente ans peut-être, devra être endigué, parce que sa valeur, son importance auront complétement changé. C'est une question de temps et d'opportunité sur laquelle l'intérêt particulier doit seul se prononcer. Dans une pareille question, l'État ne doit avoir qu'un rôle de contrôle et de surveillance, pour mettre les travaux à faire en rapport avec les travaux exécutés et à entreprendre ultérieurement, en laissant la plus grande latitude à l'initiative des communes, des propriétaires, ou des associations de propriétaires intéressés.

124. Des assurances appliquées aux sinistres produits par les inondations. — Mais il y a une mesure économique qui nous paraît devoir produire les meilleurs résultats et dont nous ne comprenons pas que quelque grande compagnie financière n'ait pas encore pris l'initiative, c'est celle que les hommes opposent à tous les sinistres accidentels dont ils ne peuvent mattriser les causes, *l'assurance*. C'est ainsi qu'on est parvenu, au moyen de l'épargne et de l'association, non pas à faire disparaître le mal, mais à l'amoindrir en le répartissant. Sans doute l'établissement du chiffre de la prime présente quelques difficultés au premier abord ; car, comme nous l'avons dit, les terrains se trouvent, par rapport aux inondations, dans des conditions bien diverses, suivant les cours d'eau le long desquels ils sont placés, suivant leur niveau relativement aux crues, et suivant leur culture et les travaux exécutés pour les protéger. Mais ces difficultés ne sont pas plus grandes que celles des assurances maritimes, où il faut tenir compte de l'état du vaisseau, de sa destination, de son chargement, de l'habileté du capitaine ; or, on sait qu'on a triomphé de ces difficultés. A plus forte raison triompherait-on de celles que présentent l'évaluation des chances d'inondation, car les éléments du calcul sont beaucoup moins variables et plus faciles à rectifier par l'expérience. La plus grande difficulté du système, celle sans doute qui a éloigné les compagnies financières de ce genre d'assurances, c'est le peu de régularité du fléau dans ses ravages annuels. Quand les sinistres, comme les incendies par exemple, ne tiennent pas à des causes générales, en vertu de la loi des grands nombres, ils se répartissent d'une manière presque régulière sur les années, et il est facile d'établir la balance entre les primes à payer et la valeur annuelle du sinistre ; mais les sinistres des inondations n'ont pas cette régularité dans leur marche : ils apparaissent à des intervalles souvent très-éloignés, puis tout à coup se rapprochent, s'accumulent et viennent fondre à la fois sur toutes les vallées d'un pays. L'année 1856 est un triste exemple de la possibilité de cette coïncidence, qui amènerait infailliblement la ruine de toute compagnie d'assurances, à laquelle une trop courte existence n'aurait pas permis de constituer un fonds de réserve suffisant. Mais il nous semble que cette difficulté n'est pas insurmontable, et qu'au moyen de combinaisons financières prudentes, les compagnies pourraient se mettre à l'abri des chances d'une pareille éventualité. Ce n'est en effet qu'une difficulté de début, qui ira en s'amoindrissant à mesure de l'augmentation du fonds de réserve : il ne s'agit que de mesures transitoires à prendre jusqu'à ce que les primes annuelles, en s'accumulant, permettent aux sociétés d'étendre les cas d'assurances à tous les risques. Nous ne saurions entrer dans plus de détails à ce sujet, parce que nous croyons que ce n'est que par la pratique qu'on peut réellement résoudre toutes les difficultés d'un pareil système. Les assurances contre l'incendie, contre la grêle, contre les risques de la navigation fluviale ou maritime ne sont devenues ce qu'elles sont aujourd'hui qu'à la suite d'une longue expérience et après de nombreux tâtonnements.

125. Résumé et conclusions. — En résumé, voici quelles sont les conséquences de l'examen auquel nous venons de nous livrer :

1° Tout ce qui a été avancé au sujet des digues de Pinay et de la Roche, n'est que le résultat d'une erreur ou plutôt d'une série d'erreurs; ces ouvrages artificiels n'ont jamais eu et ne sauraient avoir aucune espèce d'influence sur le régime des grandes eaux de la Loire;

2° Le système des retenues supérieures présente d'immenses difficultés, et entraînerait à d'énormes dépenses;

3° Il serait inefficace dans les crues de longue durée; il pourrait même en augmenter la hauteur, si certaines combinaisons de crues des affluents venaient à se produire;

4° Les digues longitudinales, malgré leurs ruptures accidentelles, présentent contre les crues le meilleur préservatif qu'on ait trouvé jusqu'à présent; les autres systèmes ont besoin d'être complétés par celui-là, car ils ne supprimeraient pas les crues, et ne pourraient tout au plus qu'en diminuer la hauteur;

5° Rien ne limitant cette hauteur, on doit considérer les ruptures de digues comme un inconvénient prévu du système, auquel il ne faut demander que la garantie qu'il peut donner;

6° La construction des digues, comme toutes les conquêtes de l'agriculture, est un travail qui se fera certainement, mais qui ne doit se faire qu'avec le temps, et que l'État peut se contenter de surveiller et de contrôler, et auquel il ne doit qu'exceptionnellement contribuer;

7° C'est par l'épargne, par la prévoyance individuelle ou collective, par des systèmes d'assurances bien combinées, que les propriétaires des terrains sujets aux inondations trouveront contre les désastres dont ils se plaignent le complément de garantie que les digues longitudinales ne peuvent leur donner que dans une certaine mesure.

Ces conclusions semblent avoir reçu la sanction de l'administration; le système des réservoirs, après s'être annoncé avec un certain bruit, paraît abandonné, nous dirions qu'il est mort s'il avait vécu. Après avoir beaucoup parlé contre les digues, on a fini par consacrer tous les fonds relatifs aux inondations à en construire de nouvelles pour préserver les centres de population. C'est en effet ce qu'il y avait de mieux à faire.

CHAPITRE VII.

DES RIVIÈRES A FOND MOBILE. — DE LA MARCHE DES ALLUVIONS.

126. Des rivières à fond mobile. Difficulté de la question. — Dans toutes les questions que nous avons examinées jusqu'à présent, nous avons toujours supposé que le lit du cours d'eau était stable, ce qui permet de se rendre compte d'une manière plus ou moins exacte de la hauteur de l'eau dans toute l'étendue du canal, soit que la section ait été modifiée par des travaux artificiels, soit qu'elle ait été conservée dans son état naturel; mais il arrive souvent que la section du canal varie indéfiniment sous l'influence de la vitesse de l'eau. Sur un point, les rives ou le fond attaqué par un courant plus rapide, cède à cette action et donne une section plus large ou plus profonde que celle qu'on avait établie; sur un autre point, des dépôts nombreux viennent au contraire rétrécir la section. Après les crues, on trouve souvent de nombreux hauts fonds emportés et de nombreux atterrissements formés, de manière que là où le sable s'élevant à 1 mètre ou $1^{m},50$ au-dessus de l'étiage, formait une espèce d'île au milieu du courant; on trouve après la crue une profondeur de 3 à 4 mètres, et réciproquement. Les grandes eaux ont-elles coulé dans la section qu'on avait avant la crue ou dans celle qu'on trouve après? Faut-il croire avec beaucoup d'ingénieurs, que pendant les crues tous les hauts fonds sont emportés et que le fond du lit se trouve alors parfaitement aplani? (M. Minard, p. 20.)

On voit que les rivières à fond mobile présentent des difficultés spéciales qui viennent s'ajouter à toutes celles dont nous avons parlé. Ce ne sont plus les eaux seulement qui se meuvent, c'est le lit dans lequel elles coulent; il y a là un double mouvement à prévoir et à calculer. Ajoutons que celui du lit est d'une nature beaucoup plus compliquée : l'eau est un corps parfaitement homogène dans toute son étendue, les propriétés qui conviennent à sa surface, conviennent à toutes les profondeurs; le lit et les rives sont composés de parties plus ou moins grosses, plus ou moins mobiles, plus ou moins agglutinées. Or nous avons vu combien l'analyse se trouvait impuissante pour apprécier toutes les circonstances du mouvement de l'eau, combien il fallait sacrifier l'exactitude pour qu'elle pût employer les données de l'expérience, et les transformer en résultats applicables à la pratique. On ne doit donc pas s'attendre à être plus heureux avec un système de corps, dont la nature et les liaisons sont beaucoup plus compliquées. Aussi, ne possède-t-on à cet égard que quelques données incertaines et quelques principes douteux, dont nous allons faire un court examen, en essayant d'y ajouter quelques notions nouvelles.

127. De la puissance d'entraînement et de la puissance de suspension des cours d'eau. — L'eau en coulant sur son lit le tire vers l'aval avec une force précisément égale à la résistance qu'elle éprouve; si le fond est composé de particules peu adhérentes entre elles, elles sont entraînées par cette force. C'est là un phénomène qui se conçoit parfaitement et qui est d'ailleurs parfaitement visible : « Si l'on observe attentivement le fond dans « plusieurs rivières peu profondes, quand l'eau est claire, on aperçoit le sable « marcher dans le sens du courant : ce mouvement se voit facilement dans la « Loire. » (M. Minard, *Navigation des rivières*, p. 15.) Non-seulement le sable et le gravier, mais des pierres de forte dimension sont ainsi entraînées, lorsque la vitesse est considérable; il n'y a guère d'ingénieur qui n'ait été à même de constater ce fait par le déplacement des enrochements jetés dans des courants rapides; enfin les nombreux affouillements qui se produisent presque toujours autour des fondations des ouvrages hydrauliques, ne peuvent laisser aucune espèce de doute sur cette puissance d'entraînement que possède l'eau animée d'une certaine vitesse. Mais on ignore quelles sont les limites de cette puissance; ainsi il est bien constant qu'une couche de sable est entraînée par le courant de la Loire, mais on ne sait pas quelle est l'épaisseur de cette couche, quelle est sa vitesse par rapport à celle de l'eau. S'il fallait s'en rapporter à quelques expériences de Dubuat, desquelles il résulterait qu'avec une vitesse de $0^m,30$ le sable ne parcourt que 2 kilomètres pas an, et qu'avec une vitesse de $0^m,60$ il n'en parcourt encore que 13, nous dirions que cette puissance d'entraînement, qui peut à la longue produire par son action constante des effets très-appréciables sur un point déterminé du lit, ne pourrait en produire que de très-faibles sur l'ensemble, puisqu'il ne s'agirait que d'une couche de sable très-mince et ayant une vitesse presque insensible. Quoi qu'il en soit, il y a une autre action de l'eau beaucoup plus puissante dans les terrains mobiles, et sur laquelle on n'a pas suffisamment insisté, selon nous. Cette action, que nous appellerons puissance de suspension, se révèle dans une foule de phénomènes qui ne peuvent laisser aucun doute, ni sur son existence, ni sur son énergie.

« Les graviers sont transportés, non-seulement sur le fond du lit, dit M. Mi-« nard, p. 17, mais encore enlevés et jetés sur les rives : les digues de la Ga-« ronne sont quelquefois rompues par les crues, et après la retraite des eaux, « on trouve des volumes de 6 à 8000 mètres de gravier sur les terres cultivées. « J'ai vu des masses de sable aussi considérables qui, après avoir passé par les « brèches que la Loire avait ouvertes à travers ses digues, recouvraient les « terrains fertiles de l'île de Chalonnes, elles avaient 2 ou 3 mètres de hauteur « au-dessus de l'étiage. »

Nous pourrions, s'il en était besoin, confirmer, en ce qui concerne la Loire, les faits cités par M. Minard, par de nombreux faits semblables, mais ils nous paraissent trop connus pour qu'ils puissent être contestés.

Puisque les eaux déposent sur les rives, à 2 ou 3 mètres au-dessus de l'étiage, des masses énormes de gravier, de sable, c'est qu'évidemment ces graviers, ces sables étaient en suspension dans l'eau : le gravier ou le sable traîné sur le fond ne pourrait franchir les brèches, et venir se placer en masse de plusieurs mètres d'épaisseur sur un terrain plus élevé que le fond. Il n'y a d'autre explication possible du phénomène, que la suspension des matières solides dans l'eau courante. On peut d'ailleurs facilement s'assurer de cette propriété des liquides et des fluides, par des expériences excessivement simples ; nous disons des fluides, car les gaz jouissent de la même propriété : on voit le vent soulever des tourbillons de poussière, et dans les pays sablonneux emporter le sable lui-même à de grandes hauteurs, en produisant des effets complétement analogues à ceux que nous venons de citer.

128. Preuves de la puissance de suspension de l'eau agitée. — Si au fond d'un vase rempli d'eau on place un mélange de corps solides, tels que du gravier, du sable, de la terre, et qu'on imprime à l'eau un mouvement circulaire rapide, et puis qu'on la laisse revenir à l'état de repos, on pourra observer une série de faits qui nous paraissent jeter un grand jour sur la question qui nous occupe.

D'abord on reconnaîtra immédiatement que de l'eau ainsi agitée a la propriété de tenir en suspension des matières solides qui, à l'état de repos, se précipitent; ensuite qu'il y a un certain rapport entre la vitesse de l'eau et la quantité de matières suspendues, car le dépôt de matières solides qui reste immobile au fond, diminue à mesure que la vitesse de l'eau augmente. On reconnaîtra de plus que les matières solides tendent à se séparer suivant une loi qu'il sera facile de reconnaître, c'est-à-dire que les diverses particules se maintiendront d'autant plus élevées qu'elles seront plus ténues; de plus, ces particules sont plus nombreuses dans les couches inférieures que dans les supérieures. A mesure que le mouvement se ralentit, les particules solides descendent successivement de couche en couche, et finissent par se précipiter complétement quand le repos est rétabli.

129. Causes et démonstration de cette puissance. — Tous ces phénomènes démontrent que, si la résultante des pressions d'un fluide en repos sur un solide qui y est plongé est égale au poids du fluide déplacé, celle d'un fluide agité ou d'une eau courante, est beaucoup plus considérable. Or il n'est pas impossible de se rendre compte d'une manière satisfaisante de cette espèce d'anomalie. Remarquons d'abord que la cause du phénomène n'est pas la vitesse de l'eau, quoique cette circonstance l'accompagne presque toujours. L'état de repos n'est, en effet, qu'une abstraction mathématique qu'on peut concevoir, mais non réaliser, puisque tous les corps prennent part au double mouvement de la terre : l'eau stagnante des étangs, qui n'est stagnante que pour l'observateur placé sur la terre, peut avoir une vitesse absolue, plus considérable que celle des torrents les plus rapides. Ce n'est donc pas de la vitesse absolue des fluides, mais de la vitesse relative de leurs molécules, que résulte cette puissance de suspension. Si tous les filets avaient une vitesse égale, ils se comporteraient, par rapport à un solide, comme s'ils étaient en repos. On remarquera d'ailleurs que, dans l'expérience précédente, les filets de surface qui ont le plus de vitesse absolue ne sont pas ceux qui tiennent le plus de solides en suspension, que ce sont les filets des couches inférieures, qui, quoique ayant moins de vitesse absolue, ont plus de vitesse relative. On verra tout à l'heure qu'il en est de même dans les grands cours d'eau.

Considérons maintenant un corps flottant sur la surface d'un cours d'eau dont la vitesse des filets va croissant du bord vers le centre, et supposons-le placé d'abord près de la rive. Il est clair qu'en vertu de la compensante Pi suivant l'inclinaison du courant, ce solide tend à prendre une vitesse accélérée, mais qui devient uniforme par suite de la résistance que lui oppose le liquide. Cette vitesse sera plus grande que la vitesse moyenne des filets qui entourent le flotteur, car il faudra que le flotteur trouve en avant une résistance capable de faire équilibre à la pression des filets qui vont plus vite que lui et à la quantité P*i*. La plus grande partie du liquide, en avant du corps solide, est donc obligée de passer derrière (*fig.* 45), une très-petite partie seulement de celui qui est derrière, passe en avant; de sorte que si l'on considère les vitesses relatives des filets qui environnent le corps, par rapport à la vitesse du corps solide, on verra que du côté de la rive doit se former un courant rétrograde beaucoup plus volumineux que le courant direct du côté du large : de là sur le corps une pression latérale qui le pousse vers les filets plus rapides, dans lesquels il doit trouver moins de résistance. Le principe de la moindre action nous conduirait, du reste, à la même conclusion : puisque le fluide oppose au mouvement du corps solide une résistance variable suivant la direction, cette direction sera nécessairement celle qui offrira le moins de résistance; or il est facile de voir qu'en suivant une ligne A*b'* inclinée vers l'axe, le solide trouvera moins de résistance que dans la direction A*b*, parallèle à l'axe, car la vitesse du filet qui passe en *b'* étant plus grande que celle du filet A*b*, la différence de vitesse du solide et du liquide sera moins considérable dans la première direction que dans la seconde (*).

La différence de vitesse des filets, en faisant passer des courants inégaux à droite et à gauche du corps, engendre donc une force qui le pousse du côté des filets les plus rapides. C'est ce que confirme du reste l'expérience de tous les jours : on voit, en effet, les corps flottants qui se détachent des rives, venir se placer dans l'axe du courant. Or, si nous imaginons maintenant un corps solide

(*) Soient U la vitesse du solide dans le sens transversal, V dans le sens longitudinal, w la vitesse du filet A*b*, w' celle du filet A'*b'*, on pourrait, comme approximation, considérer la résultante des deux résistances qu'éprouve le corps comme proportionnelle à une puissance de sa vitesse relative par rapport au liquide, qu'on peut exprimer par :

$$\sqrt{U^2 + V^2} - \frac{(w + w')}{2}.$$

Mais $w' = w + tU$, en appelant t l'inclinaison de la tangente de la courbe des vitesses des filets de la surface au point considéré, quantité proportionnelle à leur vitesse relative. Mettant cette valeur dans l'expression précédente et différentiant pour trouver la valeur de U qui donne un minimum, on trouve :

$$U = \frac{t}{2}\sqrt{U^2 + V^2},$$

d'où l'on peut conclure que la vitesse du solide dans le sens transversal croît proportionnellement à cette quantité, ou à la vitesse relative des filets. Elle est donc plus forte près du bord que près du centre.

plongé dans un courant, nous reconnaîtrons que la vitesse relative des filets dans le sens vertical engendrera de même une pression qui le portera du côté des filets les plus rapides, c'est-à-dire qui agira de bas en haut. Cette pression pourra être plus faible que le poids du corps, qui alors descendra jusqu'à ce qu'il rencontre une couche où la pression fasse équilibre à la pesanteur; ce qui arrivera nécessairement si le courant est assez profond, car à mesure qu'il descend, la vitesse relative des filets augmente et avec elle la pression de bas en haut. Si la pression est, au contraire, plus forte que le poids du corps, elle le soulèvera dans des couches qui, quoique ayant des vitesses absolues plus considérables, ont des vitesses relatives de plus en plus faibles, de sorte que le corps solide s'arrêtera nécessairement à une certaine hauteur.

130. Effets de cette puissance par rapport à des solides de densité et de volume différents. — Si l'on imagine donc un courant d'une profondeur indéfinie, et des solides d'une densité déterminée et de volume croissant par degrés insensibles, on voit que ces solides se distribueront dans les couches de haut en bas, suivant l'ordre de leur volume; les couches supérieures du liquide ne porteront que les matières les plus ténues, parce que les filets y ont des vitesses sensiblement égales, et les couches inférieures des solides de volumes de plus en plus considérables. On remarquera que le volume d'un corps en lui faisant embrasser des couches plus nombreuses et par conséquent de vitesses plus différentes, est une cause de suspension; ainsi, à l'égalité de poids, de deux solides celui qui aurait les plus fortes dimensions se tiendrait plus élevé, mais pour des solides semblables et de même densité, le poids croissant comme le cube des dimensions, les plus volumineux descendraient dans des couches beaucoup plus basses.

Jusqu'à présent nous n'avons considéré que l'équilibre d'un corps solide isolé dans une eau courante; nous croyons avoir fait comprendre comment dans cette position ce corps solide, plus dense que l'eau, pouvait s'y tenir suspendu par l'effet du courant inférieur qui le presse de bas en haut. Mais si l'on imagine en avant ou en arrière, et à une petite distance de ce corps solide un autre corps semblable, on comprendra facilement que l'énergie du courant inférieur pourra en être diminuée, de sorte que ces deux corps seront obligés de descendre dans des couches à vitesse relative plus grande, où s'établira sous eux un courant aussi énergique que celui qui existait précédemment dans la couche supérieure pour chaque corps isolé. De là ce nouveau principe : qu'un corps solide, eu égard à sa distance à d'autres corps solides voisins, peut se trouver en équilibre dans une couche inférieure à celle où il se tiendrait, s'il y était isolé. Mais c'est là une position d'équilibre instable, le corps montera ou descendra, si les corps voisins s'éloignent ou s'approchent. Si donc maintenant, dans le courant de profondeur indéfinie que nous imaginions tout à l'heure, nous supposons immergés des corps solides tous égaux en poids et en volume, il arrivera que les couches en tiendront d'autant plus en suspension qu'elles seront plus profondes; ainsi, d'abord une certaine épaisseur de liquide à partir de la surface pourra ne contenir aucun corps solide, puis viendra une couche qui en contiendra à une distance telle qu'ils n'aient aucune action les uns sur les autres, puis une couche où ces corps plus rapprochés atténuent la sous-pression de manière qu'elle ne dépasse pas leur poids, et ainsi de suite....

De l'ensemble des faits et des considérations que nous venons d'exposer, résultent les principes suivants :

L'eau courante peut tenir en suspension des solides beaucoup plus denses qu'elle.

La puissance de suspension dépend de la vitesse relative des filets, et est d'autant plus considérable que cette vitesse relative est plus grande. En général elle est en rapport avec la quantité $\frac{dv}{dz}$, *de sorte que les couches inférieures d'un courant peuvent porter des solides plus volumineux ou plus nombreux.*

La puissance de suspension d'une couche est limitée, c'est-à-dire qu'un mètre carré ne peut contenir qu'un certain nombre de solides d'un volume déterminé. Ainsi il y a pour chaque couche un degré de saturation différent.

131. Effets de cette puissance sur les cours d'eau à fond et à rives mobiles : 1° sur les petits. — A l'aide de ces principes, on peut se rendre compte de la manière dont se comportent les cours d'eau naturels, relativement aux alluvions qu'ils déposent ou qu'ils entraînent.

Un cours d'eau de faible dimension, à moins que sa pente ne soit très-considérable, ne peut tenir en suspension que des matières très-ténues; car, comme nous l'avons vu (n° 29) on a dans un rectangle :

$$\left(\frac{dv}{dz}\right)^n = -\frac{1}{\varepsilon}\frac{L}{L+H}iz.$$

Or, la profondeur H n'étant pas très-considérable, la vitesse relative *dv* ne pourra atteindre l'intensité nécessaire pour que des corps solides restent en suspension. Supposons, par exemple, un ruisseau dont la demi-largeur

$L = H = 1^m$: si nous le comparons à un fleuve de 5 mètres de crue, nous conclurons de l'équation précédente que le ruisseau ne pourra tenir en suspension que les troubles qui se trouvent dans le fleuve à $0^m,50$ de la surface, si la pente du ruisseau est la même que celle du fleuve; que pour porter les graviers qui se trouvent dans les couches du fond du fleuve, il faudrait que la pente du ruisseau fût dix fois plus considérable. Nous disons porter et non pas rouler, car ce sont deux actions tout à fait différentes ; la première dépend de la vitesse relative des couches, la seconde de la vitesse absolue. Or la vitesse absolue dans le ruisseau et dans le fleuve peuvent ne pas beaucoup différer. Sous ce rapport, le fleuve et le ruisseau se comportent donc à peu près de la même manière.

A mesure que la profondeur, la largeur, la pente du ruisseau augmentent, sa puissance de suspension augmente aussi ; il était limpide dans son canal étroit et sinueux, ses eaux deviennent troubles, lorsque débordé il coule dans un canal plus large, plus droit et plus profond. Enfin lorsque la pente, la hauteur, la largeur atteignent certaines limites nous aurons les phénomènes que nous avons signalés plus haut : dans les couches les plus basses des cailloux, au-dessus des graviers, au-dessus du sable, enfin vers la surface une vase très-ténue ; de là des dépôts de nature tout à fait différente, suivant que les terrains inondés reçoivent à leur surface des couches plus ou moins profondes. Ces terrains sont-ils élevés de manière à n'être accessibles que pour les couches supérieures du fleuve? Ils ne se couvriront que d'un léger limon qui augmentera la fertilité du sol. Si les terrains sont bas au contraire, si le fleuve rompant les digues qui le contenait, les a envahis avec presque toute sa hauteur, il y déposera les sables, les graviers, les cailloux que ses couches inférieures tiennent suspendus. On voit que la nature, l'épaisseur, l'étendue du dépôt pourront varier à l'infini suivant les circonstances locales.

132. 2° Sur les grands cours d'eau.—Voyons maintenant ce qui se passe dans le lit d'un grand cours d'eau à fond mobile. Supposons d'abord pour plus de simplicité que la section et la pente soient régulières. Le liquide vers la source s'est saturé d'une certaine quantité de sable, de gravier et de cailloux qu'il transporte avec lui ; toutes ses couches étant saturées, la section et la pente constantes, il ne déposera ni ne prendra rien sur sa route, et portera directement à l'embouchure ce qu'il aura pris dans les parties supérieures.

Supposons maintenant que la section varie. L'effet de ce changement sera d'altérer la courbe des vitesses dans chaque point, et par suite la puissance de suspension du courant ; de là des dépôts ou des affouillements sur tous les points où la puissance de suspension subira de grandes variations. Si, par exemple, la puissance de suspension en amont est représentée par 10, et que par suite du changement de section elle tombe à 8, il est clair que le cours d'eau qui portait 10 mesures de gravier par seconde n'en pouvant plus porter que 8, en déposera 2 : de là un haut fond qui s'élèvera d'autant plus que la crue aura plus de durée; cependant remarquons qu'à mesure que le dépôt s'élève, la pente augmente dans cette partie du cours d'eau et avec elle la puissance de suspension, de sorte que le dépôt ne peut croître indéfiniment. Si un second changement de section survient à la suite du premier, et qu'il ait pour résultat d'élever la puissance de suspension du courant 10, 12, 13, il est clair qu'à chaque seconde de temps, le courant enlèvera 2, 4, 5 mesures de sable et qu'un approfondissement se formera dans cette partie du lit, approfondissement suivi d'un nouveau dépôt si la puissance de suspension vient à diminuer. Il résulte de là que la formation d'un dépôt ou d'un affouillement ne dépend pas seulement de la section de la partie du canal où se produit cette altération, mais de celle de la partie antérieure. Ainsi, par exemple, dans une portion AB en amont, les eaux saturées n'ont rien pris ni rien déposé, parce que la section ne changeait pas la courbe des vitesses; dans la partie suivante BC elles ont déposé parce que la pente ou la hauteur a diminué, par cela même la partie d'aval CD s'approfondira, quoique la section soit exactement la même qu'en AB, où rien de semblable ne se passe; mais en AB les eaux arrivent saturées, tandis qu'en CD, elles arrivent avec une puissance de suspension supérieure à ce qu'elles portent. On pourrait produire un atterrissement dans cette partie en changeant la section intermédiaire BC, de manière que la puissance de suspension y fût plus grande qu'en CD. En général, il y a dépôt toutes les fois que la puissance de suspension diminue et approfondissement toutes les fois qu'elle augmente. Ces deux effets peuvent donc avoir lieu dans une section quelconque en changeant convenablement celle d'amont.

On remarquera que toutes les fois qu'il y a diminution dans la puissance de suspension, et par conséquent dépôt, ce dépôt ne se fait pas aux dépens de toutes les couches proportionnellement à ce qu'elles portent, c'est-à-dire que si la puissance de suspension représentée par 12 descend à 8, les couches ne déposeront pas chacune le tiers de leur volume; les couches inférieures déposeront seules et prendront ensuite aux couches supérieures ce qui dépasse leur degré actuel de saturation.

Il suit de là que les dépôts doivent présenter un certain ordre dans l'arrangement des solides qu'ils contiennent, que les cailloux, le gravier et le sable doivent former des espèces de lits distincts sous l'influence du triage opéré par les divers degrés de puissance de suspension du courant depuis le fond jusqu'à la surface; et c'est, en effet, ce qu'on remarque partout, même dans les alluvions anciennes dont s'occupe la géologie. Or si l'on admettait que les cailloux, le gravier et le sable ont été uniquement roulés sur le fond, il résulterait de cette action que les terrains d'alluvion ne seraient qu'un mélange, un pêle-mêle de solides de toute nature et de toutes dimensions, tout à fait différent de l'arrangement systématique qu'on rencontre aujourd'hui. Les légères anomalies même que présente cet arrangement confirment cette théorie; ainsi un banc de cailloux qui se trouve dans un terrain d'alluvion, contient ordinairement un peu de gravier ou de sable dont la présence parmi des solides d'un volume plus considérable s'explique parfaitement par ce que nous avons dit sur la manière dont l'équilibre peut s'établir, soit au moyen du volume des solides, soit au moyen de leur distance. Quant aux formes arrondies qu'affectent les cailloux et les galets, et qui semblent indiquer qu'ils ont été roulés et non pas transportés, nous ferons observer que la suspension n'exclut nullement cette action d'entraînement sur le fond, qui a toujours lieu simultanément, surtout vers la source du cours d'eau, sur les flancs escarpés des montagnes, d'où se sont détachés d'abord les quartiers de rochers, qui successivement brisés en fragments plus petits ont été ensuite roulés, puis enfin transportés beaucoup plus loin à l'aide de la puissance de suspension du courant. Il faut remarquer d'ailleurs que, même dans l'état de suspension, les solides outre le mouvement de translation général du courant ont une infinité d'autres mouvements qui résultent des variations continuelles qu'éprouve la puissance de suspension des filets qui les portent, variations qui font sans cesse monter ou descendre les solides suspendus; de là des chocs perpétuels qui tendent à les arrondir et à les briser. Non-seulement il y a des mouvements de bas en haut, mais des mouvements transversaux, car la courbe des vitesses dans le sens transversal éprouve aussi de nombreuses variations. On doit même remarquer que l'action de cette courbe transversale est de porter les alluvions des rives vers le centre, que c'est à cette cause surtout que doivent être attribuées les îles qui se sont formées quelquefois au milieu du lit des grandes eaux aux dépens des rives.

Cette théorie explique parfaitement comment, en faisant des plantations sur un atterrissement, on provoque de nouveaux dépôts qui en augmentent la hauteur; en effet, les tiges des plantations en pénétrant dans les couches inférieures du courant, égalisent leurs vitesses, diminuent leur puissance de suspension et précipitent ainsi les matières qu'elles tiennent suspendues. Lorsqu'on n'a égard qu'au seul mouvement d'entraînement sur le fond, on ne peut que difficilement expliquer ce résultat, ainsi que beaucoup d'autres que présentent les cours d'eau. Aussi sur ces questions y a-t-il une grande diversité d'opinions parmi les ingénieurs. Citons encore M. Minard, p. 19 :

« On objecte au transport de cailloux la permanence des bas-fonds, dans « lesquels, dit-on, ces matériaux, trouvant moins de vitesse, s'arrêteraient et « s'accumuleraient d'autant plus que, pour en sortir, ils devraient remonter « sur le plan incliné des seuils.

« Quant à cette dernière difficulté, on a répondu que les cailloux n'avaient « pas à la vaincre, qu'il ne fallait pas juger du profil du thalweg des hautes eaux, « par celui qui existe à l'étiage; que des corps qu'on avait enfouis dans les « hauts-fonds avant une grande crue ne s'y étaient plus retrouvés après, ce qui « prouvait qu'un nouveau banc reformé succédait au précédent, qu'ainsi pen- « dant les crues tous les hauts-fonds étaient emportés, et que sur le lit ainsi « aplani les cailloux voyageaient facilement. Mais cette observation, juste en « plusieurs localités, ne peut s'appliquer aux hauts-fonds de roches et au glacis « des déversoirs que les cailloux franchissent.

« La permanence de ces mouilles, que nous retrouverons ainsi en amont « des barrages artificiels, est, en effet, un phénomène très-remarquable et « *inexpliqué* jusqu'à présent; mais comme les matériaux qu'on y a jetés quel- « quefois n'y sont pas restés, comme on sait que les passes ouvertes dans les « hauts-fonds rocheux de quelques rivières, la Garonne, par exemple, se « trouvent souvent comblées après les crues par des cailloux qui ont néces- « sairement traversé la mouille en amont, laquelle conserve cependant sa « profondeur, on est forcé de reconnaître que l'objection n'est pas con- « cluante. »

133. Pendant les crues les hauts-fonds ne sont pas tous emportés, et le lit n'est pas aplani. — Nous avons déjà parlé de cette opinion, qui suppose que pendant les crues tous les hauts-fonds sont emportés et que le lit se trouve aplani. Il suffit d'y réfléchir un instant pour reconnaître qu'elle est inadmissible. Si tous les hauts-fonds étaient emportés, si toute la partie mobile du lit se trouvait enlevée pendant les crues, elle descendrait le cours d'eau avec la même vitesse que le courant; en quelques jours le lit se trouverait complétement balayé, et il serait impossible que de nouveaux hauts-fonds fussent déposés, qu'un lit complétement semblable à l'ancien se formât aux dépens des rives ou des terrains supérieurs, sans qu'un pareil déblais vers la source ou un pareil dépôt vers l'embouchure ne fût apparent à tous les yeux. Or, quoique ce transport de matières de la source à l'embouchure existe effectivement, il est beaucoup trop lent, beaucoup trop insensible pour qu'il puisse être confondu avec celui qui serait la conséquence de la disparition complète de tous les hauts-fonds. Dans plusieurs parties la Loire présente des épaisseurs de sable de 10, 16 et 18 mètres au-dessous de l'étiage, comment supposer qu'à chaque crue de pareilles épaisseurs disparaissent et se reforment? Il en résulterait d'ailleurs dans la vitesse et dans la pente à la surface des modifications qui ne pourraient échapper aux observations les plus grossières. Notre théorie explique parfaitement les phénomènes signalés par M. Minard. Les cailloux n'étant plus roulés sur le fond, mais suspendus dans le courant, les mouilles ne sont pas un obstacle à leur transport. Au contraire une mouille permanente dans un cours d'eau est l'indice certain qu'il y a en ce point et en amont le concours permanent des circonstances de pente et de section qui augmentent la puissance de suspension. Grâce à l'approfondissement qu'a amené cette puissance absorbante elle s'est limitée, mais comblez la mouille et elle se reproduira nécessairement, car en la comblant on détruit l'équilibre, l'eau n'est plus saturée et elle se sature aux dépens du fond. De même un haut-fond permanent est l'indice certain que les eaux ont en ce point moins de puissance de suspension que dans la partie supérieure. Enlevez, draguez ce haut-fond, ce travail diminuera la puissance de suspension, les eaux sursaturées déposeront jusqu'à ce qu'elles aient ramené la section à la forme d'équilibre. C'est ce que confirme l'expérience : « Chaque année, dit M. Minard, on tire du fond de la Seine, « vis-à-vis l'île Louviers, environ 8000 mètres cubes de gravier, sans que ce « point augmente de profondeur. » Nous pourrions citer de nombreux exemples de faits semblables dans d'autres rivières, qui sur certains points servent de carrière et fournissent annuellement d'énormes quantités de sable, de gravier ou de cailloux, sans que ces extractions continuelles en changent la section.

134. Explication des changements partiels de la forme du lit produits par les crues. — Concurremment avec ces parties du cours d'eau qui présentent des mouilles ou des hauts-fonds permanents, d'autres parties plus nombreuses deviennent tour à tour des hauts-fonds ou des mouilles. Or si l'on réfléchit aux nombreuses irrégularités de la section des grandes eaux, qui n'est qu'une suite d'étranglements et d'élargissements, de sinuosités plus ou moins prononcées, et cela d'une manière très-différente suivant la hauteur des crues, on se rendra facilement compte de la variété des effets par la variété des causes. Ainsi, par une crue de 3 mètres un dépôt se forme sur un point, parce que la section présente près de ce point un étranglement et qu'il y a cataracte à la surface, ce qui détruit l'inégalité des vitesses. Si la crue ne dépasse pas les 3 mètres vous trouverez en ce point un dépôt; mais si la crue atteint 4, 5 ou 6 mètres, les circonstances vont changer, le fleuve en débordant change les rapports entre les sections, au lieu d'un étranglement il y a élargissement, de là un affouillement au lieu d'un dépôt, si la baisse de la crue se fait assez rapidement pour que la hauteur 3 mètres ne comble pas l'affouillement causé par la hauteur 5 mètres. On voit donc que non-seulement les résultats sont influencés par la hauteur des crues, mais par leur durée dans chaque hauteur. D'ailleurs pour prévoir toutes les variations que doit subir le lit du cours d'eau sous l'influence d'une crue déterminée, il ne suffirait pas de calculer les effets de la puissance de suspension, il faudrait les combiner avec ceux de la puissance d'entraînement. Or cette force dépend de circonstances complétement différentes : elle croît avec la vitesse absolue du cours d'eau et avec les pentes accidentelles du fond, de sorte que tantôt ses effets s'ajoutent à ceux de la puissance de suspension, tantôt ils les détruisent. Ainsi un étranglement prononcé produit une cataracte à la surface, égalise les vitesses et par conséquent précipite les matières en suspension, mais ces matières tombées sur le fond y sont entraînées par le courant rapide que l'étranglement produit sur le fond. De là ces atterrissements qui se trouvent à l'aval de beaucoup de ponts et qui souvent dragués se reproduisent sans cesse. La crue en diminuant de hauteur détruit la puissance de suspension, mais laisse subsister la puissance d'entraînement, de sorte que le lit formé pendant la crue par l'action combinée de ces deux forces subit de nouvelles variations, pendant les eaux basses, sous l'influence d'une seule.

Nous en avons assez dit pour expliquer l'extrême mobilité du lit de certains cours d'eau, on peut y ajouter cependant une cause plus variable et plus incertaine encore. On a vu au commencement de ce chapitre (§ 106), quelle était l'influence du vent sur la courbe des vitesses; et, en se reportant à ce que nous avons dit sur ce sujet, on reconnaîtra que le vent qui souffle dans le sens du courant augmente la puissance de suspension et que celui qui souffle dans le sens contraire la diminue. Voilà donc un élément nouveau qui échappe, il faut bien le reconnaître, à toute espèce de calcul, à toute espèce de prévision. Si donc d'une part la théorie que nous venons d'exposer, nous paraît donner d'une manière assez satisfaisante l'explication simple et naturelle de tous les phénomènes que présentent les cours d'eau à fond mobile, nous croyons qu'en ce qui concerne la prévision des résultats, elle ne fournit d'autre enseignement, que de faire connaître l'immense difficulté et peut-être l'impossibilité d'une solution. Tant que les rives, tant que le fond d'un cours d'eau ne sont pas fixés, le résultat des travaux entrepris dans le lit pour en améliorer le profil dans l'intérêt de la navigation sera complétement incertain. On pourrait citer sans doute d'heureux succès obtenus, mais nous pourrions leur opposer des erreurs non moins nombreuses. Or c'est précisément ce mélange de réussite et d'insuccès qui prouve l'impuissance de la science; on serait plus près d'atteindre la vérité, si l'on s'était toujours trompé. Nous croyons donc qu'en ces circonstances, l'État et les ingénieurs doivent s'imposer la plus grande réserve dans l'exécution des travaux, parce qu'à côté de la chance d'améliorer le lit du cours d'eau, il y a le danger de le rendre encore plus difficile.

135. Les variations partielles qu'éprouve le profil des cours d'eau à fond mobile ne sont pas en général un obstacle à ce qu'on détermine leur surface par les mêmes formules que si le fond était invariable. — Quant à l'influence de la mobilité du lit sur la position de la surface de l'eau dans les crues, elle se réduirait dans notre théorie à quelques inflexions locales qui feraient serpenter la surface réelle du cours d'eau alternativement au-dessus et au-dessous de la surface donnée par le calcul; de manière que si l'on considère deux sections voisines et qu'on veuille déterminer par le calcul la différence de niveau qui les sépare, on pourra commettre une erreur grossière, parce que ces deux sections considérées isolément ont pu considérablement changer de profondeur pendant la crue. Mais si l'on considère le cours d'eau dans une grande étendue, la théorie précédente fait voir que la profondeur moyenne n'y éprouve pas de variation sensible; si sur un point le fond s'exhausse, un peu plus loin il s'abaisse nécessairement, de sorte qu'il s'établit une compensation à peu près complète. On peut donc dans une rivière à fond mobile se rendre compte de la position de la surface de l'eau, avec la même exactitude pratique que dans les autres cours d'eau, au moyen des formules présentées dans les chapitres précédents, en ne perdant pas de vue que les variations accidentelles des sections peuvent déplacer la surface de quelques centimètres. Nous serions arrivé à une conclusion toute différente, si nous avions admis avec M. Minard que dans plusieurs localités tous les hauts-fonds sont emportés et que le lit est complétement aplani. Un pareil agrandissement de la section dans les crues, n'aurait pas permis de supposer dans les calculs l'invariabilité du lit, et il aurait fallu déclarer que dans ces circonstances le calcul ne pouvait rendre aucun service à l'art de l'ingénieur.

Nous ne pousserons pas plus loin l'examen de ces questions importantes. Peut-être regrettera-t-on que nous n'ayons pas donné des formules, claires, précises qui répondent aux besoins de la pratique, comme le font les formules de l'algèbre, lorsqu'on a donné une valeur aux quantités qu'elles contiennent. Il serait commode sans doute de trouver dans une table le débouché du pont qu'on projette, au moyen de colonnes qui donneraient le volume et la vitesse des eaux, ou de déterminer la hauteur et la largeur d'un endiguement au moyen de formules même très-compliquées; mais si d'une part nous croyons qu'on peut aller beaucoup plus loin que nous ne l'avons fait dans ces études, que nous regardons comme bien incomplètes, nous sommes convaincu aussi que rien n'est plus faux et plus dangereux que la méthode qui consiste à résoudre tous les problèmes que présentent les travaux publics au moyen de l'application exclusive de certaines formules algébriques. Non pas que nous pensions qu'on peut se passer des mathématiques, nous les regardons, au contraire, comme indispensables pour fournir certains éléments de la question, pour calculer des effets, des résultats qu'il faut nécessairement prévoir; mais elles sont tout à fait insuffisantes pour combiner certaines données fournies par l'analyse avec d'autres qui ne se prêtent pas à des calculs de même nature, et pour en faire sortir la meilleure solution. Les formules ne sont que des outils que doit diriger l'intelligence et qui ne peuvent jamais la remplacer.

CHAPITRE VIII.

DU MOUVEMENT DE L'EAU A TRAVERS LES TERRAINS PERMÉABLES.

136. Des deux espèces de mouvement de l'eau à travers les terrains perméables. Libre. — Forcé. — Le mouvement de l'eau à travers les terrains perméables n'a encore été que bien peu étudié au point de vue théorique et au point de vue pratique. Les phénomènes qu'il présente sont cependant intéressants à connaître, car les eaux souterraines jouent un rôle de plus en plus important dans l'agriculture et dans l'industrie, soit qu'on cherche à s'en débarrasser ou à les utiliser. Le drainage, les puits artésiens, les puits absorbants, les pierrées, les filtres naturels, les batardeaux, les étanchements et beaucoup d'autres travaux, ont tous des perfectionnements à espérer de la théorie que nous allons essayer d'établir dans ce chapitre.

Au premier coup d'œil, le mouvement de l'eau, qui se divise dans les pores si nombreux d'un corps perméable, paraît plus compliqué que lorsqu'elle se trouve en masse dans une large section. Il n'en est rien cependant. Quand on envisage la question de plus près, on reconnaît que ce mouvement n'est qu'un cas particulier du mouvement ordinaire et que par cela même qu'il ne s'agit alors que de vitesses et de sections très-petites, les formules spéciales à ce mouvement se débarrassent de certains termes qui compliquent celles relatives aux grandes sections et aux grandes vitesses.

Comme pour le mouvement ordinaire de l'eau, le mouvement à travers les terrains perméables présente deux cas distincts : le mouvement à surface libre et le mouvement à surface forcée. Dans le mouvement à surface libre, la pression à la surface est constante et égale à celle de l'atmosphère, le niveau de cette surface, variant alors avec la pente et la figure de la section, devient l'inconnue du problème; c'est le mouvement des premières nappes souterraines que rencontre la sonde et qui alimentent les puits ordinaires et celui des eaux dont on se débarrasse à l'aide de fossés ou de drains. Dans le mouvement à surface forcée, la pression varie dans toute l'étendue du parcours; c'est elle qu'il s'agit alors de déterminer par le calcul, c'est le mouvement des nappes souterraines comprises entre des terrains imperméables, nappes qui alimentent les puits artésiens et les sources jaillissantes. La recherche des formules relatives à ces deux espèces de mouvement fera l'objet de la première partie de ce chapitre; dans la seconde partie nous en ferons quelques applications aux phénomènes que présente le mouvement des eaux souterraines.

137. Équation générale de ce mouvement. 1° Mouvement à surface libre. — Rappelons d'abord les formules du mouvement ordinaire. Nous avons vu qu'en appelant :

i le sinus de l'angle du fond d'un canal avec l'horizon,
ω sa section mouillée,
χ son périmètre,
u la vitesse moyenne de l'eau,
α et β deux coefficients constants pour lesquels on admet ordinairement dans la pratique les valeurs suivantes :

$$\alpha = 0,000018, \quad \beta = 0,000348,$$

on a la relation :

$$i = \frac{\chi}{\omega}(\alpha u + \beta u^2)$$

à l'aide de laquelle on détermine une des quantités i, χ, ω, u, quand on connaît les trois autres.

Cette relation n'est du reste qu'une approximation, qui devient inexacte lorsque la section est large et profonde, car il faut alors tenir compte de l'inégalité de vitesse des filets. On a dans ce cas des formules plus compliquées que nous avons présentées dans le chapitre 1er de ces études. Mais ces formules sont ici sans application, car, comme nous l'avons dit, dans le mouvement que nous allons considérer, les sections sont toujours très-petites.

Imaginons que le canal dont il s'agit soit occupé par un corps perméable, du sable par exemple; l'eau y prendra un mouvement beaucoup plus lent en s'écoulant à travers les interstices des grains qui formeront une infinité de petits tuyaux. Mais il est évident que si le sable est bien homogène chacun des filets d'eau aura la même vitesse, car il aura le même moteur, la pente et la même résistance à vaincre, le frottement dû au périmètre du tuyau, et l'on pourra lui appliquer la formule précédente dans laquelle le rapport $\frac{\chi}{\omega}$ prendra une valeur déterminée μ qui dépendra de la nature du terrain perméable. On aura donc :

$$i = \mu(\alpha u + \beta u^2) = \mu\alpha u\left(1 + \frac{\beta}{\alpha} u\right) = \mu\alpha u(1 + 20u).$$

De plus, si l'on remarque que dans les phénomènes que nous voulons étudier la vitesse est toujours très-petite, plus petite que $0^m,001$, on pourra remplacer cette formule par la suivante :

$$i = \mu u. \tag{1}$$

Nous serions arrivé au même résultat en partant de l'équation relative aux tuyaux de conduite

$$\frac{1}{4} \mathrm{D}i = \alpha u + \beta u^2$$

qui, lorsqu'on néglige le terme en u^2, devient :

$$i = \frac{4\alpha}{\mathrm{D}} u,$$

et nous en aurions conclu que l'eau se meut dans le terrain perméable comme dans un tuyau dont le diamètre serait :

$$\mathrm{D} = \frac{4\alpha}{\mu} u.$$

Enfin les faits confirment parfaitement l'exactitude de la formule fondamentale $i = \mu u$ et pourraient au besoin servir à l'établir.

M. Darcy, dans son ouvrage (*Fontaines de Dijon*, page 590), cite des expériences qui avaient précisément pour but de chercher les lois de l'écoulement à travers les terrains perméables et desquelles il résulte que si l'on appelle :

Q le produit par mètre carré d'une couche filtrante,

e son épaisseur,

H la charge ou différence de niveau entre les orifices,

k un coefficient variable seulement suivant la nature de la couche,

on a toujours :

$$Q = k\frac{H}{e}.$$

Ainsi, le produit et par conséquent la vitesse sont proportionnels à la charge et en raison inverse de l'épaisseur de la couche. C'est en faisant varier les charges et les épaisseurs des couches filtrantes que M. Darcy est parvenu à établir cette formule. Or il est facile de se rendre compte que la quantité $\frac{H}{e}$ n'est autre chose que i dans le mouvement uniforme que nous avons considéré, car toutes les fois que l'eau tombe de la hauteur H, elle traverse une épaisseur e (*fig.* 46) qui a avec H le rapport constant i, de plus Q est évidemment proportionnel à u; l'équation

$$i = \mu u$$

peut donc être aussi considérée comme un résultat d'expérience. Si nous l'avons déduite d'abord des formules de l'écoulement ordinaire, ce n'est que pour indiquer la liaison qui existe entre les deux natures de mouvement.

Avant d'aller plus loin, il n'est peut-être pas inutile de faire voir comment le coefficient unique de cette formule peut être déterminé par expérience, et de donner une idée de sa valeur numérique pour quelques terrains, valeur tout à fait différente de celle des coefficients α et β de la formule ordinaire des eaux courantes.

Pour un gros sable que M. Darcy définit ainsi :

0,58	passant par un crible de		0^{mm},77
0,13	—	—	1 ,10
0,12	—	—	2 ,00
0,17	de menu gravier		
1,00			

et donnant $\frac{38}{100}$ de vide, il a trouvé :

$$Q = 0{,}0003\,\frac{H}{e}.$$

Or $Q = 0,38u$, puisque l'eau ne coule évidemment que dans les espaces vides, on aurait donc :

$$\frac{H}{e} = i = 1266u,$$

et par conséquent, $\mu = 1266.$

Dans cette expérience il ne s'agit que d'un sable assez grossier. Les sables fins employés pour les filtres ne donnent guère que 6 mètres cubes d'eau par mètre carré et par 24 heures avec une charge de $1^m,50$, soit $4^m,50$ pour une épaisseur et une charge de 1 mètre, en leur supposant 0,30 de vide. On a alors :

$$\mu = \frac{0,30 \times 86400}{4,50} = 5760.$$

Quant aux vitesses du fluide, on peut facilement s'en rendre compte. Dans le sable grossier qui a servi aux expériences de M. Darcy, on aurait :

$$i = 1266u,$$

et par conséquent $u = 0,0008i.$

Ainsi, pour traverser verticalement une couche de 1 mètre de ce sable, l'eau ne prend qu'une vitesse de $0^m,0008$. Maintenant si l'on imagine de l'eau s'écoulant à travers un pareil terrain, disposé sur le flanc d'un coteau ou dans le fond d'une vallée, la vitesse se trouvera réduite à des centièmes et à des millièmes de millimètre, et à des fractions plus petites encore pour des sables plus fins. Or il s'agit là de terrains facilement perméables, et la nature en présente de plus compactes et de plus serrés ; on voit donc que, dans l'ordre de phénomènes que nous étudions, le coefficient μ représente toujours un nombre considérable et que la vitesse u n'est jamais qu'une fraction de millimètre. Il faut remarquer, du reste, que la vitesse réelle est toujours un peu plus considérable grâce aux sinuosités que forment les pores des terrains perméables et que nous projetons sur l'axe de leur direction générale. On peut du reste déterminer par le calcul le nombre et le diamètre des pores dont un solide doit être percé, pour que l'eau y prenne la même vitesse que dans un terrain perméable déterminé et pour que le débit par mètre carré soit le même.

On aura en effet, pour déterminer le diamètre qui donne la même vitesse, l'équation

$$\frac{4\alpha}{D} = \mu$$

et pour déterminer le nombre N de pores qui donne le même volume

$$N\frac{1}{4}\pi D^2 u = Q;$$

d'où

$$N = \frac{Q}{u}\cdot\frac{4}{\pi D^2}.$$

Le rapport $\frac{Q}{u}$ étant une donnée d'expérience qui résulte de la nature du terrain perméable, il n'y a d'inconnues dans ces deux équations que les quantités N et D qu'elles peuvent servir à déterminer.

Non-seulement l'équation $i = \mu u$ représente le mouvement uniforme dans un terrain perméable, mais elle convient aussi au mouvement varié. En effet, on sait que dans l'écoulement ordinaire ce mouvement est représenté par l'équation

$$\zeta = \frac{u^2}{2g} - \frac{u'^2}{2g} + \int_0^\lambda (\varphi)ds$$

en appelant

ζ la chute de la surface de l'eau dans deux sections,
u et u' les vitesses moyennes des deux sections,
λ leur distance,
φ la résistance qu'éprouve le mouvement de l'eau en un point donné.

Pour appliquer cette équation aux terrains perméables, il suffirait d'y remplacer φ par la fonction μu propre à ces terrains; mais de plus on doit remarquer que les vitesses u et u' et surtout la différence des hauteurs dues à ces vitesses $\frac{u^2}{2g} - \frac{u'^2}{2g}$ sont très-petites par rapport à ζ, qui représente la différence de niveau des deux sections, on peut donc écrire :

$$\zeta = \int_0^\lambda \mu u ds,$$

ou en différentiant et en appelant j la pente $\frac{d\zeta}{ds}$ de la surface :

$$j = \mu u.$$

138. Équation de ce mouvement dans le cas où la couche aquifère

repose sur un terrain imperméable d'inclinaison variable. — A l'aide de cette équation, on peut facilement déterminer la surface de l'eau qui s'écoule à travers un terrain perméable reposant sur un terrain imperméable d'inclinaison variable.

Soient (*fig.* 47) :

- i l'inclinaison de ce terrain comptée positivement lorsqu'il monte et négativement lorsqu'il descend,
- h la hauteur de la surface de l'eau sur le fond,
- y son ordonnée, à partir de l'horizontale,
- s la distance à l'origine,
- q le débit par mètre courant de largeur de la couche perméable,
- m un coefficient indiquant dans le terrain le rapport du vide au plein,
- μ' le rapport $\frac{\mu}{m}$,

on aura
$$mhu = q$$
et
$$u = \frac{q}{mh},$$
ce qui donne
$$j = \frac{\mu q}{mh} = \frac{\mu' q}{h}.$$

Lorsque la pente du courant est faible, on a :

$$j = -\frac{dy}{ds} = \frac{\mu' q}{h},$$

on a de plus
$$h = y - is$$
et par conséquent
$$dh = dy - ids.$$

L'équation différentielle de la surface rapportée au fond du lit peut donc se mettre sous la forme

$$-\frac{hdh}{\mu' q + ih} = ds.$$

En intégrant et remarquant que pour $s = 0$, on a $h = h_0$, il vient :

$$s = \frac{h_0 - h}{i} + \frac{\mu' q}{i^2} \log\left(\frac{\mu' q + ih}{\mu' q + ih_0}\right). \quad (2)$$

En développant le logarithme en série, cette équation devient :

$$(3) \qquad s = \frac{1}{2\mu' q}\left(h^2 - h_0^2\right) - \frac{i}{3\mu'^2 q^2}\left(h^3 - h_0^3\right) + \frac{i^2}{4\mu'^3 q^3}\left(h^4 - h_0^4\right).$$

Si i était nul ou très-petit, c'est-à-dire si le fond était horizontal ou avait une faible pente, on aurait :

$$s = \frac{1}{2\mu' q}\left(h^2 - h_0^2\right),$$

équation d'une parabole dont l'axe est horizontal.

On déduit facilement de cette équation les lois du mouvement de l'eau à travers un massif perméable d'une certaine épaisseur. En appelant z la différence $h_0 - h$ ou la charge, l'équation précédente peut se mettre sous la forme :

$$(4) \qquad q = \frac{1}{\mu'} \cdot \frac{z}{s} \cdot \frac{h_0 + h}{2},$$

et l'on en déduit que le débit est proportionnel à la charge z, à la section moyenne $\frac{h_0 + h}{2}$, en raison inverse de l'épaisseur du massif traversé.

On remarquera que la formule (4), qui donne la quantité d'eau filtrée par un massif vertical, est identique avec celle qui donne la quantité d'eau filtrée par un massif horizontal de même nature, de même épaisseur et ayant pour surface la moyenne entre les deux surfaces mouillées. Ainsi, le massif vertical ABCD (*fig.* 48) donne, avec la même charge, le même produit que le massif EBCF placé horizontalement.

Les formules 3 et 4 peuvent trouver une application utile dans l'établissement des cloisons filtrantes des tuyaux de drainage et des batardeaux pour la construction des ouvrages hydrauliques.

L'équation générale (2) peut se mettre sous une forme qui permet de mieux apprécier les caractères de la courbe qu'elle représente suivant les circonstances dans lesquelles l'écoulement peut avoir lieu.

Dans le mouvement ordinaire, quand l'eau s'écoule dans un lit de pente uniforme et de largeur indéfinie, elle prend une hauteur H, déterminée par l'équation

$$Hi = \alpha u + \beta u^2.$$

Cette hauteur est dite celle du régime uniforme.

Dans les terrains perméables, cette hauteur est donnée par l'équation

$$Hi = \mu' q,$$

au moyen de laquelle on peut éliminer μ' de l'équation générale (2), qui devient :

$$is = h_0 - h \pm \mathrm{H} \log\left(\frac{\mathrm{H} \pm h}{\mathrm{H} \pm h_0}\right)$$

en prenant le signe + quand i est positif et le signe — quand i est négatif. On peut aussi la mettre sous la forme :

$$\frac{is}{\mathrm{H}} = \frac{h_0}{\mathrm{H}} - \frac{\mathrm{H}}{h} \pm \log \frac{1 \pm \frac{h}{\mathrm{H}}}{1 \pm \frac{h^0}{\mathrm{H}}},$$

c'est-à-dire que dans les terrains perméables, comme dans le mouvement orninaire (voir chap. III),

$$\frac{is}{\mathrm{H}} = f\left(\frac{h_0}{\mathrm{H}}, \frac{h}{\mathrm{H}}\right).$$

Il résulte de cette propriété que si l'on construit la courbe donnée par cette équation dans l'hypothèse de $\mathrm{H} = 1$, ses abscisses et ses ordonnées auront avec celles de la courbe relative à une autre hauteur du régime uniforme une relation qui permettra de les déduire les unes des autres, et par conséquent de construire des tables qui dispensent de tout calcul.

Considérons maintenant le cas où la pente est dans le sens du courant, ce qui revient à prendre les signes inférieurs, comptons les s en remontant le courant de l'aval à l'amont, ce qui revient à remplacer dans les formules h par h_0 et h_0 par h, et rapportons la courbe du remous à la surface naturelle du régime uniforme en posant

pour le remous de gonflement $h = \mathrm{H} + y, \quad h_0 = \mathrm{H} + \mathrm{Y},$

pour le remous d'abaissement $h = \mathrm{H} - y, \quad h_0 = \mathrm{H} - \mathrm{Y};$

on a alors pour équation du remous

de gonflement $$is = \mathrm{Y} - y + \mathrm{H} \log \frac{\mathrm{Y}}{y},$$

d'abaissement $$is = -(\mathrm{Y} - y) + \mathrm{H} \log \frac{\mathrm{Y}}{y}.$$

A l'aide de ces deux équations on peut facilement déterminer la surface de l'eau sur un plan dont l'inclinaison est donnée.

On remarquera que la détermination de cette surface est indépendante du coefficient μ' de perméabilité, comme la formule du remous dans les courants ordinaires est indépendante des coefficients α et β. Cela tient à ce que ces quantités sont implicitement comprises dans la hauteur H du régime uniforme; mais comme cette hauteur ainsi que la pente i est ordinairement une donnée de l'expérience, il n'en résulte pas moins, comme nous l'avons fait observer dans le chapitre III, que la formule du remous est indépendante des erreurs qui peuvent s'être glissées dans la détermination expérimentale de ces quantités.

Lorsque les remous Y, y sont petits par rapport à l'épaisseur H de la nappe, on peut écrire

$$Y - y = \frac{1}{2}(Y + y) \log \frac{Y}{y}$$

(voir le chapitre III), et par conséquent les équations précédentes deviennent

$$is = \left[H + \frac{1}{2}(Y + y)\right] \log \frac{Y}{y}$$
$$is = \left[H - \frac{1}{2}(Y + y)\right] \log \frac{Y}{y}.$$

Les quantités $H + \frac{1}{2}(Y + y)$, $H - \frac{1}{2}(Y + y)$, peuvent être considérées comme l'épaisseur ou profondeur moyenne P du courant dans l'étendue du remous considéré, de sorte qu'on peut écrire pour les deux remous

$$is = P \log \left(\frac{Y}{y}\right).$$

Pour les cours d'eau ordinaires, nous avions obtenu dans les mêmes circonstances (voir p. 91),

$$is = \frac{P}{3} \log \left(\frac{Y}{y}\right).$$

De la comparaison de ces deux équations, il résulte que la courbe du remous dans les terrains perméables, lorsque les remous sont petits par rapport à la profondeur, est exactement la même que dans les cours d'eau ordinaires qui ont une profondeur triple.

Dans ce cas les tables que nous avons dressées pourraient être appliquées en prenant une valeur triple pour la hauteur du régime uniforme. Rien d'ailleurs de si facile que d'en calculer de spéciales.

La différence essentielle de ces courbes comparées à celles des cours d'eau ordinaires c'est qu'elles s'allongent dans le sens du courant avec lequel elles se raccordent beaucoup plus loin. Autrement (*fig.* 49), un remous Y étant donné à l'aval, le remous *y* à l'amont correspondant à la distance *s* est plus grand dans le mouvement à travers les terrains perméables que dans les cours d'eau ordinaires. Ainsi lorsqu'on trouble par des travaux ou par des épuisements la hauteur des eaux souterraines, l'effet s'en étend beaucoup plus loin que s'il s'agissait de cours d'eau ordinaires.

Si l'eau passait successivement dans des terrains de degré de perméabilité différente, c'est-à-dire ayant des hauteurs de régime uniforme plus ou moins grandes, on déterminerait la surface de l'eau au moyen des formules précédentes comme dans les cours d'eau ordinaires, lorsque l'eau passe d'un canal large dans un canal plus étroit, et d'un canal étroit dans un canal large.

Nous avons considéré jusqu'à présent les eaux souterraines comme s'écoulant dans un canal d'une largeur constante, mais si cette largeur variait d'une manière graduelle et déterminée en fonction de l'espace, l'équation différentielle de la courbe de remous serait, en appelant l la largeur variable,

$$-\frac{hdh}{\mu'\frac{Q}{l}+ih}=ds.$$

Pour éviter les difficultés que présente l'intégration de cette équation, on peut déterminer la courbe par points en partant de l'équation

$$\frac{dy}{dx}=\mu'\frac{q}{\omega}.$$

En effet, la quantité ω étant déterminée à l'origine, l'inclinaison de la courbe donne un point à une petite distance, qui détermine lui-même un nouvelle valeur de ω et un nouveau point, ainsi de suite. On pourrait aussi décomposer le canal à largeur variable en une série de canaux ayant les mêmes largeurs moyennes.

Ainsi quelle que soit la forme du lit, on peut déterminer la surface de l'eau, quand on connaît son volume et la perméabilité du terrain déterminée par un coefficient μ'.

139. Mouvement à surface forcée. — Examinons maintenant le cas où la surface de l'eau se trouve forcée entre des parois suffisamment résistantes.

Imaginons deux réservoirs communiquant entre eux par un corps perméable limité par une enveloppe imperméable. Du sable ou du gravier placé dans une conduite de fonte réaliserait notre hypothèse (*fig.* 50).

Appelons H la différence de niveau entre les deux réservoirs,
L la longueur de la conduite,
ω la surface de sa section.

L'eau descendra du réservoir supérieur dans le réservoir inférieur avec une vitesse déterminée par l'équation

$$\frac{H}{L} = \mu u,$$

ainsi que nous l'avons fait voir au commencement de ce mémoire.

Si l'on suppose la conduite sensiblement horizontale, la ligne AB qui réunit les deux réservoirs déterminera la pression de l'eau sur chaque point de la conduite. Son débit sera d'ailleurs

$$q = \frac{\omega}{\mu'} \frac{H}{L}.$$

Si la section de la conduite, si la perméabilité du terrain étaient variables, on déterminerait facilement la ligne des pressions et le débit, en décomposant la longueur de la conduite en plusieurs parties où ces quantités seraient constantes, et l'on aurait pour chacune d'elles des équations de la forme

$$h_1 = Q \frac{\mu'_1 l_1}{\omega_1}$$

$$h_2 = Q \frac{\mu'_2 l_2}{\omega_2}$$

$$\cdots\cdots$$

ce qui déterminerait la ligne des pressions.

En faisant la somme de ces équations on arriverait à la suivante

$$H = Q\left(\frac{\mu'_1 l_1}{\omega_1} + \frac{\mu'_2 l_2}{\omega_2} + \frac{\mu'_3 l_3}{\omega_3} + \dots\right),$$

d'où l'on déduirait

$$Q = \frac{H}{\frac{\mu'_1 l_1}{\omega_1} + \frac{\mu'_2 l_2}{\omega_2} + \frac{\mu'_3 l_3}{\omega_3} + \ldots\ldots}$$

On voit que le débit ne se règle ni sur la plus petite ni sur la plus grande section, mais sur une section moyenne qui dépend de la longueur de chacune d'elles et qu'on peut déterminer par l'équation suivante :

$$\frac{\mu' l}{\omega} = \frac{\mu'_1 l_1}{\omega_1} + \frac{\mu'_2 l_2}{\omega_2} + \frac{\mu'_3 l_3}{\omega_3},$$

qui donnerait pour l'une des trois quantités μ', l, ω une série de valeurs, les deux autres étant choisies arbitrairement. Chaque groupe de ces trois valeurs correspondantes aurait la propriété de constituer, sous le rapport du débit, un système de conduite équivalent au système considéré. On voit de plus que l'ordre dans lequel se suivent les diamètres ne change pas le débit. Ce n'est donc pas par la surface des orifices d'entrée ou de sortie qu'il se trouve déterminé, quand ces orifices ont d'ailleurs la section de la conduite qu'ils terminent.

On remarquera que quand la section de la conduite est variable, le débit se trouve plutôt déterminé par les petites sections que par les grandes, c'est-à-dire que la section équivalente se rapproche beaucoup plus des plus petites que des plus grandes, quand d'ailleurs les longueurs ne sont pas sensiblement différentes.

Supposons une conduite composée de deux parties de longueur égale ayant leurs sections dans le rapport de 1 à 5, la section équivalente sera déterminée par l'équation

$$\frac{2}{\omega} = \frac{1}{1} + \frac{1}{5},$$

d'où on déduira :

$$\omega = 1\frac{2}{3},$$

tandis que la moyenne arithmétique serait 3. Nous n'insisterons pas davantage sur ces considérations parce qu'elles se trouvent développées dans notre *Traité sur la distribution des eaux* (pages 66 et suivantes), les conduites d'eau ordinaires donnant lieu à des formules analogues.

Si la section de la conduite variait d'une manière continue en fonction de sa longueur, on déterminerait son débit q et la section équivalente ω_m par les équations

$$H = \int_0^l \frac{\mu' q}{\omega} ds = \frac{\mu' q l}{\omega_m}$$

puis la courbe des pressions par l'équation

$$\frac{dy}{ds} = \frac{\mu' q}{\omega} = \frac{H}{l} \frac{\omega_m}{\omega}.$$

On voit que la tangente à la courbe s'incline plus ou moins que la ligne droite donnée par la section ω_m suivant que ω est plus petit ou plus grand que ω_m, on voit de plus que la courbe est indépendante de la perméabilité du terrain ; ainsi la conduite remplie de sable plus ou moins fin plus ou moins serré donnera toujours la même pression au même point.

140. Mouvement dans un tuyau conique. — Exemple : Considérons une portion de conduite de forme conique (*fig.* 51).

Soient :

R et r_0 les rayons des bases extrêmes,

$r = R - \frac{R - r_0}{l} s$ le rayon courant de la section ω,

s la distance à l'origine de la section ω;

on aura :
$$\frac{\mu' q}{\omega} = \frac{\mu' q}{\pi r^2} = \frac{\mu' q}{\pi \left(R - \frac{R - r_0}{l} s\right)^2};$$

d'où
$$H = \int_0^l \frac{\mu' q ds}{\pi \left(R - \frac{R - r_0}{l} s\right)^2} = \frac{\mu' l q}{\pi R r_0}.$$

$$q = \frac{1}{\mu'} \frac{H}{l} \pi R r_0,$$

le débit est le même que pour une conduite cylindrique dont le rayon serait $\sqrt{Rr_0}$; mais la ligne de pression n'est pas la même. Dans le cas de la conduite cylindrique, ce serait la droite qui réunit les niveaux des deux réservoirs ; dans le cas de la conduite conique on aurait pour équation de la courbe AmB :

$$\frac{dy}{ds}=\frac{\mu' q}{\omega}=\frac{H}{l}\frac{Rr_0}{\left(R-\frac{R-r_0}{l}s\right)^2},$$

d'où

$$y+C=\frac{HRr_0}{R-r_0}\frac{1}{R-\frac{R-r_0}{l}s}$$

pour

$$s=0,\ y=0\,; \quad \text{donc} \quad C=\frac{Hr_0}{R-r_0}$$

et

$$y=\frac{Hr_0\frac{s}{l}}{R-(R-r_0)\frac{s}{l}}.$$

On remarquera que le débit est le même dans quelque sens que se présente le cône; ce n'est qu'un cas particulier du principe démontré plus haut que quand une conduite est composée de plusieurs tronçons d'une section différente, l'ordre dans lequel se trouvent ces tronçons n'influe pas sur leur débit; mais la courbe des pressions est différente, ou plutôt différemment placée. Si l'eau va de la plus grande base à la plus petite la courbe est convexe, elle est concave dans le cas contraire.

Nous avons supposé la conduite sensiblement horizontale, mais il est clair que ces formules s'appliquent à une conduite d'une inclinaison quelconque, seulement l'équation

$$\frac{dy}{ds}=\frac{\mu' q}{\omega}$$

ne peut plus se représenter graphiquement de la même manière. Il n'est peut-être pas inutile de s'arrêter sur les phénomènes qui se passent alors, parce qu'au point de vue pratique ils ont une grande importance.

141. Calcul de la pression dans diverses dispositions de vases en communication. — Utilité pratique des issues ouvertes à l'écoulement des eaux souterraines pour en diminuer la pression. — Les constructions hydrauliques étant souvent soumises aux pressions des eaux souterraines, il est important de se rendre compte de l'énergie variable de ces pressions suivant les dispositions qu'on peut adopter. Or cette énergie peut être complétement modifiée et même annihilée par un écoulement insignifiant, comme dans le cas des barbacanes placées au pied d'un mur de soutenement. Ce serait une erreur de croire que l'effet de ces ouvertures se borne à faire disparaître la pression par l'assèchement du terrain; sans doute quand les circonstances sont telles que cet assèchement peut être obtenu, la pression disparaît avec l'eau qui la produit; mais il arrive souvent que le terrain se trouvant en communication avec un réservoir indéfini, la barbacane n'a d'autre effet que de laisser prendre à la nappe une certaine vitesse, or cette vitesse quoique très-faible suffit pour diminuer la pression qui n'est jamais que le résultat d'un obstacle au mouvement de l'eau.

Nous croyons devoir présenter quelques exemples du calcul de la pression dans les terrains perméables qui, quoique pris sur des abstractions théoriques, pourront servir à se rendre compte de son intensité dans des cas pratiques plus ou moins analogues.

Ce calcul est fondé sur la formule suivante :

$$p = z - \int_0^z \mu u dz,$$

qui devient, lorsqu'on substitue le débit à la vitesse :

$$p = z - \int_0^z \mu' \frac{q}{\omega} dz.$$

Si à partir de la verticale OZ on porte des lignes horizontales proportionnelles aux pressions p correspondant aux profondeurs variables z, on aura dans les figures 52 à 63 une représentation graphique de la pression.

Ainsi, dans la figure n° 52 où l'eau n'a pas d'issue et n'a pas de mouvement, on a : $q = 0$, $p = z$. Les pressions sont limitées par une ligne droite à 45°.

Dans la figure n° 53, où l'eau est censée couler librement par le fond, on a $q = \frac{\omega}{\mu'}$ et $p = 0$; on voit que l'écoulement a complétement fait disparaître la pression sur la paroi verticale.

Dans la figure n° 54, où il y a une charge d'eau sur la masse filtrante, on a $q = \frac{\omega}{\mu'} \frac{h + L}{L}$ et $p = z - \frac{h + L}{L} (z - h)$; la pression est limitée par la ligne brisée OmZ.

Dans la figure n° 55, $q = \frac{\omega}{\mu'} \frac{h + L}{h' + L}$, $p = z - \frac{h + L}{h' + L} (z - h)$, la pression est limitée par la ligne brisée *OmnZ*. On voit que par rapport à l'exemple précédent la pression a augmenté parce que le mouvement trouve un obstacle dans la contre-pression h'.

Dans la figure n° 56, $q = \frac{\omega}{\mu'} \frac{h+L+h'}{L}$, $p = z - \frac{L+h+h'}{L}(z-h)$, la pression est limitée par la ligne brisée *OmnZ*. On doit remarquer qu'elle devient négative, c'est-à-dire inférieure à la pression atmosphérique à partir du point $z = h + L \frac{h}{h+h'}$. On doit remarquer aussi que quelle que soit la position du filtre L dans la colonne, le débit est le même. Ainsi l'on pourrait faire $h = 0$, par exemple sans diminuer le débit. La charge d'un filtre est donc mesurée par la différence de niveau entre les bassins mis en communication. Toutefois, il faut que $h' < H_a$ pression atmosphérique; lorsque $h' > H_a$, on a $q = \frac{\omega}{\mu'} \frac{h+L+H_a}{L}$ quel que soit h'.

Dans les figures 57 et 58, on a : $q = \frac{H}{\mu'\left(\frac{L}{\Omega} + \frac{L'}{\Omega'}\right)}$ (§ 139), et l'on en déduit pour la valeur de la pression dans la figure 57 :

$$p = z - \frac{Hz}{\Omega\left(\frac{L}{\Omega} + \frac{L'}{\Omega'}\right)} \text{ dans la hauteur L,}$$

$$p = z - \frac{HL}{\Omega\left(\frac{L}{\Omega} + \frac{L'}{\Omega'}\right)} - \frac{H(z-L)}{\Omega'\left(\frac{L}{\Omega} + \frac{L'}{\Omega}\right)} \text{ dans la hauteur L'.}$$

On aurait les mêmes valeurs pour la figure 58, il suffirait de changer L en L', Ω' en Ω. Il faut remarquer que si la section supérieure est plus petite que la section inférieure, la pression devient négative. Cela se voit sur les expressions générales précédentes, mais plus facilement encore sur un exemple particulier.

Posons $L = L' = \frac{1}{2} H$, et il viendra :

$$p = z \frac{\Omega - \Omega'}{\Omega + \Omega'} \text{ pour le diamètre supérieur,}$$

$$p = (H - z) \frac{\Omega - \Omega'}{\Omega + \Omega'} \text{ pour le diamètre inférieur.}$$

Ainsi, pour $\Omega > \Omega'$ la pression est toujours positive et toujours négative dans le cas contraire.

Le maximum de pression a toujours lieu au changement de section, et on l'obtient en faisant $z = L$ dans l'équation générale ; on a alors :

$$P = \frac{LL'(\Omega - \Omega')}{L\Omega' + L'\Omega}.$$

Supposons Ω' petit par rapport à Ω, soit, par exemple, $\Omega' = \frac{1}{10}\Omega$, on aura :

$$P = \frac{\frac{9}{10}LL'}{\frac{1}{10}L + L'}.$$

Faisons L' petit aussi par rapport à L, $L' = \frac{1}{10}H$, par exemple, l'expression précédente se réduira à peu près :

$$P = \frac{9}{21}H.$$

L'exemple numérique, représenté par la figure 59, fait voir qu'une très-petite ouverture au bas du tuyau suffit pour réduire la pression dans une forte proportion. La formule précédente ne saurait en donner une mesure exacte, attendu qu'elle repose sur une longueur déterminée de L', et qu'elle donnerait $P = 0$, pour $L' = 0$. Cela tient à ce que si l'on suppose un étranglement brusque au bas du tuyau, il donne lieu à un phénomène du genre de celui de la contraction et que la théorie est impuissante à calculer la perte de charge produite par cette circonstance. Mais il est évident qu'il doit se passer près de l'embouchure quelque chose d'analogue à l'hypothèse que nous venons de faire, c'est-à-dire que près de cette embouchure l'eau ne coule plus que dans un petit tuyau de diamètre peu différent de celui de l'ouverture, ou mieux encore dans un cône (*fig.* 60).

C'est, au reste, le même phénomène que celui qui a lieu dans les tuyaux ordinaires dont, comme on le sait, le débit dépend très-peu de la grandeur de l'orifice. Si nous calculons le débit du tuyau dans l'exemple numérique précédent, nous aurons $q = \frac{\Omega}{\mu'}\frac{1}{1,90}$ c'est-à-dire que le débit ne serait pas réduit à moitié par une réduction des $\frac{9}{10}$, de l'ouverture. Mais ce n'est là, nous le répétons, qu'un type de calcul qui n'a pas de rapport avec la réalité, puisqu'on ne sait pas quel est l'effet de la contraction dans la masse filtrante; l'expérience seule pourrait guider à cet égard. L'essentiel à retenir de cette analyse, c'est que le débit n'est nullement proportionnel à la section et qu'une très-petite ouverture suffit pour diminuer beaucoup la pression.

Dans les troncs de cône représentés par les figures 61 et 62, on a (§ 140) :

$$q = \frac{1}{\mu'}\pi \mathrm{R}r, \quad \omega = \pi\left(\mathrm{R} - \frac{\mathrm{R}-r}{\mathrm{L}}z\right)^2$$

$$p = z - \int_0^z \frac{\mathrm{R}r\,dz}{\left(\mathrm{R} - \frac{\mathrm{R}-r}{\mathrm{L}}z\right)^2} = z - \frac{rz}{\mathrm{R} - \frac{\mathrm{R}-r}{\mathrm{L}}z} = (\mathrm{R}-r)z\,\frac{\mathrm{L}-z}{\mathrm{LR}-(\mathrm{R}-r)z},$$

R désignant le rayon supérieur et r le rayon inférieur, d'où il suit que dans la figure 61 la pression est toujours positive et toujours négative dans la figure 62. Rien ne serait si facile que de construire les courbes de pression en donnant des valeurs à R et r.

On voit qu'en général toute diminution de section augmente la pression et que toute augmentation la diminue. Il faut remarquer aussi que la pression est toujours nulle à l'orifice d'émergence, car la vitesse de sortie étant toujours très-faible, on peut négliger la hauteur à laquelle elle est due.

Ces exemples nous paraissent mettre en évidence l'avantage qu'il peut y avoir à donner issue aux eaux souterraines dans les constructions hydrauliques. On amoindrit alors énormément les pressions auxquelles elles seraient soumises. C'est ainsi que dans certains murs de soutènement on établit avec raison des barbacanes et que l'obstruction de ces ouvertures amène quelquefois la chute des murs, parce qu'à la pression des terres vient alors s'ajouter celle de l'eau. Mais le système employé dans ces circonstances, et bien connu des constructeurs, nous paraîtrait devoir être généralisé avec avantage. Ainsi, dans les constructions d'écluses, de bassins, de formes, on est obligé de donner aux radiers des épaisseurs considérables pour qu'ils puissent résister aux sous-pressions qui naissent de la communication du sol avec des bassins où le niveau de l'eau se trouve plus élevé. Dans une écluse de navigation, par exemple, où la chute serait de 2 mètres, on pourrait être conduit à donner cette épaisseur au radier pour qu'il puisse résister à la sous-pression, lorsque par une cause quelconque on serait obligé de le mettre à sec : de là d'énormes dépenses pour la fondation de toute l'écluse. Si, au contraire, on laisse dans le radier un certain nombre de petits drains verticaux, l'écoulement qui se fera par ces issues détruira la pression et l'on pourra se contenter d'une épaisseur de maçonnerie beaucoup moindre. Il est vrai que, dans certaines circonstances, on pourra être amené à épuiser sur le radier; mais ce travail prévu peut être rendu facile en établissant *à priori* sur la surface des petites rigoles qui doivent recevoir l'eau des drains, enfin le puisard où doit être placé le tuyau d'aspiration de la pompe d'épuisement. Ce sont là, au reste, des détails de construction qui ne peuvent trouver leur place ici. Nous n'insistons que sur le principe qu'il est dangereux d'arrêter le mouvement de l'eau à travers les terrains perméables et qu'il est souvent plus avantageux de lui ouvrir une issue que de lui résister.

Nous avons fait voir, sur de nombreux exemples, l'influence d'un changement de section sur la pression. Un changement dans la perméabilité du terrain produirait des résultats complétement analogues. En effet, si l'on remarque que quand, comme dans les exemples précédents, q est constant, a valeur de la pression peut se mettre sous la forme :

$$p = z - q\int_0^z \frac{\mu'}{\omega}\,dz;$$

d'où il résulte que cette pression est déterminée par le rapport $\frac{\mu'}{\omega}$ et qu'augmenter la perméabilité produit le même effet que d'augmenter la section.

Ainsi dans un filtre composé comme il est indiqué à la figure 63, on aurait

$$q = \frac{\omega H}{\mu'\lambda + \mu''\lambda' + \mu'''\lambda''},$$

$$p = z - \frac{H\mu'(z-h)}{\mu'\lambda + \mu''\lambda' + \mu'''\lambda''}.$$

Si la perméabilité étant constante, la section variait au contraire, on aurait

$$q = \frac{H}{\mu'\left(\frac{\lambda}{\omega} + \frac{\lambda'}{\omega'} + \frac{\lambda''}{\omega''}\right)}$$

et

$$p = z - \frac{H(z-h)}{\mu'\left(\frac{\lambda}{\omega} + \frac{\lambda'}{\omega'} + \frac{\lambda''}{\omega''}\right)},$$

expression qui devient identique avec la précédente en posant $\omega' = \frac{1}{\mu''}$, $\omega'' = \frac{1}{\mu'''}$.

Ainsi les deux systèmes indiqués par la figure 63 donneraient les mêmes pressions aux mêmes hauteurs.

142. Temps nécessaire pour écouler l'eau d'un vase rempli d'un terrain perméable. — On a vu que le débit d'un filtre est

$$q = \frac{\omega}{\mu'} \frac{H}{l}.$$

Lorsqu'une conduite à section constante et à pente uniforme se vide et qu'il n'y a plus de charge d'eau sur la partie supérieure, le rapport $\frac{H}{l}$ devient constant et égal à i, sinus de l'inclinaison de la conduite; on a donc alors

$$q = \frac{\omega i}{\mu'}, \quad \frac{q}{m\omega} = u = \frac{i}{\mu};$$

la vitesse et le produit restent constants parce que la charge diminue dans le même rapport que l'épaisseur de la couche à traverser.

On sait que dans le mouvement ordinaire, la vitesse de l'eau sortant d'un vase qui se vide, va toujours en diminuant; ici la vitesse de l'eau est constante et ne dépend que de la perméabilité du terrain et de l'inclinaison de la conduite. Le temps nécessaire pour obtenir une diminution de niveau, y, serait évidemment

$$t = \frac{\mu}{i} y,$$

et par conséquent le temps nécessaire pour vider la conduite,

$$T = \frac{\mu}{i} H.$$

Si la conduite était verticale, on aurait $i = 1$ et par conséquent

$$t = \mu y.$$

Si nous faisons $y = 1^m$, nous aurons $T = \mu$, c'est-à-dire que le coefficient μ est le temps nécessaire pour que l'eau contenue dans une masse perméable d'une hauteur quelconque et sous une charge égale à l'épaisseur de la couche s'abaisse de 1 mètre.

Si la section du filtre vertical n'était pas constante, le temps de la vidange se calculerait facilement au moyen d'une intégration, car on sait calculer le débit à un moment donné en fonction de la hauteur, et, comme dans les conduites, on trouverait que, dans certaines circonstances, il peut y avoir aspiration par la paroi.

143. Comparaison entre le mouvement de l'eau à travers les terrains perméables et le mouvement ordinaire. — En résumé on voit que tous les problèmes relatifs au mouvement ordinaire de l'eau, problèmes qu'on résout aujourd'hui à l'aide de certaines formules d'hydraulique, peuvent aussi se résoudre quand il s'agit du mouvement de l'eau à travers les terrains perméables. Il y a plus même, c'est que dans le mouvement ordinaire on ne parvient à la solution de la plupart de ces problèmes qu'en introduisant dans le calcul la vitesse moyenne au lieu de la vitesse de chacun des filets, c'est-à-dire en négligeant les phénomènes de l'adhérence des filets entre eux.

Or dans le mouvement de l'eau à travers les terrains perméables, ces phénomènes sont toujours négligeables à cause de la petitesse des conduits dans lesquels le mouvement a lieu. On doit donc considérer les formules que nous venons de donner comme beaucoup plus exactes que celles qui sont relatives au mouvement de l'eau à travers les terrains ordinaires.

En comparant ces deux espèces de mouvement, on y reconnaît cette différence caractéristique qu'en général dans le mouvement ordinaire la vitesse et le débit sont proportionnels aux racines carrées des charges, et que dans le mouvement à travers les terrains perméables la vitesse et le débit sont proportionnels aux charges.

144. Application des formules précédentes au mouvement des eaux souterraines. — L'eau qui tombe sur la surface de la terre est en grande partie absorbée par les terrains perméables dans lesquels elle s'infiltre lentement, puis arrêtée par les terrains imperméables, elle en suit les pentes pour reparaître sur les points où ces terrains viennent affleurer le sol. Souvent cet affleurement n'a lieu que dans les cours d'eau ou dans la mer elle-même. C'est cet égouttement continuel des terrains perméables qui alimente les cours d'eau superficiels pendant les sécheresses et maintient dans la plupart d'entre eux une certaine hauteur d'eau à toutes les époques de l'année.

L'action incessante de l'eau qui traverse les terrains perméables en a modifié la constitution sur plusieurs points, soit en dissolvant les éléments qui les composent, soit en les entraînant mécaniquement ; il s'est formé ainsi, dans certaines directions, des espaces vides dans lesquels l'eau a pu librement circuler et y prendre des vitesses considérables, comme cela a lieu dans les cours d'eau ordinaires. Les masses perméables sont donc sillonnées çà et là de cours d'eau souterrains, dont la position n'est pas, comme celle des cours d'eau superficiels, déterminée uniquement par le relief du sol sur lequel ils reposent. La nature primitive du sol, plus ou moins soluble ou plus ou moins mobile, a contribué à déterminer ces directions. C'est un drainage naturel, irrégulier, incomplet, mais qui fonctionne absolument comme les drainages artificiels qu'on fait aujourd'hui. *Une source* n'est autre chose que l'affleurement d'un drain naturel qui s'alimente dans la masse perméable qu'il traverse.

Lorsque l'eau de la pluie s'est infiltrée à travers le sol jusqu'à la première couche imperméable, elle se rend, comme nous l'avons dit, dans les cours d'eau superficiels ou dans la mer, tantôt directement par le mouvement lent, qui est le propre des terrains perméables, tantôt par un mouvement plus rapide au moyen des canaux naturels creusés par le passage continu du courant. Dans ces circonstances la surface supérieure de l'eau est toujours libre. Mais lorsque l'eau tombe sur des couches perméables, comprises entre des couches imperméables qui viennent affleurer le sol sur des coteaux élevés, elle descend dans ces espèces de siphons dont elle presse les deux parois avec une force mesurée par la hauteur de son point de départ diminuée de la perte de charge que lui a fait éprouver son mouvement à travers la masse perméable. Si l'on imagine qu'à l'aide de la sonde on donne à ces eaux forcées une issue dans un tube d'une hauteur indéfinie, elles s'y élèveront à une hauteur déterminée par leur pression et cette hauteur peut dépasser de beaucoup celle du sol. Si l'on coupe le tube au-dessous de cette hauteur, on obtient un débit d'autant plus considérable que le déversement se fait plus bas; c'est ce qu'on appelle un puits artésien.

Y a-t-il dans les masses artésiennes des sources ou drains naturels comme dans les nappes supérieures? C'est ce qu'il est difficile de savoir *à priori*. Il peut en exister sans doute, mais il y en a probablement moins que dans les nappes libres, parce que pour se frayer des passages les eaux n'ont guère pu agir que chimiquement. Quoi qu'il en soit, on voit qu'on peut rencontrer sous le sol les mouvements à surface libre et à surface forcée, comme dans les cours d'eau et conduites ordinaires, et les mêmes mouvements à travers les terrains perméables.

Il est clair en même temps que les ondulations des terrains imperméables et que l'irrégularité de leurs limites doivent produire sous certains points du sol des espèces d'étangs ou de lacs où les eaux sont à peu près stagnantes. A la superficie la vitesse des eaux a régularisé et nivelé le lit des cours d'eau et les cataractes se sont peu à peu effacées; sous le sol, si l'on excepte les petits courants dont nous avons parlé, la première couche imperméable a conservé sa forme originelle, de sorte que les étangs et les lacs souterrains doivent être beaucoup plus nombreux que ceux de la superficie.

Pour mieux nous rendre compte de la marche des premiers nappes souterraines, enlevons par la pensée le terrain perméable, et supposons que la pluie tombe directement sur la couche imperméable, cette eau se précipitera par les lignes de plus grande pente dans les thalwegs secondaires, puis dans les thalwegs principaux, comme le fait à la surface du sol celle qui n'est pas absorbée, de sorte que peu de temps après la pluie, l'eau sera complétement écoulée. Les lois de ce mouvement sont tout à fait différentes de celles qui régissent le mouvement à travers les terrains perméables. Dans le mouvement ordinaire la vitesse dépend du développement de la paroi et de la section, de sorte que à une pente donnée i correspond un nombre infini de vitesses. Ainsi, dans un cours d'eau d'une largeur indéfinie, on a, en appelant H sa hauteur, la formule connue

$$Hi = \alpha u + \beta u^2,$$

qui fait croître la vitesse avec la hauteur du courant. C'est une circonstance heureuse parce qu'elle limite les crues. On conçoit parfaitement que si la vitesse des grandes eaux n'était pas plus grande que celle des basses eaux, il faudrait une hauteur beaucoup plus considérable pour avoir le même débit. Or, il n'en est point ainsi dans les terrains perméables, la pente de la surface de l'eau détermine la vitesse, indépendamment de la section. Pour débiter deux fois plus d'eau avec la même pente à travers le même terrain, il faut nécessairement une section double. Il y a donc pour cette espèce d'écoulement une cause particulière qui doit faire varier le niveau des nappes souterraines, mais cette cause est compensée par la lenteur du mouvement, qui le régularise d'une manière d'autant plus puissante que l'épaisseur de la masse à traverser est plus considérable. On conçoit parfaitement que si sur un filtre d'une épaisseur de 10 mètres l'eau ne baisse que d'un mètre dans un jour et qu'on ne rétablisse le niveau que toutes les vingt-quatre heures, non-seulement on n'aura pas d'interruption dans le débit du filtre, mais ce débit ne variera que d'un dixième. Si l'on double l'épaisseur du filtre, la variation ne sera plus que d'un vingtième, etc., etc. Quoi qu'il en soit, on doit comprendre que la hauteur des nappes d'eau souterraines doit éprouver des variations plus ou moins considérables suivant leur pente et leur position par rapport aux terrains dont elles reçoivent l'égouttement. Ainsi, tout le monde connaît les crues souterraines qui ont lieu dans les quartiers nord de Paris et dont l'Académie des sciences s'est occupée plusieurs fois. Nous avons donné, dans notre ***Traité de la distribution des eaux***, les variations de débit des aqueducs de Paris, qui sont alimentés par des pierrées placées dans certaines nappes souterraines.

Il résulte de là que les sources et les puits ordinaires alimentés par les premières nappes souterraines sont, comme les cours d'eau superficiels, sujets à d'assez grandes variations de débit et peuvent même tarir, si le terrain supérieur est assez peu étendu pour qu'il puisse s'égoutter complétement entre deux pluies.

Transportons-nous maintenant au sommet d'une nappe artésienne (*fig.* 64), et cherchons qu'elles doivent être les variations de hauteur de la surface de ces espèces de réservoirs. Puisqu'ils ne sont alimentés que par la pluie, l'amplitude de ces variations de niveau ne peut dépendre que de celles de la pluie elle-même, et il est évident que si elle tombait toute l'année d'une manière uniforme, il s'établirait dans la couche un niveau constant, le débit ou la perte qu'elle éprouve étant lui-même constant. Nous pouvons assimiler ce phénomène à ce qui se passerait dans un réservoir percé à sa partie inférieure d'un certain nombre d'orifices. Il est clair qu'en y versant une quantité d'eau constante, on y obtiendrait d'une manière permanente le niveau qui rendrait la perte par les orifices égale à la quantité d'eau versée. Maintenant, si cette quantité d'eau versée, tout en restant constante par grandes périodes, éprouve des variations journalières, ce niveau variera lui-même, mais ces variations seront moindres que celles de l'eau versée, parce que le débit des orifices inférieurs diminuant ou augmentant quand le niveau s'abaisse ou s'élève cessera d'être constant. Nous pouvons donc, par les variations de la quantité d'eau versée, avoir une limite supérieure des variations du niveau de la nappe. Or, on sait qu'il tombe à la surface du sol une hauteur d'eau annuelle qui varie suivant les localités de $0^{m},70$ à 1 mètre; il faudrait en retrancher celle qui est évaporée, celle qui s'écoule à la surface, et multiplier le reste par le chiffre 2, 3, 4, 5 ou 6 pour tenir compte du surcroît de hauteur que peut lui faire occuper la porosité des terrains, ce qui porterait à 2 ou 3 mètres la variation de hauteur que pourrait subir la surface de la nappe alimentaire, dans le cas où toute la pluie annuelle tomberait le même jour. Or, comme cette pluie se divise sur un grand nombre de jours, on en conclura que, quoique ces jours soient inégalement espacés dans l'année, les variations de la quantité de pluie tombée ne peuvent occasionner qu'une variation de hauteur insignifiante dans le niveau des eaux qui alimentent les couches artésiennes, et que, par conséquent, la pression et le débit d'une nappe artésienne sont sensiblement constants, quand son point de dégorgement est assez bas par rapport à son niveau supérieur. C'est par ce motif que le débit des puits artésiens, qui, comme celui de Grenelle, sont dus à une grande pression au-dessus de l'orifice, est lui-même constant. Il en serait autrement si en élevant la colonne ascensionnelle on diminuait la charge : la diminution du débit pourrait devenir alors une fraction importante de débit total.

En partant de ces notions générales sur la nature et le mouvement des eaux souterraines et à l'aide des formules que nous avons données dans la première partie de ce mémoire on peut, comme nous l'avons dit, résoudre plusieurs questions qui intéressent la science ou l'industrie. Nous n'en ferons ici l'application qu'à celle qui concerne les quantités d'eau qu'on peut demander aux nappes ordinaires à surface libre et aux nappes artésiennes à surface forcée.

145. Des puits ordinaires. — Considérons maintenant le cas d'un puits ordinaire creusé dans un massif sablonneux (. 65) reposant sur le plan OX supposé horizontal. Ce massif entouré d'eau forme une espèce d'île circulaire dont le puits occupe le centre.

Soient :

R le rayon du puits,

L le rayon du massif filtrant,

h_0 la hauteur de l'eau dans le puits au-dessus de la couche imperméable OX, pendant qu'on extrait le volume q par seconde,

H la hauteur de l'eau extérieure ou la hauteur normale du puits lorsqu'il est abandonné à lui-même,

q le volume extrait du puits par seconde.

D'après les considérations développées dans la première partie de ce mémoire, la courbe AmC de la surface de l'eau sera déterminée par l'équation :

$$\frac{dy}{dx}=\mu u.$$

Or si nous considérons une section circulaire en m, sa hauteur verticale sera y, son périmètre $2\pi x$; on aura donc :

$$2m\pi xyu=q,$$

et l'équation différentielle de la courbe pourra se mettre sous la forme :

$$\frac{dy}{dx}=\frac{\mu}{2m\pi}\frac{q}{xy}=\frac{\mu' q}{2\pi}\frac{1}{xy},$$

intégrant et remarquant que pour $x=R$, $y=h_0$, que pour $x=L$, $y=H$, il vient pour équation de la courbe :

$$y^2-h_0^2=\frac{\mu'}{\pi}q\log\left(\frac{x}{R}\right)$$

$$y^2-H^2=\frac{\mu'}{\pi}q\log\left(\frac{x}{L}\right),$$

d'où

$$\frac{y^2-h_0^2}{H^2-h_0^2}=\frac{\log x-\log R}{\log L-\log R}$$

et

$$\frac{y^2-H^2}{H^2-h_0^2}=\frac{\log x-\log L}{\log L-\log R},$$

et pour le volume q débité par le puits :

$$q=\frac{\pi}{\mu'}\frac{H^2-h_0^2}{\log\left(\frac{L}{R}\right)}=\frac{2\pi}{\mu'}\frac{H-h_0}{\log L-\log R}\frac{H+h_0}{2}.$$

Les diverses formes sous lesquelles on peut écrire l'équation de la surface de l'eau démontrent : 1° qu'elle ne dépend ni du volume débité ni de la perméabilité du terrain ; 2° que lorsque H, h_0, L, R sont donnés, la courbe est déterminée, quelle que soit cette perméabilité, qui alors ne fait plus que changer le volume débité. Donc pour un terrain et un volume donnés, quel que soit le diamètre du puits, la courbe de la surface de l'eau est la même.

Quant au débit, il est proportionnel à la charge $H-h_0$ et à l'épaisseur moyenne $\frac{H+h_0}{2}$ de la couche, comme dans le cas où l'eau traverse un massif perméable par filets parallèles, mais il n'est plus en raison inverse de l'épaisseur du massif $L-R$, la différence de ces quantités est remplacée par celle de leurs logarithmes $\log\left(\frac{L}{R}\right)$.

Il résulte de cette dernière propriété que si L et R augmentent ou diminuent proportionnellement, le débit ne change pas, quoique l'épaisseur du massif à traverser doive éprouver une grande variation. Supposons, par exemple,

$$L=100^{m},\quad R=2^{m},\quad L'=50^{m}\quad R'=1^{m},$$

ces deux systèmes donneront le même débit, quoique dans le premier l'épaisseur du massif à traverser soit de 98 mètres et de 49 mètres seulement dans le second. Cela tient à ce que l'eau arrivant dans le puits par des rayons convergents et avec une vitesse croissante, la perte de charge par mètre courant augmente rapidement de la circonférence du massif au centre; par conséquent la partie du massif éloignée du centre du puits, traversée par l'eau avec une faible vitesse, ne donne lieu qu'à une perte de charge insignifiante; on peut donc l'augmenter ou la diminuer notablement sans changer le débit. Il n'en est pas de même de la partie voisine du centre, parce que la vitesse y étant relativement assez grande, la perte de charge employée à la traverser est considérable. Cependant lorsque le massif a une grande épaisseur, le rayon du puits influe peu sur son débit. On a en effet, pour deux puits de rayons différents, la relation :

$$\frac{q'}{q}=\frac{1-\frac{\log(R)}{\log(L)}}{1-\frac{\log(R')}{\log(L)}}.$$

On voit que quand R et R′ sont petits par rapport à L, q' et q sont à peu près constants. Ainsi si l'on doublait le diamètre, le débit q' deviendrait dans le cas de $L=100^m$,

$$\text{pour } R=1^m, \quad q'=1,17\,q$$
$$\text{pour } R=10^m, \quad q'=2q.$$

On voit que le débit n'est proportionnel ni à la surface de l'orifice du puits ni à son périmètre.

Si le rayon du puits influe peu sur le débit, il est clair que sa forme influe encore moins, lorsqu'elle diffère peu du cercle, car il n'y a alors qu'un peu plus ou moins de massif à traverser suivant tel ou tel rayon. Ainsi un carré, par exemple, aura évidemment le même débit qu'un cercle compris entre les cercles inscrits et circonscrits. Mais si le puits avait des dimensions sensiblement inégales en longueur et en largeur (*fig.* 66), en partageant la circonférence par des plans méridiens suffisamment nombreux, on calculera facilement le débit relatif à la section comprise dans l'angle θ de ces plans, car pour chacun d'eux, les quantités L et R seront connues; mais comme les variations de L sont sans influence, on pourra les négliger et calculer le rayon moyen par la formule :

$$\frac{1}{\log\frac{L}{R}}=\frac{\theta}{2\pi}\left(\frac{1}{\log\frac{L}{R_1}}+\frac{1}{\log\frac{L}{R_2}}+\dots\right).$$

On obtiendra ainsi une limite inférieure du débit, car en réalité les filets ne suivront pas exactement la direction des plans méridiens, mais des courbes convergentes vers le puits et ayant la propriété de donner le moins de résistance possible pour la plus grande quantité d'eau. La solution exacte du problème rencontrerait des difficultés d'analyse qu'il est inutile d'aborder ici, parce que la solution approchée que nous indiquons suffit pour la pratique; car ayant trouvé ainsi une limite inférieure du débit, on aura une limite supérieure à l'aide du cercle circonscrit à la figure du puits, et par conséquent une limite de l'erreur commise. Le même système d'approximation pourrait être appliqué dans le cas où le périmètre du massif ne serait pas un cercle et où le puits ne serait pas placé au centre.

Remarquons que la position plus ou moins excentrique du puits dans le massif filtrant ne saurait avoir une grande influence sur le débit. En effet, joignons les centres C, C′ du massif et du puits (*fig.* 67), et par un point o tel que $\frac{C'o}{R} = \frac{Co}{L}$, faisons passer une série de plans méridiens décomposant les deux circonférences en un grand nombre de sections égales, puis substituons aux arcs de cercle coupés par ces plans, sous des angles aigus ou obtus, des arcs de cercle normaux décrits avec les rayons L et R qui partagent l'angle en deux parties égales. Le débit qui se ferait dans chacun de ces éléments qu'on pourra substituer aux premiers, se calculerait alors comme si le puits était au centre, or pour chacun de ces éléments le débit étant proportionnel à $\frac{H^2 - h^2_0}{\log \frac{l}{r}}$, et le rapport $\frac{l}{r}$ étant par construction constant et égal à $\frac{L}{R}$, il est clair que le débit du puits calculé dans ce système de division sera le même que s'il était situé au centre. Le débit est en réalité plus considérable que celui qui résulterait de ce calcul, car, comme nous l'avons déjà dit, l'eau suivra la direction où elle éprouvera le moins de résistance, et il peut se faire que cette condition se trouve remplie par d'autres systèmes de plans méridiens et même par des surfaces courbes convergeant vers le centre du puits. Mais, nous le répétons, cette recherche nous paraît sans utilité pour la pratique.

Pour appliquer le calcul à la détermination des quantités d'eau qu'on peut obtenir d'un puits, nous nous sommes placé dans une abstraction mathématique qui, au premier coup d'œil, paraît essentiellement différer de la réalité. Cependant les conséquences qui ressortent de nos calculs peuvent servir à faire voir qu'il y a entre cette hypothèse et la réalité une analogie telle qu'elle permet de les confondre lorsqu'il ne s'agit que de résultats approximatifs.

Comme nous l'avons dit plus haut, les nappes souterraines sont en général situées sur des couches inclinées et descendent lentement vers quelque cours d'eau superficiel. Nous verrons plus loin, à propos des puits artésiens, comment la pente de ces nappes peut limiter le débit des puits, et, pour ne pas répéter les mêmes considérations, nous nous bornerons à justifier ici l'assimilation d'une nappe indéfinie à la nappe limitée, qui a servi de base à nos calculs.

Imaginons donc qu'un puits soit descendu dans une nappe indéfinie et que par des moyens d'épuisement on en enlève une quantité q par seconde, en y faisant baisser l'eau à divers niveaux h_0. Il est clair que la surface horizontale de la nappe sera altérée et formera vers le puits une série d'entonnoirs concentriques en se déprimant par courbes convexes vers le ciel, et qu'à une certaine distance du puits, distance qui pourra varier un peu suivant les rayons, l'abaissement sera réduit à une quantité négligeable. Si donc on imagine un cylindre vertical passant par les points où la surface du plus profond de ces entonnoirs vient se raccorder avec la surface primitive, nous pourrons, sans rien changer aux conditions du débit du puits, substituer à la masse perméable extérieure de l'eau parfaitement libre et nous rentrerons dans les conditions de l'hypothèse qui a servi de base aux calculs précédents. Sans doute l'identité n'est pas complète parce que la surface ainsi obtenue par une section horizontale de l'entonnoir n'est pas un cercle concentrique avec le puits, mais nous avons vu que l'influence du rayon du massif et que l'excentricité du puits avaient peu d'influence sur le débit.

Les propriétés que nous avons démontrées plus haut relativement à l'influence de la charge et du diamètre des puits creusés dans des massifs perméables circulaires, peuvent donc être appliquées aux puits ordinaires, et l'on peut tirer parti des formules que nous avons données, soit pour déterminer les quantités d'eau qu'on peut obtenir ou la perméabilité des couches aquifères.

Les calculs précédents supposent que le puits a été creusé jusqu'à la couche imperméable; s'il n'en était pas ainsi le débit serait moindre, mais d'une quantité très-faible. En effet, le terrain perméable laissé au fond du puits donnera une issue à l'eau par le fond, et la diminution de débit ne correspondra qu'à l'excès de perte de charge dû à la traversée de cette petite masse. Ce sera en réalité comme si l'on diminuait un peu le diamètre du puits, et l'on a vu plus haut combien peu cette diminution influe sur le débit. Si cette conclusion ne paraît pas conforme à la pratique, cela tient à ce que nous comparons ici les débits dans les mêmes circonstances, c'est-à-dire avec la même dénivellation $H - h_0$. Il faut remarquer en effet que le maximum de débit d'un puits correspond au maximum de l'expression $H^2 - h^2_0$, soit à $h_0 = 0$; donc tant que le puits n'est pas suffisamment approfondi pour qu'on puisse faire $h_0 = 0$, le débit va en augmentant, mais de moins en moins rapidement parce que si d'un côté la charge augmente, de l'autre la section moyenne diminue.

On doit remarquer que la quantité d'eau qu'on peut obtenir d'un puits est, eu égard à son périmètre ou à sa surface, beaucoup plus considérable que celle qu'on peut obtenir d'une galerie filtrante d'une grande longueur.

Imaginons une galerie d'une largeur 2R située dans une île d'une longueur indéfinie, d'une largeur 2L et alimentée latéralement, à droite et à gauche; son produit, d'après ce que nous avons vu, sera par mètre courant :

$$q = \frac{1}{\mu'} \frac{H^2 - h^2_0}{L - R},$$

celui d'un puits du rayon R dans les mêmes circonstances

$$q' = \frac{\pi}{\mu'} \frac{H^2 - h^2_0}{\log \frac{L}{R}},$$

d'où

$$q' = q \frac{\pi(L - R)}{\log L - \log R},$$

ou en négligeant R par rapport à L

$$q' = q\pi \frac{L}{\log L} = 3,14\, q \frac{L}{\log L},$$

pour $L = 100$ on aurait $q' = 68.q$
pour $L = 200$ on aurait $q' = 118.q$
pour $L = 1000$ on aurait $q' = 454.q$.

On voit par là que quand on veut obtenir de l'eau au moyen d'une galerie filtrante établie dans le sol, la quantité d'eau qu'on peut espérer par mètre courant de galerie n'est qu'une très-petite fraction de ce que donnerait un puits d'essai, et que quand les localités s'y prêtent, il peut y avoir avantage à substituer à une longue galerie filtrante une série de puits communiquant entre eux par des tuyaux, surtout lorsqu'on se trouve éloigné des nappes alimentaires.

Ce que nous avons dit des puits d'épuisement peut s'appliquer aux puits absorbants; il suffit de changer dy en $-dy$ et de supposer $h_0 > H$, et l'on aura pour équation de la courbe C*m*A (*fig.* 68) :

$$h^2_0 - y^2 = \frac{\mu'}{\pi} q \log\left(\frac{x}{R}\right)$$

et pour volume débité

$$q = \frac{\pi}{\mu'} \frac{h^2_0 - H^2}{\log L - \log R}.$$

On remarquera que dans les puits ordinaires, le débit se trouve limité par la hauteur de la nappe aquifère et que quelle que soit la profondeur du puits, ce débit ne peut dépasser

$$q = \frac{\pi}{\mu'} \frac{H^2}{\log L - \log R}.$$

Il n'y a pas de limite de ce genre pour les puits absorbants, on peut maintenir le niveau de l'eau dont on veut se débarrasser jusqu'à fleur du sol si cela est nécessaire et avoir par conséquent un débit très-considérable, si le puits est profond.

Le débit des puits absorbants étant, comme celui des puits ordinaires à peu près indépendant de leur diamètre, il en résulte des propriétés analogues en ce qui concerne les pertes d'eau qui se font dans les pièces d'eau, dans les réservoirs, dans les canaux, etc., etc., qu'on veut maintenir étanches. C'est que l'importance des fuites ne doit pas se mesurer d'après la grandeur des orifices, mais d'après leur position ; quelques fissures réparties sur toute la surface qu'on veut maintenir étanche, donneront des fuites infiniment plus considérables qu'un très-grand nombre de fissures réunies sur un petit espace, et si l'on se contentait de boucher la moitié de ces fissures, les autres débiteraient deux fois plus. C'est ce qui rend les travaux d'étanchement si difficiles. La moindre imperfection a les conséquences les plus graves, mais c'est encore là une question que nous ne ferons qu'indiquer ici.

146. Des puits artésiens. — Pour se rendre compte de la quantité d'eau que peut fournir un puits artésien, il faut avoir recours à une hypothèse analogue à celle que nous avons faite pour les puits ordinaires. Imaginons donc une couche perméable circulaire comprise entre deux couches imperméables et alimentée par un réservoir dont la hauteur dépasse le niveau du terrain. Conservons les notations que nous avons adoptées pour les puits ordinaires et complétons-les en appelant (*fig.* 69) :

e l'épaisseur de la couche aquifère que nous supposons constante,
y une hauteur comptée à partir du niveau de l'orifice d'écoulement,
H la charge sur cet orifice ou la hauteur à laquelle l'eau s'élèverait au-dessus de cet orifice dans un tube ascensionnel indéfini.

Par les mêmes considérations que pour les puits ordinaires, nous obtiendrons les équations suivantes :

$$\frac{dy}{dx} = \mu u = \frac{\mu q}{m\omega} = \frac{\mu' q}{2\pi e x}$$

$$y = \frac{\mu' q}{2\pi e} \log\left(\frac{x}{R}\right)$$

$$y - H = \frac{\mu' q}{2\pi e} \log\left(\frac{x}{L}\right)$$

$$y = \frac{H}{\log\left(\frac{L}{R}\right)} \log\left(\frac{x}{R}\right)$$

$$q = \frac{2\pi e H}{\mu' \log\left(\frac{L}{R}\right)}.$$

On voit que, comme pour les puits ordinaires, 1° la courbe des pressions ne dépend ni du volume débité ni de la perméabilité du terrain ; 2° que lorsque H, e et R sont donnés, la courbe est déterminée.

Quant au débit, il est proportionnel à la charge H, à l'épaisseur e de la couche aquifère et à sa perméabilité. Le rayon R, l'épaisseur L du massif n'ont sur le débit des puits artésiens pas plus d'influence que sur le débit des puits ordinaires ; car on remarque que les formules de débit sont à peu près identiques. La seule différence, c'est que la hauteur variable $\frac{H + h_0}{2}$ de la section moyenne des puits ordinaires est remplacée ici par la quantité constante e. Quant à l'équation de la courbe, elle offre aussi la plus grande analogie avec celle des puits ordinaires, il suffit de changer $y' - h'_0$ en $y - h_0$.

La proportionnalité du volume à la charge a été démontrée par de nombreuses expériences faites sur divers puits artésiens, entre autres sur le puits de Grenelle. On les trouvera consignées dans l'ouvrage de M. Darcy, que nous avons cité. Il y a donc là une confirmation assez remarquable des formules auxquelles nous sommes arrivé.

147. Influence du diamètre sur le débit. — Quant à l'inflence du diamètre du puits ou plutôt du tube ascensionnel sur le débit, qu'il nous soit permis de citer ce qui est arrivé il y a quelques années au puits de Grenelle.

Lorsque la direction du service municipal de la ville de Paris nous fut confiée, le débit de ce puits avait beaucoup diminué par suite d'un accident survenu à la partie inférieure du tube d'ascension. Cette partie déviée de sa position verticale, ne pouvait plus être débarrassée par la sonde des corps étrangers qui s'y étaient introduits. Un nouveau tube d'un plus petit diamètre, placé dans l'intérieur du premier, pénétra jusqu'à la couche aquifère à l'aide d'un trou de tarière percé dans le coude du premier tube; mais bientôt ce second tube commençant à s'incliner fit craindre que le même accident ne se renouvelât (*fig.* 70). En effet, les sables et terres sortis du tube d'ascension, lorsqu'on l'a fait dégorger au niveau du sol, ont dû former autour du pied du tube et sur une certaine hauteur un espace vide ou rempli de sable très-mobile, et l'on comprend que dans cette partie le tube n'étant plus soutenu latéralement devait obéir à la moindre pression. Nous ne vîmes d'autre moyen de remédier à cet état de choses que d'enraciner l'extrémité du tube dans la partie solide du terrain inférieur. Nous conseillâmes donc à M. Mulot, d'armer cette partie inférieure d'un fort pivot en fer, de chercher ensuite à le faire pénétrer le plus avant possible dans le sol résistant, et de se contenter de ne plus recevoir l'eau que par des trous percés dans la paroi latérale du tuyau; c'est ce qui a été exécuté. Ainsi aujourd'hui non-seulement l'eau arrive par un tube beaucoup plus petit que l'ancien, mais la partie inférieure de ce tube, complétement fermée par le bas et ne recevant l'eau que par des trous percés dans la paroi verticale, contient une tige quadrangulaire qui en diminue énormément la section. Eh bien! cette opération, qui a parfaitement réussi sous le rapport de la solidité, a parfaitement réussi aussi sous le rapport du volume. On a retrouvé tout ce qu'on avait perdu; d'où l'on peut conclure qu'une diminution très-considérable du diamètre du puits n'en a pas altéré le débit.

C'est un fait que chaque habitant de Paris peut d'ailleurs facilement s'expliquer, car à Paris il n'y a guère de ménage où il n'y ait une petite fontaine filtrante. Or chacun sait qu'on aurait beau augmenter le nombre des robinets ou leur diamètre, on ne tirerait pas une goutte d'eau de plus ou de moins du compartiment qui reçoit l'eau qui passe à travers le filtre, et que ce qui empêche l'eau d'arriver en abondance quand on ouvre le robinet, c'est que la pierre ou la matière filtrante n'en donne qu'une certaine quantité par seconde. Il est vrai cependant que le défaut de grandeur de l'orifice peut devenir un obstacle et limiter indéfiniment le débit, mais on se rendra compte de ce phénomène par un calcul fort simple.

Supposons qu'un puits artésien ait été percé avec un grand diamètre, et qu'ensuite on ait mis un tube d'ascension d'un diamètre D beaucoup plus faible, le nouveau débit q sera donné par l'équation

$$H = \frac{\mu' \log\left(\frac{L}{R}\right)}{2\pi e} q + \frac{\gamma l q^2}{D^5}.$$

Le premier terme de cette équation représente la perte de charge qui a lieu dans la masse fluide, et résulte des formules que nous venons de donner; le second terme, celle qui est due au frottement du tube ascensionnel, calculée d'après les formules connues relatives au mouvement de l'eau dans les tuyaux. (Voir notre *Traité* sur la distribution des eaux.) La longueur l du tube ascensionnel peut être considérée comme constante, parce que d'abord elle n'éprouve que des variations insignifiantes, et ensuite parce que hors de terre on est libre de prendre un diamètre quelconque. Si l'on appelle h la perte de charge $\frac{\gamma l q^2}{D^5}$, l'expression du volume peut se mettre sous la forme

$$q = 2\pi e \frac{H - h}{\mu' \log\left(\frac{L}{R}\right)},$$

c'est-à-dire que le frottement du tube ascensionnel correspond à la diminution de la charge H, d'une certaine quantité dont l'importance sera mesurée par son rapport avec la charge H elle-même. Il suffira donc de calculer la valeur du terme $\frac{\gamma l q^2}{D^5}$ pour savoir la diminution du débit due à la petitesse du diamètre du tube ascensionnel.

148. Moyen de reconnaître si le diamètre d'un puits foré est trop petit. — On peut au reste, en comparant les débits à diverses hauteurs du tube, reconnaître le rôle que joue dans cette circonstance le diamètre de la conduite ascensionnelle, et s'il y a lieu de regretter d'avoir fait un forage d'un trop petit diamètre.

Représentons par une courbe la relation qui existe entre les débits et les charges, en menant aux divers points de l'axe du puits des lignes horizontales proportionnelles au débit que donnerait le tube ascensionnel s'il était coupé à ces différentes hauteurs. D'après ce que nous avons dit plus haut, l'équation de cette courbe aura nécessairement la forme

$$H - y = aq + bq^2$$

en appelant (*fig.* 71)

> H la hauteur au-dessus du sol à laquelle devrait s'élever le tube ascensionnel pour qu'on ait $q = 0$,
> y les ordonnées au-dessus du sol,
> a et b deux coefficients inconnus.

On voit donc qu'à la rigueur il suffirait de trois expériences pour déterminer les quantités inconnues H, a, b, et même de deux, car le diamètre moyen et la longueur du tube ascensionnel étant connus, b peut être donné par la formule $\frac{\gamma l}{D^5}$. La courbe qui représente les débits est une parabole à axe vertical, les coordonnées du sommet sont $-\frac{a}{2b}$ et $H + \frac{a^2}{4b}$.

Il résulte de là que si à la hauteur H on mène la tangente à la parabole ainsi déterminée, c'est-à-dire la droite dont l'équation est

$$H - y = aq,$$

on obtient la limite des maxima des débits qu'on peut atteindre en augmentant le diamètre du tuyau ascensionnel, et les différences entre les abscisses de cette droite et celles de la parabole exprimeront par conséquent les profits qu'on peut faire sous ce rapport.

Ainsi à Grenelle, par exemple, on trouve, en déterminant par le calcul la perte de charge qui a lieu dans le tube ascensionnel, qu'elle n'est que de 1 mètre environ, et que celle due à la masse filtrante est d'environ 56 mètres.

Il est donc évident qu'en augmentant indéfiniment le diamètre on ne pourrait augmenter le débit que de 2 p. 100 à peine. Il y a plus même : la hauteur de la colonne du puits de Grenelle n'est pas ce qu'elle devrait être pour obtenir le maximum d'effet utile.

En effet, il résulte des expériences précitées que l'eau pourrait s'élever à 90 mètres environ au-dessus du sol. Si donc on voulait, sous le rapport mécanique, en tirer un meilleur parti, il faudrait donner à la colonne une hauteur de 45 mètres au lieu de 33, car le maximum de $(H-y)y$, est donné par $y=\frac{1}{2}H$.

On aurait ainsi un effet mécanique représenté par

$$45 \times 45 = 2025$$

au lieu de celui qu'on a aujourd'hui

$$57 \times 33 = 1881$$

Augmentation : 144

Soit 8 p. 100 environ sur l'effet actuel.

En élevant l'eau à 45 mètres le débit diminuerait dans le rapport de $\frac{45}{57}$, et la perte de charge dans celui de $\left(\frac{45}{57}\right)^2$.

149. Du débit probable du puits de Passy eu égard à son diamètre. — Les jaugeages du débit du puits de Grenelle à diverses hauteurs ne justifient donc pas l'espérance conçue d'obtenir à Passy un plus grand volume d'eau au moyen d'un forage d'un plus grand diamètre (*).

Si l'on attend ce plus grand débit du rayon du puits creusé dans la masse filtrante, cet espoir est tout aussi chimérique, car le vide qui se fait au pied du tube n'a pas de rapport avec le diamètre de ce tube. Lorsqu'une sonde pénètre dans la masse aquifère et que l'eau vient à jaillir à la surface du sol, il se produit un certain désordre dans cette masse, surtout si, comme à Grenelle, le tube d'ascension est assez petit pour entraîner les corps solides qui s'en détachent. Il se forme donc tout autour du tube un espace vide, ou rempli de matières qui ne peuvent être entraînées à cause de leur poids ou de leur volume. Jusqu'où s'étend cette altération de la masse aquifère, jusqu'à quel point est-elle favorable au débit? C'est ce qu'il est assez difficile de déterminer. Mais ce qu'il y a de certain, c'est que le rayon réel du puits artésien, que nous avons désigné par R dans les formules précédentes, est beaucoup plus considérable

(*) Nous avons cru devoir laisser dans ce chapitre nos conjectures sur le résultat du puits de Passy telles qu'elles étaient dans le mémoire présenté à l'Académie des sciences. Nous le terminerons par quelques explications qui feront voir que la contradiction entre ces conjectures et ce résultat est plus apparente que réelle.

que celui du tube ascensionnel et n'a pas de rapport avec lui. D'ailleurs, les considérations que nous avons exposées à propos des puits ordinaires, et qui sont ici applicables, puisque la formule est la même en ce qui concerne cette quantité, ont mis en évidence le peu d'influence qu'avait le diamètre du puits sur son débit. Toutes choses égales d'ailleurs, on ne doit donc pas s'attendre à trouver à Passy plus d'eau qu'à Grenelle. Par toutes choses égales d'ailleurs, nous entendons qu'on s'adressera à la même couche aquifère et que cette couche aura à Passy la même épaisseur et la même perméabilité qu'à Grenelle.

On peut se faire, au sujet du puits de Passy, une autre question. Ce puits, en le supposant arrêté à la même nappe, altérera-t-il le débit du puits de Grenelle? On sait que le débit des puits forés dans la ville de Tours a toujours été en diminuant à mesure que leur nombre a augmenté. Quelques-uns même ont complétement tari. M. Darcy qui, dans son ouvrage sur les fontaines de Dijon, a recueilli une foule de faits intéressants sur les puits artésiens, cite comme un exemple très-remarquable de cette influence réciproque, le puits de M. Bretonneau. Ce puits, situé à 1,350 mètres de celui de l'abattoir de Tours, a vu son débit notablement diminuer lorsque l'eau a jailli de l'abattoir; il n'y aurait donc rien d'étonnant à ce que le puits de Passy nuisît à celui de Grenelle, quoiqu'il en soit distant de 3 kilomètres environ.

Disons de suite qu'on ne peut, à cet égard, émettre que des conjectures plus ou moins plausibles, et que notre but est moins de résoudre la question que de signaler les seules indications que fournissent, à cet égard, les données dont on dispose.

Ce qu'on connaît du puits de Grenelle, c'est son débit et la charge qui le produit; le rapport entre ces deux quantités est ce qui caractérise la couche aquifère qui alimente un puits artésien. Ce rapport est très-variable dans les divers puits connus.

150. Puissance de débit de divers puits artésiens.— En réunissant les données fournies par M. Darcy, on trouve pour quelques-uns de ces puits les rapports suivants qui expriment ce que débiterait chacun d'eux avec 1 mètre de charge.

Pour le puits de Grenelle ce rapport est de	0,000 221
— Vilaines dans la Côte-d'Or	0,000 089
— M. Lambert à Elbeuf	0,000 130
— M. Richemont à Cangey	0,004 25
— — à Saint-Aventin	0,002 80

Pour les puits de Tours	de M. Champoiseau (1839)........	0,006 48
	de M. Champoiseau (le même approfondi)...................	0,002 23
	dans la tour Charlemagne........	0,001 17
	de la caserne de cavalerie........	0,001 09
Pour le puits de Villandey à M. Hainguerlot.................		0,004 04

On voit que le coefficient du puits de Grenelle est un des plus faibles, quoique son débit soit un des plus considérables. Cela tient à ce qu'à Paris on dispose d'une très-grande pression, de sorte qu'on obtient une assez grande quantité d'eau d'une couche aquifère beaucoup moins riche que celle, par exemple, qui alimente la ville de Tours. A Paris, au sol la pression est de 90 mètres environ, à Tours elle n'est guère, pour la première nappe rencontrée, que de 6 à 7 mètres. On voit que si l'on avait trouvé à Paris une nappe aussi riche que celle de Tours, on aurait eu quinze fois plus d'eau au sol. Voyons maintenant quelles sont les conséquences du débit et de la charge du puits de Grenelle par rapport au débit des puits qu'on pourrait forer à une certaine distance de ce même puits.

151. Influence réciproque des puits artésiens forés dans la même nappe. — Au lieu de la nappe souterraine d'une grande largeur qui alimente un puits artésien, considérons un élément de cette nappe compris entre deux plans verticaux situés à une petite distance et dirigés dans la direction de la vitesse des filets fluides. Nous aurons ainsi une espèce de conduite à débit constant dans toute son étendue, débit proportionnel à la différence de niveau Z (*fig.* 72), entre les extrémités et fonction d'une certaine section moyenne qu'on peut calculer au moyen des formules données plus haut. La pression en chaque point de cette conduite sera limitée par une courbe A*m*B, dont on peut avoir facilement l'équation, car on sait que l'inclinaison de chacun de ses éléments est proportionnelle à la vitesse de l'eau au point correspondant de la conduite. Si la section était constante, cette courbe se réduirait à une ligne droite. Faisons maintenant sur un point P de cette conduite une prise d'eau au moyen d'un tube limité à la hauteur z au-dessus du niveau du réservoir inférieur et cherchons à déterminer le débit de cet orifice.

Soient : Q le débit total de la conduite,
q le débit de l'orifice O,
H la charge sur cet orifice.

Remarquons d'abord que le débit d'une nappe artésienne est constant, car il est nécessairement égal à la quantité d'eau qu'elle reçoit à sa partie supérieure. Ainsi, par l'effet de ce nouvel écoulement, la courbe des pressions BmA est remplacée par la courbe BOC, la portion OC étant parallèle à la portion mA, puisque le débit est le même, et l'inclinaison de chacun des élémens de la portion BO étant à celle des éléments de Bm comme $\frac{Q-q}{Q}$.

Or, la proportionnalité entre le débit et la charge nous donne pour la portion de conduite BP :

$$\frac{Q-q}{Q}=\frac{z}{z+H},$$

d'où

$$q=Q\frac{H}{z+H}=\frac{Q}{1+\frac{z}{H}}.$$

On peut se rendre compte de la signification et de la valeur du rapport $\frac{H}{z+H}$ pour un point quelconque. Supposons que la nappe artésienne du puits de Grenelle ait son débouché dans la mer, l'ordonnée $z+H$ serait alors la hauteur au-dessus de la mer de la colonne hydrostatique du puits de Grenelle,

soit environ 128 mètres,
la pression H serait, comme nous l'avons dit, de 57

d'où l'on pourrait conclure que si l'on faisait en travers de la nappe une série de puits contigus, on ne pourrait faire monter à la hauteur du tube de Grenelle que les $\frac{57}{128}$ du produit total de la nappe et qu'on en perdrait nécessairement les $\frac{71}{128}$.

On remarquera que ces rapports sont indépendants de la perméabilité du terrain et de la section de la conduite, c'est-à-dire qu'en s'écartant plus ou moins des plans verticaux qui la terminent latéralement, en substituant au corps perméable contenu dans la conduite un autre corps qui le serait plus ou moins, cela ne changerait ni la ligne des pressions ni les rapports entre les débits.

On remarquera aussi l'influence du niveau de l'orifice inférieur B; ainsi, en supposant la charge H constante, le produit q du tube ascensionnel diminue quand la hauteur z augmente. Ainsi un abaissement du point B diminuerait le débit de la prise O, même en lui conservant la même charge. Cela se conçoit facilement : l'eau se partage entre l'orifice O et l'orifice B en raison de l'intensité des appels qui lui sont faits. Or, plus le point B se trouve bas par rapport au point O, plus son appel est puissant.

Imaginons maintenant que des puits soient ouverts en O′ et O″; il est clair que leurs orifices, se trouvant au-dessus de la nouvelle ligne de charge, ne donneront pas d'eau, quoiqu'ils se trouvent au-dessous de la ligne de charge primitive et qu'ils pourront en donner si l'on ferme l'orifice O. Rien de si facile du reste que de déterminer le débit d'une série de puits dont on connaîtrait les hauteurs des orifices par rapport à la charge sur l'extrémité de la conduite et par rapport à la ligne de charge primitive. En effet, le débit de chaque portion de se trouve déterminé par l'inclinaison de la ligne qui réunit les orifices branchés sur ses extrémités (*fig.* 73).

Ainsi soient : $z, z', z'', \ldots$ les ordonnées des orifices par rapport à l'horizontale passant par le point B,

$h, h', h'', \ldots$ les charges sur les orifices dans l'hypothèse où il n'y aurait que l'orifice d'extrémité,

$q, q', q'', \ldots$ les débits des divers puits forés dans la nappe,

Q le débit total de la conduite.

On aura :

Pour le débit de la portion de conduite Bp'' :

$$\frac{Q - q'' - q' - q}{Q} = \frac{z''}{z'' + h''};$$

Pour le débit de la portion de conduite $p''p'$:

$$\frac{Q - q' - q}{Q} = \frac{z'' - z'}{(z' + h') - (z'' + h'')};$$

Pour le débit de la portion de conduite $p'p$:

$$\frac{Q - q}{Q} = \frac{z - z'}{(z + h) - (z' + h')}.$$

On obtient facilement les valeurs de q'', q', q en retranchant de chaque équation celle qui la précède. Comme pour les conduites ordinaires, les orifices ne peuvent donner d'eau qu'autant qu'ils se trouvent au sommet d'un polygone présentant partout des angles saillants et dont l'inclinaison des côtés va toujours en augmentant, ce qui donne un moyen de distinguer les orifices qui débitent de ceux qui ne débitent pas.

Il suffit de les joindre par une ligne brisée et de réunir successivement les orifices situés en amont et en aval de l'angle saillant; tous les orifices situés au-dessus du polygone ainsi obtenu n'auront aucun débit. Celui des autres orifices est facile à calculer en vertu des équations précédentes : leur débit total est toujours égal à celui que donnerait l'orifice le plus bas, s'il était seul sur la conduite, et, en général, le débit d'un nouvel orifice en amont est pris sur celui qui le suit immédiatement à l'aval. On a en effet, en vertu des équations précédentes :

$$\frac{q''}{Q}=\frac{h''}{z''+h''}-\frac{q'+q}{Q},$$

$$\frac{q'}{Q}=\frac{h'-h''}{(z'+h)-(z''+h'')}-\frac{q}{Q},$$

$$\frac{q}{Q}=\frac{h-h'}{(z+h)-(z'+h')}.$$

On remarquera que ces débits ou plutôt les rapports $\frac{q}{Q}, \frac{q'}{Q}, \frac{q''}{Q}$, sont indépendants de la section de la conduite et de la perméabilité du corps à travers lequel l'eau s'écoule.

C'est ainsi que les choses se passeraient si la nappe artésienne avait très-peu de largeur par rapport au diamètre du puits artésien, ou s'il y avait dans la nappe artésienne un drain transversal qui en recueillît les eaux dans toute sa largeur; mais il n'en est pas ainsi dans la nature, et les résultats précédents se trouvent modifiés de manière à ne plus pouvoir être aussi exactement précisés. On ne peut plus se rendre compte des phénomènes de ce mouvement que d'une manière approximative, parce qu'il est impossible de réunir les données nécessaires à la solution du problème.

Dans le cas que nous venons de considérer, la ligne de pression s'abaisse sur l'orifice et s'y brise suivant l'angle MOC (*fig.* 74); du côté d'amont elle reste parallèle à son ancienne direction; du côté d'aval elle est moins inclinée; le tuyau ne reçoit de l'eau à sa partie inférieure que par l'amont. Donnons maintenant à la conduite une largeur sensiblement plus grande que le diamètre du tube ascensionnel. Il ne pourra plus enlever à la couche aquifère une quantité d'eau en rapport avec sa nouvelle largeur, c'est-à-dire que si par exemple on a décuplé la largeur, on n'aura pas un produit décuple, mais il en différera très-peu. En effet, pour que la partie aval de cette conduite débite plus que dans le cas précédent, il faut que la ligne de pression ait plus de pente, ce qui ne peut avoir lieu qu'au moyen d'un relèvement de la nappe en aval du puits. Or si la nappe se relève de N en *n*, elle se relèvera de M en *m* à l'amont, et l'eau arrivera de tous les côtés au tube ascensionnel avec une vitesse plus grande, c'est-à-dire que près du puits les filets fluides convergeront tous vers le centre. La différence d'inclinaison des lignes *n*C et NC indiquera ce qui est échappé au puits, c'est-à-dire la quantité d'eau qu'il aurait pu amener à la surface s'il avait eu la largeur de la nappe. On voit donc que la nappe, en s'élargissant, cède nécessairement au puits une grande partie de son eau, car pour que la partie aval de la conduite débite davantage, il faut que le point *n* s'élève, ce qui augmente le débit du puits; on comprend du reste que le rapport de la partie enlevée par le puits à la partie qui lui échappe va sans cesse en diminuant à mesure que la largeur augmente, attendu que les points *m* et *n* ne peuvent s'élever indéfiniment puisqu'ils sont limités par la ligne de pression.

On peut maintenant se faire une idée assez exacte de l'altération que produit, dans le mouvement des filets fluides et dans la pression de la nappe, le forage d'un puits artésien.

Imaginons toujours la nappe divisée en un certain nombre de filets par des plans verticaux parallèles à la direction de la vitesse et écartés de manière que leur débit soit le même. Il est clair que le puits absorbe un certain nombre de ces filets, vingt par exemple. En menant donc à droite et à gauche du puits (*fig.* 75) deux lignes MN, M'N' parallèles au filet qui passe par son centre et comprenant chacune dix filets, on limitera la zone alimentaire du puits dans l'ancien système de la direction des filets. Mais il est clair que cette limite a changé de place dans le nouveau système à cause de la convergence des filets, et que les lignes MN, M'N' sont revenues en convergeant vers le puits se fermer à une certaine distance en aval suivant *mp*, *m'p*. Toute l'eau contenue dans cette zone alimente le puits, toute l'eau qui lui est extérieure alimente la partie de la nappe située à l'aval. On voit que l'économie primitive de la distribution des filets dans la nappe se trouve complétement dérangée par le débit qui a lieu sur un point et par l'espèce d'appel qui résulte de la diminution de pression sur le centre du puits.

Considérons maintenant le filet extrême de la nappe alimentaire du puits et le filet contigu qui continue de se rendre dans le réservoir d'aval; il est clair que pour ces deux filets il y a pour ainsi dire équilibre entre l'appel de ces deux voies d'écoulement. Donc ce qui détermine le débit du puits, c'est la relation qui existe entre ces deux appels. Dans le cas d'une nappe étroite, nous avons vu que le débit du puits est donné par l'équation

$$q = Q \frac{H}{H+z};$$

une relation analogue existe pour une nappe quelconque. En effet, si nous représentons le profil en long de la courbe de pression dans l'axe du courant et deux profils en travers sur CD, EF (*fig.* 75 *bis*, *ter* et *quater*), nous reconnaîtrons, en appelant $f(H)$ la hauteur moyenne dont se relève la courbe en aval du puits, $f(H)$ étant une quantité plus petite que H, mais qui en diffère peu, qu'on a l'équation

$$\frac{Q-q}{Q} = \frac{z+f(H)}{H+z},$$

et par conséquent

$$q = Q \frac{H - f(H)}{H+z}.$$

Cherchons maintenant à déterminer la fonction $H - f(H)$ qui exprime l'abaissement moyen de la surface de pression par l'effet de l'écoulement du puits. Cela revient à calculer l'ordonnée moyenne de la section transversale faite sur l'axe du puits. On ne peut déterminer rigoureusement la forme de cette courbe, mais d'après les calculs que nous avons faits, dans l'hypothèse d'un puits ouvert au milieu d'un massif circulaire, nous en connaissons le type. Nous savons que cette courbe doit se relever rapidement à droite et à gauche de l'axe du puits, et à une grande distance se raccorder avec la surface primitive. Nous sommes donc autorisé à prendre pour équation de la courbe :

$$y = H \frac{\log\left(\frac{x}{R}\right)}{\log\left(\frac{L}{R}\right)}.$$

Or la surface OCBA est (*fig.* 76) :

$$LH - \int_R^L \frac{H}{\log\left(\frac{L}{R}\right)} \log\left(\frac{x}{R}\right) dx = \frac{H(L-R)}{\log\left(\frac{L}{R}\right)},$$

donc
$$H - f(H) = L \frac{H(L-R)}{\log\left(\frac{L}{R}\right)}.$$

R étant négligeable par rapport à L, et $\log \frac{L}{R}$ étant une quantité indépendante de H, qu'on peut considérer comme un coefficient constant, il vient

$$q = \frac{Q}{\log\left(\frac{L}{R}\right)} \frac{H}{H+z}.$$

On voit que le débit d'un puits artésien est proportionnel à sa charge et en raison inverse de la hauteur de la colonne manométrique au-dessus du niveau de l'orifice par laquelle la nappe dégorge naturellement, comme dans le cas où le puits embrasserait toute la largeur de la nappe.

On comprend en effet que plus l'appel vers l'orifice naturel inférieur est puissant par rapport à la charge sur l'orifice du puits, plus la zone qui alimente le puits se resserre à droite, à gauche et à l'aval; que plus l'appel vers le centre du puits est puissant, plus au contraire elle s'étend. En un mot, c'est le rapport $\frac{H}{H+z}$ qui limite pour ainsi dire le rayon d'activité du puits et la zone qui alimente son débit.

Maintenant, si dans le voisinage d'un puits déjà existant on en creuse un nouveau, ce puits ne débitera qu'autant que son tube ascensionnel sera coupé au-dessous de la courbe des pressions déterminées par le premier puits; si ensuite on baisse successivement l'orifice du nouveau puits, son débit augmentera et nuira de plus en plus à celui du premier et finira même par le tarir complétement pour une hauteur donnée.

L'épaisseur et la perméabilité de la nappe n'ayant, comme nous l'avons vu, aucune influence sur la courbe ou sur la surface des pressions, n'en ont pas non plus sur l'étendue de la zone dans laquelle deux puits se nuisent réciproquement; ces circonstances augmentent ou diminuent le débit du puits par mètre de charge, mais n'altèrent pas le rapport qui peut exister entre les débits d'un groupe de puits forés sur une certaine surface de la nappe aquifère.

Pour déterminer ce rapport par le calcul, il faudrait chercher dans la nappe les filets qui se trouvent en équilibre entre les appels qui tendent à les entraîner vers tel ou tel orifice; on limiterait ainsi l'étendue de la nappe qui alimente chaque puits et par conséquent son débit. On comprend toutes les difficultés que présenterait ce calcul, mais les considérations que nous avons exposées dans ce mémoire peuvent faire prévoir quelques-uns de ses résultats et fournir d'utiles indications pour la pratique.

Imaginons que tout autour d'un puits artésien on fasse une série de forages avec des tubes ascensionnels indéfinis, l'eau montera dans chacun d'eux à une hauteur qui dépendra de sa position et de sa distance; on obtiendra ainsi les ordonnées de la nouvelle surface de pression déterminée par le puits. Si donc on coupe tous ces tubes à la hauteur d ces ordonnées, aucun d'eux ne donnera de débit, quoique se trouvant inférieur à la surface primitive.

Supposons maintenant qu'on supprime le débit du puits central en laissant monter l'eau dans un tube ascensionnel indéfini; la surface des pressions se relèvera un peu et tous les autres tubes ascensionnels auront un débit dont la somme sera un peu plus faible que le débit du puits unique, car la courbe de pression étant la même sensiblement, chaque zone concentrique de la nappe aura le même débit, puisque la vitesse de l'eau qui a pour mesure l'inclinaison de la courbe de pression sera sensiblement la même. Pour que le débit total de tous ces puits fût égal à celui du puits central, il faudrait que leur nombre fût infini. Ainsi un nombre considérable de puits, dont plusieurs ont un niveau peu différent de celui du puits central, peuvent avoir un débit total inférieur à celui d'un puits unique dégorgeant un peu plus bas. Or nous savons que le débit des puits uniques est proportionnel à leur charge; nous pourrions donc déterminer une limite du débit total d'un groupe de puits, si nous avions pour l'un d'eux les constantes qui déterminent la courbe des pressions.

En effet, en enfermant tous ces puits dans un cercle et supposant un puits foré au centre, nous déterminerions facilement la charge qui aurait pour résultat de faire passer la courbe des pressions au-dessous de tous les orifices, et nous en conclurions que le débit total de ce groupe de puits est inférieur à celui de ce puits dont le débit serait connu par sa charge.

Cette limite du débit d'un groupe de puits est d'autant plus près de la vérité que les puits sont plus nombreux sur la surface ou sur le périmètre, car on doit remarquer que si l'on a une série de puits au même niveau, ceux qui se trouveront dans l'intérieur du périmètre seront nécessairement taris par ceux qui se trouveront sur le périmètre, et parmi ces derniers même, ceux qui se trouveront à l'aval débiteront beaucoup moins que ceux qui sont à l'amont.

Il résulte de ces principes généraux que l'alimentation d'une ville, au moyen de puits artésiens, présente plus de difficultés qu'on ne le pense généralement, ou que du moins il faut avoir égard à certaines considérations dont on ne paraît pas s'être suffisamment rendu compte jusqu'à présent.

Le succès du puits de Grenelle a fait croire qu'en forant de nouveaux puits dans les divers quartiers de Paris on trouverait partout la même quantité d'eau, de sorte qu'on a pu mettre en comparaison les dépenses de ce système avec d'autres systèmes d'alimentation. Eh bien! la base de ce calcul est complétement erronée. D'après ce que nous venons de voir, un petit nombre de puits suffirait pour faire sortir de la nappe artésieme tout ce qu'elle peut fournir à la hauteur demandée. Une fois ces puits exécutés, tous ceux qu'on ferait après ne donneraient d'autre eau que celle qu'ils prendraient aux autres puits. Si l'on voulait augmenter cette quantité, il y aurait grand avantage à sortir de l'enceinte de Paris pour écarter les orifices; l'eau y serait ensuite ramenée à la surface du sol par des conduites ordinaires. La répartition de ces puits sur le sol, eu égard à son niveau, à l'emplacement des quartiers à alimenter et à la direction du mouvement de la nappe ne devrait pas être faite au hasard. Les puits devraient être ouverts successivement, et l'altération que subirait leur débit éclairerait pour la détermination des puits nouveaux à ouvrir.

L'usage des eaux jaillissantes, s'il venait à se généraliser, réclamerait d'ailleurs l'intervention de la loi pour assurer la jouissance au premier occupant. Il suffirait, pour tarir complétement le puits de Grenelle, qu'un propriétaire voisin fît un forage dont la colonne ascensionnelle serait coupée un peu plus bas que celle du puits de Grenelle. Or il est impossible que l'industrie aborde de pareilles dépenses sans avoir la certitude d'en jouir. Il y aurait donc lieu, dans l'intérêt de la société, de réglementer l'usage des eaux jaillissantes.

Les considérations dans lesquelles nous venons d'entrer n'ont pas pour but de blâmer ou de critiquer le forage qui se fait à Passy; c'est une belle expérience qui fournira certainement des données intéressantes pour la science. Nous n'avons voulu que faire voir que dans les questions qui, par leur nature, semblent le plus échapper à la puissance du calcul, la théorie peut être encore un guide précieux et fournir tantôt des données certaines, tantôt des conjectures dont l'industrie peut tirer parti.

Ainsi, sous le rapport de l'influence que le puits de Passy pourra avoir sur celui de Grenelle, on ne peut évidemment émettre que des conjectures. On doit comprendre en effet que pour connaître comment la pression diminue à une certaine distance d'un puits, il faut avoir au moins un second forage. Cependant l'expérience de la ville de Tours serait de nature à faire croire que cette influence pourra se révéler d'une manière plus ou moins fâcheuse. Deux circonstances sont en faveur du puits de Passy : 1° la distance de 3 kilomètres, à Tours cette influence n'a été reconnue qu'à 1250 mètres; 2° le niveau de l'orifice de dégorgement de la nappe, $H+z$, est probablement à Paris plus élevé qu'à Tours, c'est-à-dire que l'appel de cet orifice inférieur étant plus puissant doit limiter davantage la largeur des nappes qui alimentent les puits et par conséquent leur rayon d'activité; mais ces deux circonstances, dont la dernière n'est du reste pas certaine, ne compensent probablement pas l'effet de la charge. Les puits de Tours n'ont que 5 à 6 mètres de charge, tandis qu'à Paris la charge est de 57 mètres environ. Dans l'hypothèse qui a servi de base à nos calculs, celle d'un puits creusé dans un massif circulaire, cette circonstance n'influerait pas, parce que la courbe de pression se raccordant toujours au même point avec la surface primitive, les ordonnées restent proportionnelles, quelle que soit la charge. De sorte que si à Tours, à une distance de 1250 mètres, la charge de 6 mètres est réduite à 4 mètres, on en conclurait qu'une charge de 60 mètres est réduite à 40, et les volumes seraient réduits exactement dans le même rapport pour une charge forte que pour une charge faible. Mais il ne faut pas étendre cette hypothèse au delà de certaines limites; près de l'orifice du puits, la courbe de la pression se confond avec la logarithmique et peut servir à en calculer le débit, mais en s'éloignant de l'orifice elle s'en sépare successivement pour se rapprocher plus ou moins rapidement de son plan primitif. On comprend que pour prendre plus d'eau à la masse aquifère la pression est obligée de faire converger vers le puits des filets plus éloignés. Une plus grande pression est donc l'indice certain d'une altération plus étendue dans la nappe aquifère. Il n'y aurait donc rien d'étonnant à ce que le puits de Passy ne vînt diminuer le débit du puits de Grenelle, si des accidents de terrain ne rendent pas ces deux puits indépendants l'un de l'autre.

En ce qui concerne le diamètre, on peut être plus affirmatif. La théorie et l'expérience sont d'accord pour démontrer que passé une certaine limite, cette dimension n'influe pas sur le débit. Le diamètre d'un forage doit donc être uniquement déterminé par la considération de la dépense du travail. Il ne faudrait pas conclure de là que le débit ne sera certainement pas plus considérable à Passy qu'à Grenelle, mais que si cela arrivait, cela serait dû à d'autres causes qu'à la dimension du tube ascensionnel, telles que l'épaisseur ou la perméabilité plus considérable de la nappe, ou à une plus grande pression, si l'on s'adresse à une nappe plus profonde ayant son origine à un niveau plus élevé.

Nous avons considéré le cas des puits artésiens forés dans des nappes à eaux courantes; la sonde peut rencontrer les nappes stagnantes en communication avec des nappes courantes, l'eau peut ne pas arriver jusqu'à la surface du sol et l'on peut utiliser le forage soit en faisant un puits ordinaire, soit en faisant un puits absorbant. Si le tubage d'un puits artésien est incomplet, les eaux peuvent se perdre en tout ou en partie dans d'autres couches à surface forcée ou à surface libre. Il peut y avoir dans les parois imperméables qui contiennent les eaux forcées des fissures naturelles qui produisent des résultats analogues. Enfin des cavernes vides, c'est-à-dire ne contenant pas de terrains perméables, peuvent traverser les nappes sur des longueurs plus ou moins considérables et donner lieu à des phénomènes particuliers. Il y a là un champ nouveau ouvert à l'hydraulique appliquée. Nous n'avons voulu dans ce premier travail qu'en signaler l'étendue et en faire comprendre l'utilité pratique.

152. Examen théorique des résultats du sondage de Passy. — Depuis la rédaction de la première partie de ce chapitre qui, comme nous l'avons dit, n'est que la reproduction du mémoire que nous avons présenté en 1857 à l'Académie des sciences, le sondage de Passy a atteint la couche aquifère et l'on a obtenu un débit beaucoup plus considérable qu'à Grenelle. Dans la séance de l'Académie des sciences du 30 septembre 1861, un membre a rendu compte des résultats obtenus et en a tiré des conclusions qui seraient sur certains points en complet désaccord avec les principes que nous venons d'exposer. Il y a donc grand intérêt à les présenter ici et à en faire l'examen. Malheureusement les données dont nous disposons sont incomplètes et n'ont pas le degré de précision qu'exigeraient les recherches de cette nature.

Quoi qu'il en soit, voici les faits signalés dans le rapport de M. Dumas :

Le 25 septembre 1861 l'eau a jailli du puits de Passy, ce qui a amené une diminution successive dans le débit du puits de Grenelle représentée dans le tableau comparatif suivant (*) :

(*) Les chiffres de ce tableau sont empruntés au rapport de M. Dumas, sauf les derniers, que nous avons trouvés dans un article du *Moniteur* du 8 novembre 1841, cité plus bas. Pour les rendre comparables entre eux, nous avons seulement ramené au débit par seconde les débits qui sont donnés tantôt par jour, tantôt par minute.

	DÉBIT PAR SECONDE		
	GRENELLE.	PASSY.	
	l.	l.	
24 Septembre 1861 . . .	10,60	280,30	
25 ——— . . .	9,66 (A)	289,35 (B)	(A) minuit. (B) 6 h. du soir.
26 ——— . . .	9,00	289,35	
27 ——— . . .	8,66	289,35	
28 ——— . . .	8,33	254,53	
29 ——— . . .	8,33	254,53	
30 ——— . . .	8,33	254,53	
1er Octobre 1861	7,83	232 (C)	(C) On place l'ajutage à $1^m,50$ au-dessus de l'ouverture précédente.
	7,66	232	
Fin d'Octobre	7,00	194	
Novembre	7,50	95 (D)	(D) Avec un tube en tôle faisant dégorger l'eau 20^m plus haut.

Ce qui frappe d'abord à l'inspection de ces chiffres, c'est l'énorme différence entre les débits des deux sondages. Tandis que le puits de Grenelle ne donnait qu'un peu plus de 10 litres par seconde, le puits de Passy en donne tout à coup près de 300, c'est-à-dire près de 30 fois davantage. Il est vrai que ce débit ne s'est pas soutenu, mais ce qui est resté n'en est pas moins énormément plus considérable. A quoi tient cette grande différence? M. Dumas n'hésite pas à l'attribuer à la différence des diamètres. « Un second principe, dit-il, a été « affirmé par ce sondeur habile (M. Kind) et mis hors de doute par son travail, « savoir qu'en augmentant dans les conditions où il a opéré le diamètre d'un « puits foré son débit peut en être considérablement accru, contrairement à « l'opinion de quelques ingénieurs habiles aussi et spéciaux. »

Non-seulement, selon nous, le principe affirmé par M. Kind n'a pas été mis hors de doute par son expérience, mais le principe contraire a été confirmé, et il n'en pouvait être autrement. Les principes de la mécanique et ceux de la géométrie reposent sur le raisonnement, et l'expérience ne peut pas les démentir. En effet, comme le remarque M. Dumas, l'ouverture du puits de Passy a donné lieu à une diminution notable de celui de Grenelle. « Les faits con- « statés jusqu'à présent montrent, dit-il, contrairement aux présomptions que

« l'on s'était formées à cet égard (*), que deux puits placés à 3500 mètres de « distance exercent l'un sur l'autre une influence incontestable. Reste à savoir « si avec le temps cette influence ne s'étendra pas à des puits plus éloignés.

Or, si un puits étend son influence à 3500 mètres, il est évident qu'il en aurait une bien plus grande sur un puits contigu; que si, par exemple, on ouvrait aujourd'hui à côté du puits de Passy un puits d'égal diamètre, ce puits n'aurait pas le même débit et qu'il diminuerait considérablement le débit du puits actuel. Mais un puits d'un grand diamètre peut évidemment être considéré comme la réunion de plusieurs puits contigus à petit diamètre. On ne peut donc pas dire que le débit croît proportionnellement à la surface du tubage. Or c'était là l'opinion de M. Kind au début de l'entreprise. Citons encore le rapport de M. Dumas.

« L'administration s'y serait décidée sans doute (à percer un puits de 20 ou « 30 centimètres), lorsque M. Kind, ingénieur bien connu pour avoir opéré « nombre de sondages hardis et heureux, lui offrit de percer un nouveau puits « de 60 centimètres de diamètre au fond, dont le rendement atteindrait de « 13300 mètres cubes par jour à 25 mètres au-dessous du sol des parties les plus « élevées du bois de Boulogne. La dépense ne devait pas dépasser 350000 fr.; « un an ou deux devaient suffire à l'exécution. M. Kind était si sûr du succès de « cette entreprise qu'il insista pour qu'il fût stipulé qu'au cas où cette somme « de 350000 fr. ne serait pas employée, la ville et lui se partageraient l'éco- « nomie réalisée.

« . . . .

« . . . .

« Mais tandis que M. Kind affirmait à 39600 mètres cubes la quantité d'eau que « devait fournir son puits, quoiqu'il ne se fût engagé que pour 13300, environ « le tiers, la plupart des ingénieurs considéraient cette espérance comme fort « exagérée. Quelques-uns soutenaient que l'accroissement du diamètre ne ferait « qu'accroître la dépense, mais que quant au débit, il n'en serait point in- « fluencé et qu'avec $0^m,20$ de diamètre ou un mètre on aurait le même volume « d'eau qu'à Grenelle, ni plus ni moins. La majorité de la commission ne par- « tagea pas leur avis.

On voit quelles étaient les espérances de M. Kind. Le raisonnement qu'il faisait alors est bien celui que rapporte M. Dumas et que nous avons entendu de la bouche de M. Kind à cette époque. Ce raisonnement, le voici : Le puits de

(*) Nous ne savons qui a jamais formulé les présomptions dont parle M. Dumas. On a vu dans les paragraphes précédents que les nôtres étaient toutes différentes.

Grenelle débite environ 1100 mètres cubes avec un diamètre qu'on peut évaluer à 0,10; un puits de 0,60 de diamètre, c'est-à-dire 36 fois plus grand, débitera 36 fois davantage, soit 39600 mètres. C'est contre ce raisonnement que s'élevaient alors tous les ingénieurs qui s'occupaient de cette question, mais ils ne tenaient pas le langage absolu que leur prête M. Dumas.

Pour ne parler que de ceux qui ont écrit leur opinion, nous pouvons citer M. Darcy (page 165, *des Fontaines publiques de Dijon*). « Mais si je ne me « trompe, on est autorisé à induire des considérations précédentes que si « M. Kind réussit, ce n'est point au diamètre inusité du forage qu'il devra son « succès, c'est à l'imprévu seul qu'il pourra le demander, c'est de la rencontre « d'une nappe plus abondante qu'il pourra l'attendre. Il peut aussi réussir en « donnant au forage une profondeur plus grande que celle du puits de « Grenelle. »

Nous disions nous-même dans le mémoire présenté à l'Académie des sciences en 1857 (voir plus haut, page 266) :

« Les considérations que nous avons exposées ont mis en évidence le peu « d'influence qu'avait le diamètre du puits sur son débit. Toutes choses égales « d'ailleurs, on ne doit pas s'attendre à trouver à Passy plus d'eau qu'à Gre« nelle. Par toutes choses égales d'ailleurs, nous entendons qu'on s'adressera « à la même couche aquifère et que cette couche aura à Passy la même épais« seur et la même perméabilité qu'à Grenelle.

153. Comparaison de la situation des couches aquifères rencontrées à Grenelle et à Passy. — Or il est facile de reconnaître qu'à Passy la couche aquifère s'est trouvée beaucoup plus épaisse qu'à Grenelle.

A Grenelle on a trouvé l'eau à la cote	— 510m,10	(*)
A Passy — — —	— 523m,33	(**)
Différence	13m,33	

Cette différence n'a pas d'importance sous le rapport du débit, elle indique seulement que la couche imperméable, superposée à la couche aquifère, s'incline assez fortement de Grenelle à Passy.

(*) Le 26 février 1841, le forage était à la cote — 547.... L'eau jaillit. *Mémoire* de M. Delaperche, *Annales des ponts et chaussées*, 1858, page 174.) La cote du sol est, d'après M. Darcy, de + 37.90, la cote de la nappe est donc — 548 + 37.90.

(**) Chiffre donné par M. Dumas.

Voyons maintenant l'épaisseur de la couche aquifère. Nous lisons dans un mémoire de M. Delaperche (*Annales des ponts et chaussées*, septembre 1858) :

« Le 26 février 1841, le forage était arrivé à la profondeur de 548 mètres; « on se trouvait dans les couches d'argile sablonneuse, l'eau jaillit au-dessus « du sol. »

Et plus loin, rendant compte des tentatives faites pour consolider le dernier tubage :

« On descendit la sonde armée d'une pointe à 549 mètres, en la fixant à cette « profondeur dans le sol que l'on pensait contenir des plaquettes résistantes, et « l'on abandonna, en la dévissant, la partie inférieure, espérant donner par là « quelque fixité au pied des tubes. »

Il résulte de ces deux citations qu'à Grenelle la nappe alimentaire n'a qu'un mètre d'épaisseur, puisque l'eau n'a jailli qu'à 548, et qu'à 549 mètres (*) on a trouvé un sol résistant, dans lequel on n'a pu faire pénétrer qu'à grand'peine la pointe de la sonde.

A Passy les circonstances ont été toutes différentes.

« L'eau fut rencontrée, dit M. Dumas, pour la première fois à la cote 577^m,50 (**); « mais après quelques oscillations, elle s'arrêta à quelques mètres au-dessous « du niveau de l'orifice du puits sans jaillir... A la cote 579,50 on a trouvé des « argiles et l'on a arrêté l'enfoncement du tube afin de ne pas l'engager avec « sa lanterne dans un sol imperméable dont on ne connaissait pas l'épaisseur.

Évidemment on était arrivé là à la nappe artésienne du puits de Grenelle et l'eau aurait dû jaillir, si elle n'avait trouvé dans quelque partie du cuvelage en bois une issue par laquelle elle s'échappait. Elle ne pouvait alors monter au-dessus de la fuite qu'à la hauteur qui engendrait la vitesse du débit. Nul doute que si cette fuite avait pu être étanchée, l'eau ne fût montée à la même hauteur qu'à Grenelle.

Voici maintenant comment M. Dumas rend compte de la suite du travail :

« Un second tube en tôle de 0^m,70 de diamètre, de 0^m,02 d'épaisseur et de « 52 mètres de longueur fut glissé dans le précédent et descendu à son tour.

(*) Les cotes étant prises par rapport au sol, il faut en retrancher la cote du sol 37,90, pour la rapporter au niveau de la mer.

(**) Dans ce passage du rapport de M. Dumas, il y a 577,50, mais plus loin il donne la cote 577. Enfin, résumant tous les nivellements, il donne pour le terrain 53,17, et pour la nappe — 523,33; la profondeur de la nappe au-dessous du sol est donc 577^m.

« Engagé bientôt dans les argiles il s'y arrêta. . . . .

. . . .

« Mais on a continué le forage dans ces argiles jusqu'à la cote 586,50, où l'on « a rencontré, le 24 septembre 1861, à midi, une nouvelle couche de sable « aquifère; l'eau a jailli alors en assez grande abondance, le courant augmen- « tant d'une manière continue.

« Le 25 au matin le débit était de 15000 mètres cubes par 24 heures, à « midi de 20000, à six heures du soir de 25000 mètres cubes. »

De ces citations il résulte qu'on a trouvé l'eau à. . . .	577^{m},00	
puis un banc d'argile à.	579^{m},50	
que par conséquent la première couche aquifère avait. .	2^{m},50	d'épaisseur
qu'on a trouvé ensuite une seconde couche aquifère à. .	586^{m},50	
c'est-à-dire après avoir traversé une épaisseur d'argile de	7^{m},00	

là on a trouvé une seconde couche aquifère dont l'épaisseur est inconnue, attendu que le sondage ne paraît pas avoir été poussé plus loin.

Nous représentons dans la figure 77 les diverses circonstances des deux sondages de Grenelle et de Passy. On voit qu'elles ne présentent aucune espèce d'analogie; à Grenelle on n'a, et l'on ne peut avoir que l'eau d'une couche de 1 mètre d'épaisseur; à Passy, malgré le grand diamètre, tant qu'on ne s'est adressé qu'à cette couche, on a eu un débit si faible que l'eau n'a pu monter au sol quoiqu'on eût 2 mètres d'épaisseur de couche. Enfin le grand débit n'est arrivé qu'après avoir traversé un banc d'argile de 7 mètres d'épaisseur et avoir rencontré une nappe aquifère d'une épaisseur inconnue. Toutefois, pour se former une idée exacte des lieux, il ne faut pas perdre de vue qu'il ne s'agit pas ici de deux nappes distinctes ayant des origines supérieures différentes; en effet, dès que l'eau a jailli au puits de Passy, le débit du puits de Grenelle a immédiatement diminué, et toutes les fois qu'on a changé la hauteur de l'orifice à Passy, il s'en est suivi une variation de débit à Grenelle. La seconde nappe de Passy est donc en communication avec la nappe de Grenelle, le banc d'argile qui divise la nappe à Passy n'est donc pas continu, c'est un accident local de la nature de celui que nous représentons sur la figure 77 et qui pourrait avoir une autre forme équivalente. Mais si les renseignements qui précèdent ne suffisent pas pour la déterminer, ils suffisent parfaitement pour faire ressortir les différences entre les nappes alimentaires des deux sondages, et c'est là le point essentiel de la question. Car on voit parfaitement que la différence de débit peut avoir une cause toute différente que la différence du diamètre, dont au reste nous calculerons plus loin l'influence.

154. Calcul des niveaux piézométriques des deux sondages d'après les débits à diverses hauteurs. — Passons maintenant aux autres circonstances du forage. On a vu, d'après ce qui précède, que les deux puits communiquent entre eux; que par conséquent ils appartiennent à la même nappe générale et ont le même réservoir alimentaire. En faisant varier à Passy la hauteur du déversement on aurait donc dû trouver une décroissance analogue à celle de Grenelle, donnant le même niveau piézométrique. Cependant il n'en a pas été ainsi, et cette anomalie est importante à étudier.

Nous avons donné plus haut la loi du débit d'un puits artésien en fonction de sa charge et du diamètre de la conduite ascensionnelle, d'où il résulte qu'on peut déduire la charge, ou niveau piézométrique, de la décroissance des débits. C'est au moyen de cette formule que M. Darcy, à l'aide d'observations faites avec beaucoup de soin par son prédécesseur, a trouvé que le niveau piézométrique du puits de Grenelle était placé à 57^m,40 au-dessus de celui où il déverse aujourd'hui, c'est-à-dire à 128^m,40 au-dessus du niveau de la mer (page 161); c'est-à-dire que si l'on plaçait un tube indéfini au-dessus de la colonne actuelle, l'eau s'y élèvrait à ce niveau. Pour faire apprécier l'exactitude de cette évaluation, nous représentons sur la figure 77 les expériences qui ont servi à la calculer. Aux diverses hauteurs de la colonne, nous menons des horizontales proportionnelles aux débits correspondant à ces hauteurs; on voit que leurs extrémités déterminent une droite qui va couper la verticale à la hauteur calculée par M. Darcy, et que les écarts des expériences sont réellement insignifiants. Il n'est donc pas permis de douter que le chiffre donné par cet habile ingénieur ne soit exact. D'un autre côté, l'ouverture du puits de Passy ayant profondément altéré le débit de celui de Grenelle, il s'ensuit que les nappes qui les alimentent sont en communication, et que par conséquent leurs niveaux piézométriques devraient être sensiblement les mêmes (*). Or voici ce que tout le monde a pu lire dans le *Moniteur* du 8 novembre 1861 :

« Le puits artésien de Passy vient de donner lieu à une intéressante expé-
« rience : afin de se rendre compte de l'influence que pourrait avoir l'élévation

(*) Comme il y a nécessairement mouvement dans la nappe, le niveau piézométrique varie d'un point à un autre dans la direction du mouvement, absolument comme dans un tuyau ; mais, à cause du voisinage des deux puits, la différence de niveau doit être peu sensible.

« du plan de déversement sur le débit du puits, qui était dans ces derniers temps « de 16700 mètres cubes par 24 heures, on a établi provisoirement un tube « en tôle de 20 mètres de hauteur et de 0,40 de diamètre dont l'extrémité « supérieure correspond exactement au niveau du puits de Grenelle. Le mou- « vement ascensionnel du liquide ne s'est pas trahi tout d'abord, et il s'est « arrêté ensuite à 14 mètres de hauteur. puis l'eau a monté insensiblement et « elle a fini par atteindre le niveau qu'on cherchait à obtenir. Au début l'écou- « lement était très-faible; il a augmenté sans discontinuation jusque vers les « premiers jours de novembre pour s'arrêter entre 8000 et 8200 mètres cubes « par 24 heures. Par contre, le Puits de Grenelle, qui était resté depuis « longtemps à la cote de 420 litres par minute, a éprouvé quelques jours « après l'élévation du plan de déversement du puits de Passy, un léger ac- « croissement qui semble devoir se continuer. Le 2 novembre le puits de Gre- « nelle donnait 450 litres par minute. »

S'il ne s'était rien passé d'extraordinaire dans cette expérience, il faudrait en conclure que le niveau piézométrique du puits de Passy est à 40 mètres seulement au-dessus du sol, puisqu'en relevant de 20 mètres le plan de déversement on réduit le débit de moitié (*), c'est-à-dire qu'il se trouverait à la cote $(53,17+40)=93,17$, soit $35^{m},23$ plus bas que celui de Grenelle. Or comment admettre une pareille différence entre deux puits qui se trouvent en communication et séparés par une si faible distance? Cette étrange anomalie, jointe aux circonstances de l'expérience, semble indiquer que le tubage n'est point étanche, et qu'une fissure près du sol laisse échapper une grande partie du débit du puits lorsqu'on élève la colonne ascensionnelle. On voit en effet que quand on a relevé le niveau du déversoir, l'eau a été longtemps à l'atteindre. C'est ainsi, en effet, que les choses se passeraient dans le cas d'une fuite placée comme nous venons de le dire. Le débit de cette fuite augmenterait d'abord avec la charge, puis diminuerait à mesure que le terrain environnant serait abreuvé; ce n'est

(*) Comme on l'a vu plus haut, la hauteur piézométrique est donnée par une formule de la forme $H-y=aq+bq^2$, si l'on fait une expérience au niveau du sol et une à la hauteur y', on aura $H=aq+bq^2$, $H-y'=aq'+bq'^2$, d'où on tirera $H=y'\dfrac{q}{q-q'}+bqq'$, or bqq' est ici négligeable par rapport au premier terme, car on a $bqq'=\dfrac{\gamma L qq'}{D^5}=0,0025\times 5,95\times 600\times 0,194\times 0,95=1^{m},64$. Le niveau piézométrique rigoureusement calculé serait donc $20\dfrac{194}{99}+1,64=41^{m}$.

qu'alors que l'eau pourrait continuer son ascension. On n'a pas expliqué davantage la diminution considérable du débit au niveau du sol, de la fin de septembre à la fin d'octobre, de 25000 mètres cubes à 16700. S'est-il manifesté des fuites? le sable est-il remonté dans la colonne? C'est ce qu'on a laissé ignorer.

Un document récent (12 janvier 1863) nous apprend quels ont été les débits à la fin de 1861 et au commencement de 1862. Suivant une note publiée par M. Michal, inspecteur général des ponts et chaussées et notre successeur au service municipal, voici quels ont été à cette époque les débits à diverses hauteurs :

NUMÉROS des OBSERVATIONS.	HAUTEUR DES POINTS DE DÉVERSEMENT AU DESSUS		DÉBITS OBSERVÉS.
	DE LA MER.	DU SOL.	
1	53,30	0,00	0,1779
2	59,32	6,02	0,1441
3	65,25	11,95	0,1197
4	73,15	19,85	0,0846
5	77,15	23,85	0,0718

Si, comme nous l'avons fait tout à l'heure pour le puits de Grenelle, on représente les débits donnés par ces expériences par des horizontales correspondant aux hauteurs des déversements, leurs extrémités se trouvent sensiblement en ligne droite. Une ligne partant du point de l'axe déterminé par les débits antérieurs, c'est-à-dire de la cote 93,17 et aboutissant au débit au niveau du sol, représente une moyenne assez exacte, puisqu'elle s'écarte très-peu des points donnés par les quatre autres expériences.

Remarquons en passant que cette propriété des débits d'être proportionnels aux charges à partir d'un point donné et par conséquent d'être déterminés graphiquement par une ligne droite, n'est point altérée par l'existence d'une ou plusieurs fuites dans la colonne ascensionnelle.

Supposons en effet une fuite à une hauteur h' au-dessous du niveau piézométrique du puits. Cette fuite ayant lieu à travers un terrain perméable, son débit q' sera proportionnel à la charge sur son orifice. Ainsi si la colonne déverse à la hauteur h, on aura :

$$q' = a'(h' - h). \qquad (1)$$

Quant au débit total de la colonne $q+q'$, en négligeant la perte de charge qui a lieu dans la colonne ascensionnelle, il sera évidemment proportionnel à h, car la fuite ne change pas la propriété filtrante de la couche aquifère; on a donc :

$$q+q'=ah,$$

d'où

$$q=(a+a')h-a'h'. \qquad (2)$$

On voit que les débits seront encore limités par une ligne droite, puisque le terme $a'h'$ est constant; seulement cette ligne coupe l'axe du puits à une hauteur :

$$z=\frac{a'h'}{a+a'}$$

qui exprime la quantité PP′ dont le niveau piézométrique du forage se trouve artificiellement abaissé par l'effet de la fuite. Tout se passe alors comme si le niveau piézométrique du forage était naturellement en P′. Si l'on pouvait descendre jusqu'au niveau de la fuite et recueillir le débit en ce point, il est clair qu'on aurait :

$$q=ah',$$

ainsi que cela résulte du reste de l'équation (2) en y faisant $h=h'$. D'où il suit que si au niveau de la fuite on mène l'horizontale proportionnelle au débit, elle déterminera le point où se coupent les deux lignes de débit. Les parties des horizontales comprises entre les deux lignes FP, FP′ expriment les débits de la fuite correspondant aux divers niveaux de déversement.

Il est facile de reconnaître que quel que soit le nombre des fuites dans la colonne ascensionnelle, les débits n'en suivraient pas moins la même loi, l'effet d'une fuite se réduisant, comme on vient de le voir, à diminuer le niveau piézométrique d'une certaine quantité.

Nous ferons remarquer du reste que la ligne FP, limite normale des débits, n'est pas connue à Passy; pour la déterminer il suffirait d'avoir un débit antérieur à la fuite à un niveau quelconque, à celui du sol par exemple. Ainsi, s'il était permis de considérer comme authentiques et antérieurs à la fuite les débits annoncés à l'origine du jaillissement (voir le tableau de la page 278), en partant au niveau du sol la longueur Oq proportionnelle au débit donné par le tableau, et menant Pq, on aurait par la rencontre de cette ligne avec le prolongement de P′q' la hauteur à laquelle se trouve la fuite et une mesure de ce qu'elle fait perdre au débit superficiel.

Les considérations dans lesquelles nous venons d'entrer n'ont d'autre but que de démontrer que l'observation des débits à la superficie permet d'en conclure non-seulement le niveau piézométrique du puits, mais les désordres qui peuvent exister dans la colonne ascensionnelle.

Dans la note que je viens de citer, M. Michal donne une formule toute différente du débit d'un puits artésien. Voici comment il l'établit :

« Lorsque dans un puits artésien le mouvement est devenu uniforme et per-
« manent, il y a équilibre entre le travail résistant et le travail moteur inconnu,
« qui agit à la partie inférieure du tube pour produire l'ascension de l'eau de
« la nappe artésienne. Une observation de débit dans les conditions données
« fera connaître le travail moteur en fonction du travail résistant correspondant
« au débit observé. On pourra donc généralement obtenir un autre débit quel-
« conque en égalant le travail résistant qui en provient au travail moteur cal-
« culé par la première observation, qui restera constant, en admettant que les
« nouvelles combinaisons n'apportent aucune perturbation dans le régime de
« la nappe artésienne.

« On obtiendra ainsi la formule :

$$q_u = \frac{2q_0 H_0 - g h_u \omega}{2(H_0 + h_u)}, \qquad (A)$$

« dans laquelle on a négligé le travail résistant provenant du frottement de
« l'eau dans le tube ascensionnel et celui provenant de la perte de force vive
« à la partie inférieure et à la sortie du tube ascensionnel. On a d'ailleurs :

« q_0 débit observé à la hauteur H_0 au-dessus de la nappe artésienne, le
« g double de l'espace parcouru pendant la première seconde de sa
« chute,
« ω la section de la partie inférieure du tube;
« q_u le débit calculé à une hauteur h_u au-dessus du point de déversement du débit q_0. »

Nous avouons ne rien comprendre aux considérations théoriques sur lesquelles repose la formule (A); cela tient sans doute au peu de développement qu'on a jugé à propos de leur donner et qui nous empêche de les discuter. Mais il est facile de faire voir sur l'équation elle-même qu'elle est inadmissible. Mettons-la d'abord sous une forme plus simple.

Il est clair que le débit q_u devient nul quand on donne à h_u la valeur qui représente la hauteur piézométrique et que nous obtiendrons en égalant à zéro le numérateur de la fraction (A),

$$h_u = \frac{2H_0 q_0}{g\omega}.$$

Pour ramener toutes les hauteurs au plan de comparaison pris par M. Michal, c'est-à-dire au niveau de la nappe artésienne, appelons H la quantité $H_0 + h_u$, l'équation précédente deviendra :

$$q_0 = \frac{g\,\omega}{2H_0}(H - H_0). \qquad \text{(B)}$$

D'après cette formule, le débit d'un puits artésien à un point quelconque se trouve déterminé par une seule constante H, à demander à l'expérience. Ce débit est proportionnel à la section de la partie inférieure du tube, et si l'on considère les débits comme des abscisses et les hauteurs des déversements comme des ordonnées, l'extrémité des lignes de débit détermine une hyperbole, de sorte que le débit devient infini pour $H_0 = 0$.

Toutes ces conséquences sont inadmissibles. Il est évident que le débit d'un puits artésien est fonction de la pression piézométrique $H - H_0$, mais dépend aussi de la perméabilité et de l'épaisseur de la couche aquifère, résistances dont la formule (B) ne tient aucun compte. Quant à l'orifice de la partie inférieure du tube, l'expérience de ce qui s'est passé au puits de Grenelle démontre que cette dimension n'a qu'une influence tout à fait secondaire dans le débit. Sans doute, quand cet orifice est étranglé, il y a au passage une certaine perte de force vive qui diminue la charge $H - H_0$, mais aucune considération théorique (*) n'indique que le débit soit proportionnel à l'orifice; cela n'a même pas lieu dans les tuyaux ordinaires. Enfin l'inexactitude de la formule est démontrée par la valeur infinie qu'elle donne au débit pour $H_0 = 0$; or il n'est pas nécessaire de recourir à

(*) Nous ne pouvons pas discuter celles de M. Michal, puisqu'il ne les a pas fait connaître, nous ferons seulement observer que notre collègue, d'après sa note, paraît confondre le mouvement uniforme et le mouvement permanent, et applique à ce dernier des principes qui n'appartiennent qu'au premier. Ainsi, en supposant qu'à l'orifice inférieur du tube il passe à chaque instant le même volume, il ne s'ensuit pas que le mouvement soit uniforme. Pour que cette condition soit remplie, il faut non pas que la vitesse de l'eau soit constante en chaque point, c'est-à-dire ne varie pas d'un moment à l'autre, mais que cette vitesse soit la même d'un point à un autre, ce qui n'a lieu que lorsque la vitesse est constante.

l'expérience pour reconnaître qu'un pareil résultat est inadmissible. Quant à la concordance des débits donnés par la formule avec ceux observés à quelques hauteurs variables au-dessus du sol, il suffit de remarquer que cette formule représentant une hyperbole, un arc de cette courbe éloigné de l'origine se confond sensiblement avec une droite, sa corde ou sa tangente par exemple. C'est ce qui ressort au reste de la comparaison des deux formules. En effet la vraie formule théorique est :

$$q_0 = K(H - H_0),$$

dans laquelle K est un coefficient constant variable avec l'épaisseur et la perméabilité de la couche artésienne, tandis que celle de M. Michal est :

$$q_0 = \frac{g\omega}{2H_0}(H - H_0).$$

On voit qu'elles ne diffèrent que par le facteur de $H - H_0$, qui dans la dernière formule devient variable avec H_0. Mais comme dans les puits de Grenelle et de Passy les débits observés correspondent à des valeurs de H_0 qui ne varient qu'entre 550^m et 580^m, le coefficient $\frac{g\omega}{2H_0}$ prend une valeur sensiblement constante pour ces débits. Par conséquent la concordance des résultats de la formule de M. Michal avec ceux de l'expérience ne prouve rien. Il n'y a donc aucun motif de s'y arrêter.

155. Que serait-il arrivé à Passy si l'on avait adopté un plus petit diamètre? — On peut se demander ce qui serait arrivé au puits de Passy, si la ville avait adopté pour le forage un plus petit diamètre, comme quelques personnes le conseillaient. La théorie peut parfaitement répondre à cette question.

Le débit d'un puits artésien étant donné par la formule

$$h = aq + \frac{\gamma L}{D^5} q^2,$$

on peut facilement le déduire de cette équation, car elle n'est que du second degré, et on en connait tous les coefficients.

En effet, on sait que dans les tuyaux on a $\gamma = 0{,}0025$. La longueur du tuyau depuis la nappe jusqu'à l'orifice de déversement étant de 600 mètres environ, on a pour le puits de Passy $\gamma L = 1{,}50$. Si l'on donne à D la valeur actuelle du diamètre 0^m,75 en moyenne, on a $\frac{1}{D^5}=4,21$, et par conséquent 6,31 pour le coefficient de q^2. L'équation précédente se réduit à :

$$h=aq+6.31.q^2;$$

le coefficient a sera donné par l'observation du débit à deux hauteurs différentes h et h'. On aurait :

$$a=\frac{h-h'}{q-q'}+6.31(q+q'),$$

en prenant pour h et h' les expériences 1 et 5 de M. Michal, on en déduit :

$$a=\frac{23.85}{0,1779-0,0718}+6.31\times0,25=225+1,58=226,58.$$

On remarquera que le second terme de la valeur de a est négligeable par rapport au premier, c'est-à-dire qu'on aurait pu considérer la parabole des débits comme se confondant avec une ligne droite. Quoi qu'il en soit, l'équation des débits au puits de Passy avec le diamètre 0^m,75 peut se mettre sous la forme

$$h=227q+6.31q^2.$$

Si au lieu du diamètre D=0^m,75 on avait D'=0^m,30, on aurait $\frac{1}{D'^5}=417,52$ et $\frac{\gamma L}{D'^5}=626$, l'équation des débits deviendrait

$$h=227q'+626q'^2.$$

On a donc pour le grand diamètre 0^m,75

$$q=\frac{\sqrt{25.24h+51529}-227}{12.62},$$

formule qui donnerait des résultats concordants avec ceux observés, et pour le diamètre 0^m,30

$$q'=\frac{\sqrt{2504.h+51529}-227}{1252}.$$

Si dans ces équations nous faisons $h = 33^m$, ce qui correspond à la hauteur à laquelle le débit est aujourd'hui utilisé, nous aurons

$$q = 0,144 \qquad q' = 0,111.$$

On n'aurait donc perdu que 33 litres seulement sur le débit total (*); mais il faut remarquer que ces calculs sont basés sur le niveau piézométrique du puits de Passy, tel qu'il résulte des débits obtenus sans tenir compte de l'expérience de Grenelle, qui tendrait à le relever de 35 mètres, de sorte qu'il est très-possible qu'en fait on eût obtenu davantage, plus même qu'avec le grand diamètre, parce que le petit diamètre, plus résistant, n'aurait probablement pas donné de fuite. Mais laissant de côté toute conjecture théorique à cet égard, et se bornant à accepter les faits tels qu'ils se sont produits, on peut établir la comparaison suivante entre l'économie des deux systèmes.

156. Comparaison au point de vue de l'économie des dépenses entre les résultats des deux forages. — Il résulte du calcul précédent, qu'avec 300000 fr. de dépense, comme à Grenelle, on aurait obtenu à Passy plus des 3/4 du débit qu'on n'a pu atteindre avec 1 million; que si au lieu de creuser un puits de $0^m,75$ de diamètre à Passy, on en avait creusé deux de $0^m,30$ à des distances éloignées, on aurait mis à la disposition de la ville de Paris une quantité d'eau de $0^{mc},222$ par seconde au lieu de $0^{mc},144$, en moitié moins de temps et avec 400000 fr. d'économie; car le puits de Passy à coûté 1 million.

Au point de vue économique, le diamètre donné au puits de Passy n'a donc pas été justifié par le résultat, et tout industriel qui voudrait obtenir de l'eau par ce moyen, devrait bien se garder d'imiter cet exemple. Quoique la quantité d'eau trouvée ait été très-grande, et que par conséquent il y eût un certain avantage à employer un grand diamètre, celui qu'on a choisi a entraîné dans des dépenses et dans des difficultés tellement considérables que le succès du sondage a paru longtemps compromis.

Pour dire toute notre pensée sur cette entreprise, nous ajouterons que l'emplacement même du puits était très-mal choisi. Une fois qu'on a obtenu de l'eau jaillissante en un point quelconque, rien n'est si facile que de la conduire là où l'on veut s'en servir, par des tuyaux placés à la surface du sol. Ces puits

(*) Avec le diamètre $0^m,40$ on aurait obtenu 135 litres, on n'aurait perdu par conséquent que 9 litres, soit un seizième du débit actuel.

doivent donc être percés non pas là où l'eau doit être utilisée, mais là où le sol offre le plus de facilité. Or il est évident que c'est en général le point où il est le plus bas qui présentera cet avantage. Un puits artésien à Paris devrait donc être foré sur les berges mêmes de la Seine. Il eût été facile de trouver aux abords du bois de Boulogne un terrain situé 25 mètres plus bas que celui qu'on a choisi. C'eût été 25 mètres de moins de profondeur à forer. Or si en moyenne le mètre courant de profondeur a coûté 1700 fr., on peut admettre que ceux du fond ont bien coûté 4000 fr.; on aurait donc pu obtenir une économie de 100000 fr., rien que par le choix du terrain.

Nous devons signaler un autre avantage que peut procurer un terrain bas : c'est qu'il permet d'obtenir du forage une plus grande quantité d'eau. L'eau potable a par elle-même une valeur, puisque souvent on fait de très-grands sacrifices pour l'obtenir; ainsi on va la chercher au moyen d'aqueducs de plusieurs centaines de kilomètres, coûtant des sommes immenses. Il y a donc beaucoup de circonstances où la quantité d'eau est la qualité dominante d'un puits artésien, et dans lesquelles il serait rationnel de sacrifier la puissance ascensionnelle à une augmentation de débit. Nous avons vu par exemple qu'à Passy, en relevant de 20 mètres l'orifice de déversement, le débit avait diminué de moitié; il augmenterait donc de moitié en le baissant de 20 mètres, il doublerait donc en le baissant de 40, etc., etc. On pourrait donc en creusant le sol à une certaine profondeur, en aspirant au besoin sur le tube ascensionnel, faire sortir d'un puits artésien et utiliser une quantité d'eau incomparablement plus grande que celle qu'il donne à la superficie du sol ou au-dessus. Les forages artésiens doivent être considérés comme des sources à débit variable, et en leur appliquant des machines élévatoires on peut au besoin en augmenter considérablement l'utilité. En choisissant donc pour leur emplacement les points les plus bas du sol, non-seulement on diminue la dépense, mais on se donne de grandes facilités pour obtenir une plus grande quantité d'eau. Il faudrait à Passy de grandes et dispendieuses excavations pour recueillir celle qu'on aurait naturellement sur le bord de la Seine.

Quoi qu'il en soit, l'examen que nous venons de faire des résultats connus du puits de Passy, nous paraît démontrer qu'ils sont tout à fait conformes à la théorie que nous avons donnée des puits artésiens. Il nous a paru d'autant plus utile d'insister sur ce point, que d'autres appréciations seraient de nature à égarer l'opinion publique qui n'est que trop disposée à juger des choses d'après leur apparence. Nous avons voulu surtout mettre en évidence l'influence du diamètre du tubage, influence d'ailleurs facile à comprendre en dehors de toute formule et de toute considération théorique. C'est en effet un résultat d'expérience incontestable que le débit diminue à mesure qu'on élève l'orifice de déversement, et finit même par devenir nul pour une certaine hauteur de la colonne. Le débit est donc engendré par la charge sur l'orifice; or l'écoulement de l'eau dans les tuyaux donne lieu à une perte de charge qu'on sait aujourd'hui parfaitement calculer. Il en résulte que quand on remplace un grand diamètre par un plus petit, on augmente la perte de charge; c'est absolument comme si l'on élevait la colonne d'une quantité égale à cette augmentation de perte de charge, et quand on remplace un petit diamètre par un grand c'est comme si l'on baissait la colonne.

Nous venons de trouver, par exemple, que le diamètre $0^m,75$ donnait lieu, pour le plus grand débit du puits de Passy, à une perte de charge de $631q^2=0^m,32$ (pour $q=178$ litres), à quoi pourrait-il servir de l'augmenter? L'expérience démontre que le débit du puits diminue de $4^l,40$ par mètre enlevé à la charge; il s'ensuit que le frottement dans le tube actuel fait perdre $4^l,40\times0,32=1^l,40$. On ne pourrait donc, avec un plus grand diamètre, obtenir qu'un peu moins de cette quantité. Évidemment il ne faut pas conclure de là que le diamètre n'a aucune influence sur le débit, ce qui serait absurde; mais que quand le diamètre est assez grand pour que la perte de charge soit petite par rapport à la hauteur piézométrique, il devient sans influence appréciable sur le débit.

Les observations que nous venons de présenter n'ont pas pour but d'attaquer le talent du sondeur habile qui a dirigé les travaux; autre chose est de percer un trou de sonde dans le sol et d'employer pour cela les outils les plus convenables et les plus ingénieux, ou de prévoir la quantité d'eau qui pourra sortir de ce forage. Elles n'ont pas pour but non plus de critiquer d'une manière absolue le diamètre donné au puits de Passy. Si l'on veut atteindre des couches beaucoup plus profondes, si l'entreprise est plus scientifique qu'industrielle, il est évident que la question d'économie s'efface devant l'intérêt de la science. Seulement il est bon d'éclairer le public sur la valeur des résultats obtenus.

FIN.

APPENDICE.

TABLE POUR LE CALCUL DES HAUTEURS ET DES LONGUEURS DE REMOUS.

Les tables suivantes ne s'appliquent qu'aux cours d'eau dont la largeur est assez grande pour qu'on puisse négliger la hauteur des bords par rapport à cette largeur. Pour les petits cours d'eau ou dans les canaux d'expérience dans lesquels cette circonstance n'a pas lieu, il faut se servir des formules générales données : pour le remous de gonflement, au n° 60 ; pour le remous de dépression, au n° 73, ou de la formule simplifiée (1), n° 72.

La section du canal dans lequel coule le cours d'eau est supposée constante dans toute l'étendue du remous à déterminer. S'il y avait de trop grandes variations de profil, on en tiendrait compte en divisant la longueur du canal en plusieurs parties de dimensions différentes, et chacune de ces parties deviendrait l'objet d'un calcul distinct auquel l'usage des tables est applicable.

La première opération à faire pour se servir des tables, c'est de convertir la section irrégulière du cours d'eau en une section rectangulaire ayant même pente, même largeur et même débit. La hauteur que prendrait le courant dans ce rectangle, et qu'on appelle hauteur du régime uniforme, est donnée par l'équation

$$Hi = \alpha U + \beta U^2. \qquad (1)$$

On prendra pour α et β les valeurs numériques citées à la page 38, le nivellement donnera i, pente du cours d'eau ; la vitesse moyenne s'obtiendra en prenant les $\frac{4}{5}$ de la vitesse du filet central, ou le rapport $\frac{Q}{\Omega}$, si l'on connaît le débit Q. La largeur et les surfaces des sections du cours d'eau étant irrégulières, on prendra des moyennes entre ces quantités. On devra comparer la valeur de H, donnée par l'équation précédente, avec celle du rapport $\frac{\Omega}{\chi}$, fournies par diverses sections ; la coïncidence des valeurs sera une garantie de l'exactitude du résultat. On fera bien d'ailleurs, dans les questions pratiques, de faire les calculs dans l'hypothèse des deux valeurs extrêmes de H; on aura ainsi la limite des erreurs possibles.

Les calculs très-simples que nécessite l'équation (1) peuvent être évités au moyen des tables qu'on trouve dans tous les traités d'hydraulique (*Recueil des tables de Genieys*, p. 149), et qui donnent les valeurs de H*i* correspondant à celles de U.

Le cours d'eau étant défini par sa pente *i* et par la hauteur H du régime uniforme, tout problème pratique de remous est toujours ramené à un des trois suivants :

1° Connaissant la hauteur de remous en aval Y et la hauteur de remous en amont *y*, déterminer la distance *s* qui les sépare.

2° Connaissant la hauteur de remous en aval Y et la distance *s*, déterminer le remous en amont *y*.

3° Connaissant le remous en amont *y* et la distance *s*, déterminer le remous à l'aval Y.

Pour résoudre ces problèmes au moyen des tables suivantes, il faut d'abord convertir les hauteurs de remous données en hauteurs de remous tabulaires en les divisant par la hauteur du régime uniforme du cours d'eau, et la distance donnée en distance tabulaire en la multipliant par la pente et la divisant par la hauteur du régime uniforme. Cette opération a pour but de transporter le problème du cours d'eau donné au cours d'eau qui sert de base aux calculs des tables.

La 1re colonne des tables représente la hauteur du remous sur ce cours d'eau; la 2e, la distance au point arbitraire pris pour origine (ce point est dans les tables suivantes à 0,0067 en amont du remous de gonflement $0^m,01$). On voit donc qu'en retranchant les distances à l'origine de deux remous on a la distance qui les sépare, et qu'en retranchant de la distance tabulaire d'un remous, ou en y ajoutant la distance à un autre remous, on a la distance à l'origine du remous cherché, et par conséquent ce remous lui-même, en prenant dans la table la hauteur écrite en regard.

Le problème est ainsi résolu sur le cours d'eau des tables; pour le résoudre sur le cours d'eau donné il suffit de multiplier les hauteurs trouvées par la hauteur H du régime uniforme et les distances trouvées par cette hauteur divisée par la pente.

EXEMPLES : 1er *Problème*. — Sur le cours d'eau dont la hauteur du régime uniforme est $1^m,05$ et la pente par mètre est 0,000115, on a fait un barrage à l'aval qui a relevé les eaux de $1^m,50$; on demande à quelle distance ce remous sera réduit à $0^m,60$.

Voir la *Solution* (n° 63).

2ᵉ *Problème.* — Sur ce même cours d'eau on a relevé les eaux en un certain point de $1^m,50$; on demande quelle sera la hauteur du remous à 9137 mètres en amont.

Solution. — De la distance tabulaire du remous $\frac{1,50}{1,05} = 1,43$. . . 2,7586

(Voir la note de la page 88 pour le calcul de cette distance.)

on retranche la distance tabulaire entre les deux remous

$$\frac{9137 \times 0,000.115}{1,05} \qquad 1,0007$$

et l'on obtient la distance tabulaire de l'ordonnée cherchée. 1,7579

Cherchant dans la table l'ordonnée tabulaire qui correspond à cette distance, nous trouvons $0^m,57$, qui, multipliés par $1^m,05$, donnent $0^m,60$ pour solution du problème.

3ᵉ *Problème.* — Sur le même cours d'eau on veut relever des eaux de $0^m,60$ en un point au moyen d'un barrage construit à 9137 mètres à l'aval; on demande quelle hauteur doit avoir ce barrage.

Solution. — A la distance tabulaire du remous $\frac{0,60}{1,05} = 0,57$. . . 1,7579

on ajoute la distance tabulaire entre les deux remous

$$\frac{9137 \times 0,000115}{1,05} \qquad 1,0007$$

et l'on obtient la distance tabulaire de l'ordonnée cherchée. 2,7586

Cette distance correspond dans les tables au remous 1,43, qui, multiplié par $1^m,05$, donne $1^m,50$ pour solution du problème.

Les questions relatives au remous de dépression se résolvent absolument de la même manière. Nous croyons inutile d'en donner des exemples numériques spéciaux, on en trouvera d'ailleurs aux nᵒˢ 74 et 85.

Si le cours d'eau a été divisé en plusieurs parties de longueurs et de pentes différentes, il faut partir de l'ordonnée connue, soit à l'amont, soit à l'aval, et déterminer le remous qui a lieu au changement de section immédiatement supérieur ou inférieur, et ainsi de suite jusqu'à ce qu'on arrive au remous ou à la distance à déterminer.

TABLE POUR LE REMOUS DE GONFLEMENT.

HAUTEUR du remous au-dessus du régime uniforme. $\frac{y}{H}$	DISTANCE de la hauteur du remous $\frac{y}{H}$ à l'origine de la table. $\frac{is}{H}$	DISTANCE de la hauteur du remous $\frac{y}{H}$ au remous précédent.	HAUTEUR du remous au-dessus du régime uniforme. $\frac{y}{H}$	DISTANCE de la hauteur du remous $\frac{y}{H}$ à l'origine de la table. $\frac{is}{H}$	DISTANCE de la hauteur du remous $\frac{y}{H}$ au remous précédent.
m 0,01	m 0,0067		m 0,54	m 1,7170	0,0138
0,02	0,2444	0.2377	0,55	1,7307	0,0137
0,03	0,3863	0,1419	0,56	1,7444	0,0136
0,04	0,4889	0,1026	0,57	1,7579	0,0135
0,05	0.5701	0,0811	0,58	1,7713	0,0134
0,06	0,6376	0,0675	0,59	1,7847	0,0134
0,07	0,6958	0,0582	0,60	1,7980	0,0133
0,08	0,7472	0,0513	0,61	1,8112	0,0132
0,09	0,7933	0,0461	0,62	1,8243	0,0131
0,10	0,8353	0,0420	0,63	1,8373	0,0130
0,11	0,8739	0,0387	0,64	1,8502	0,0129
0,12	0,9098	0,0359	0,65	1,8631	0,0129
0,13	0.9434	0,0336	0,66	1,8759	0,0128
0,14	0,9751	0,0316	0,67	1,8887	0,0128
0,15	1.0051	0.0300	0,68	1,9014	0,0127
0,16	1,0335	0,0285	0,69	1,9140	0,0126
0,17	1,0608	0,0272	0,70	1,9266	0,0126
0,18	1,0868	0,0261	0,71	1,9391	0,0125
0,19	1,1119	0,0251	0,72	1,9516	0,0125
0,20	1,1361	0,0242	0,73	1,9640	0,0124
0,21	1,1594	0,0233	0,74	1,9764	0,0124
0,22	1,1820	0.0226	0,75	1,9887	0,0123
0,23	1,2040	0,0219	0,76	2,0010	0,0123
0,24	1,2253	0,0213	0,77	2,0132	0,0122
0,25	1,2460	0,0208	0,78	2,0254	0,0122
0,26	1,2663	0,0202	0,79	2,0375	0,0121
0,27	1,2860	0,0198	0,80	2,0496	0,0121
0,28	1,3053	0,0193	0,81	2.0617	0,0120
0,29	1,3243	0,0189	0,82	2,0737	0,0120
0,30	1,3428	0,0185	0,83	2,0856	0,0120
0,31	1,3610	0,0182	0,84	2,0976	0,0119
0,32	1,3788	0,0178	0,85	2,1095	0,0119
0,33	1,3964	0,0175	0,86	2,1213	0,0118
0,34	1,4136	0,0172	0,87	2,1331	0,0118
0,35	1,4308	0,0170	0,88	2,1449	0,0118
0,36	1,4473	0,0167	0,89	2,1566	0,0117
0,37	1,4638	0,0165	0,90	2,1684	0,0117
0,38	1,4801	0,0162	0,91	2,1801	0,0117
0,39	1,4961	0,0160	0,92	2,1917	0,0117
0,40	1,5119	0,0158	0,93	2,2033	0,0116
0,41	1,5276	0,0156	0,94	2,2149	0,0116
0,42	1,5430	0,0155	0,95	2,2265	0,0116
0,43	1,5583	0,0153	0,96	2,2381	0,0115
0,44	1,5734	0,0151	0,97	2,2496	0,0115
0,45	1,5884	0,0150	0,98	2,2611	0,0115
0,46	1,6032	0,0148	0,99	2,2725	0,0115
0,47	1,6178	0,0146	1,00	2,2840	0,0114
0,48	1,6324	0,0146	1,10	2,3971	0,0113
0,49	1,6468	0,0144	1,20	2,5083	0,0112
0,50	1,6611	0,0143	1,30	2 6179	0,1096
0,51	1,6752	0,0142	1,40	2,7264	0,1085
0,52	1,6893	0,0140	1,50	2,8337	0.1073
0,53	1,7032	0,0139	1,60	2,9401	0,1064

SUITE DE LA TABLE POUR LE REMOUS DE GONFLEMENT.

HAUTEUR du remous au-dessus du régime uniforme. $\frac{y}{H}$	DISTANCE de la hauteur du remous $\frac{y}{H}$		HAUTEUR du remous au-dessus du régime uniforme. $\frac{y}{H}$	DISTANCE de la hauteur du remous $\frac{y}{H}$	
	à l'origine de la table. $\frac{is}{H}$	au remous précédent.		à l'origine de la table. $\frac{is}{H}$	au remous précédent.
m	m		m	m	
1,70	3,0458	0,1057	2,40	3,7720	0,1026
1,80	3,1508	0,1050	2,50	3,8745	0,1025
1,90	3,2553	0,1045	2,60	3 9768	0,1023
2,00	3,3594	0,1041	2,70	4,0789	0,1021
2,10	3,4631	0,1037	2,80	4,1808	0,1019
2,20	3 5564	0,1033	2,90	4,2826	0,1018
2,30	3,6694	0,1030	3,00	3,3843	0,1016

TABLE POUR LE REMOUS D'ABAISSEMENT.

ABAISSEMENT au-dessous de la hauteur du régime uniforme. $\frac{y}{H}$	DISTANCE de l'abaissement $\frac{y}{H}$		ABAISSEMENT au-dessous de la hauteur du régime uniforme. $\frac{y}{H}$	DISTANCE de l'abaissement $\frac{y}{H}$	
	à l'origine de la table. $\frac{is}{H}$	à l'abaissement précédent.		à l'origine de la table. $\frac{is}{H}$	à l'abaissement précédent.
m	m		m	m	
0,01	—0,0067		0,33	0 9591	0,0045
0,02	0,2287	0,2354	0,34	0,9632	0,0040
0,03	0,3463	0,1176	0,35	0,9671	0,0039
0,04	0,4356	0,0893	0,36	0,9708	0,0037
0,05	0,5034	0,0678	0,37	0,9742	0,0034
0,06	0,5577	0,0542	0,38	0,9775	0,0032
0,07	0,6025	0,0449	0,39	0,9805	0,0030
0,08	0,6405	0,0380	0,40	0,9833	0,0028
0,09	0,6733	0,0328	0,41	0,9860	0,0027
0,10	0,7020	0,0287	0,42	0,9885	0,0025
0,11	0,7273	0,0253	0,43	0,9909	0,0023
0,12	0,7500	0,0226	0,44	0,9931	0,0022
0,13	0,7703	0,0203	0,45	0,9951	0,0021
0,14	0,7886	0,0183	0,46	0,9971	0,0019
0,15	0,8053	0,0167	0,47	0 9989	0,0018
0,16	0,8205	0,0152	0,48	1,0006	0,0017
0,17	0 8344	0,0139	0,49	1,0022	0,0016
0,18	0,8473	0,0128	0,50	1,0037	0,0015
0,19	0,8591	0,0118	0,51	1,0050	0,0014
0,20	0,8700	0,0109	0,52	1,0063	0,0013
0,21	0,8801	0,0101	0,53	1,0075	0,0012
0,22	0,8895	0,0094	0,54	1,0087	0,0011
0,23	0,8982	0,0087	0,55	1,0097	0,0010
0,24	0,9063	0,0081	0,56	1,0107	0,0010
0,25	0,9138	0,0075	0,57	1,0116	0,0009
0,26	0,9209	0,0071	0,58	1,0125	0,0008
0,27	0,9275	0,0066	0,59	1,0133	0,0008
0,28	0,9336	0,0061	0,60	1,0140	0,0007
0,29	0,9394	0,0058	0,70	1,0176	0,0036
0,30	0,9448	0,0054	0,80	1,0199	0,0023
0,31	0,9498	0,0050	0,90	1,0203	0,0005
0,32	0,9546	0,0048	1,00	1,0263	0,0000

TABLE DES MATIÈRES.

FIN DE LA TABLE DES MATIÈRES.

Paris. — Imprimé par E. THUNOT et Cᵉ, 26, rue Racine.

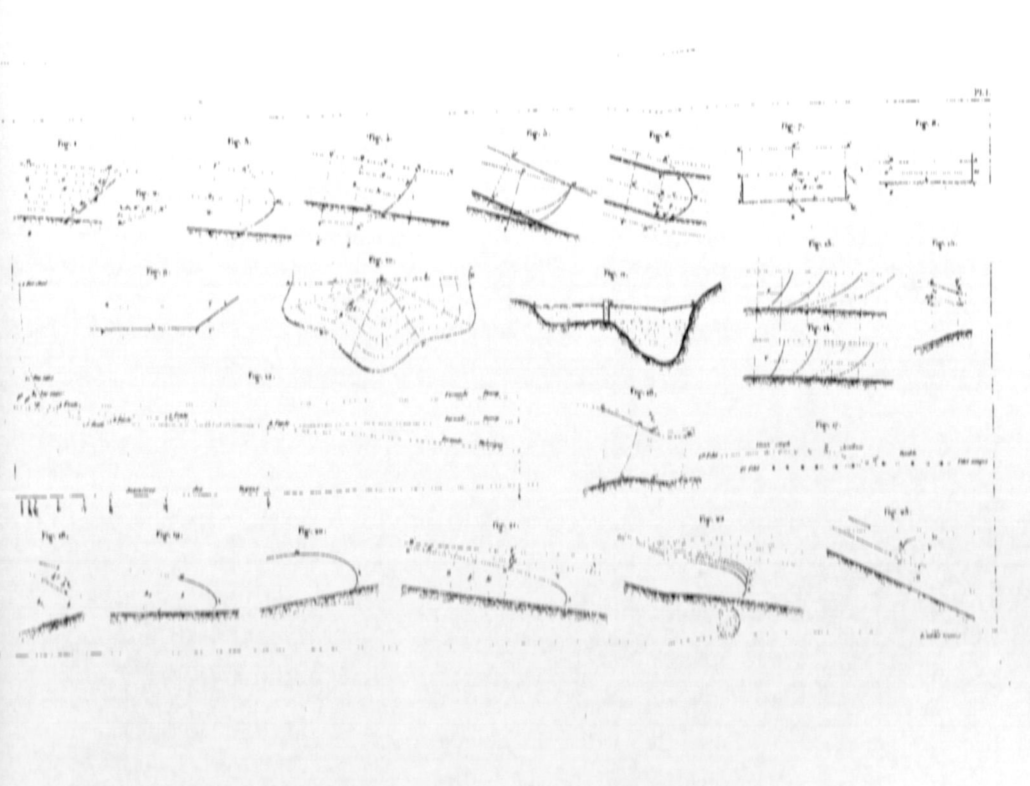

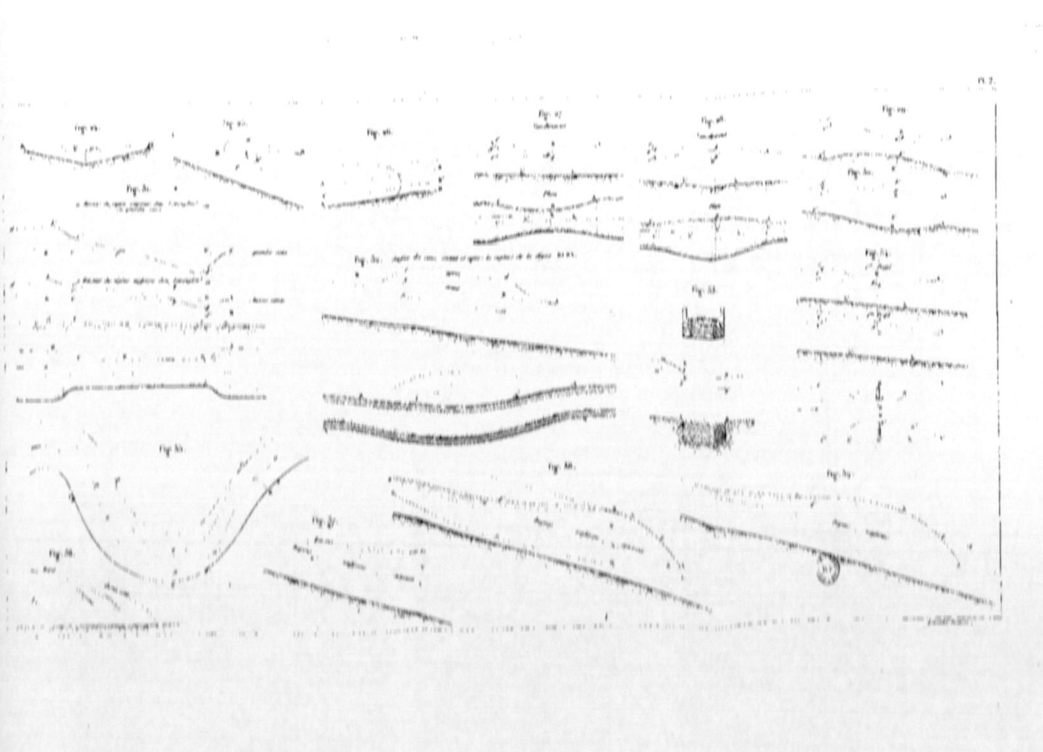

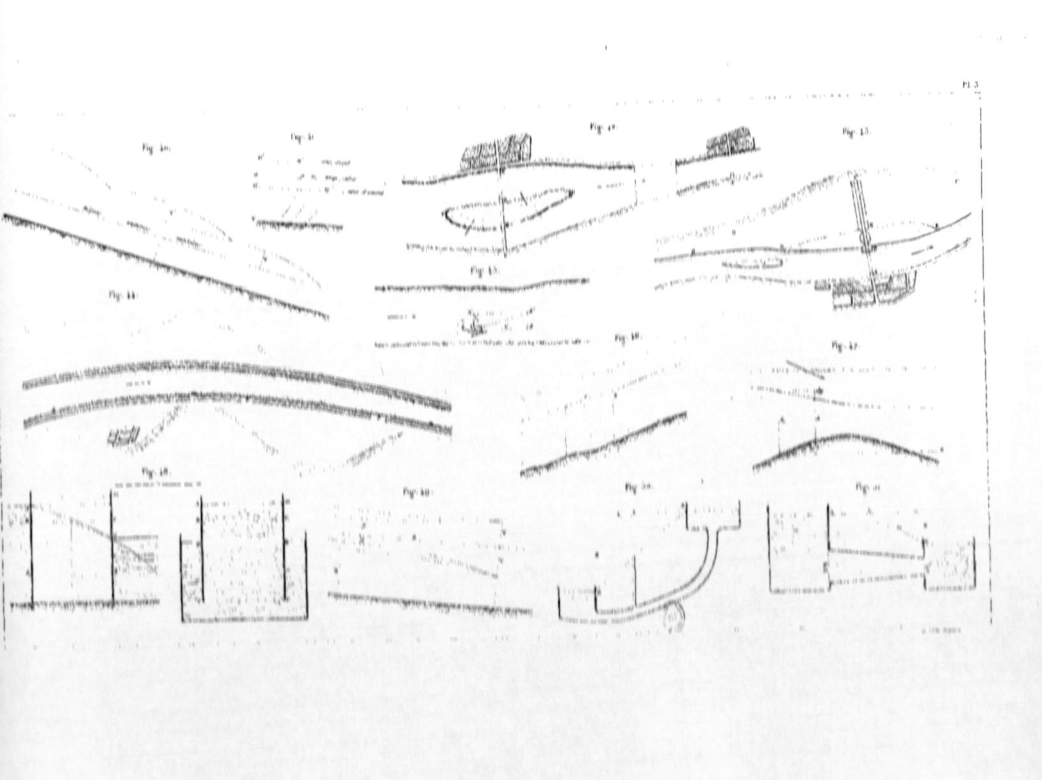

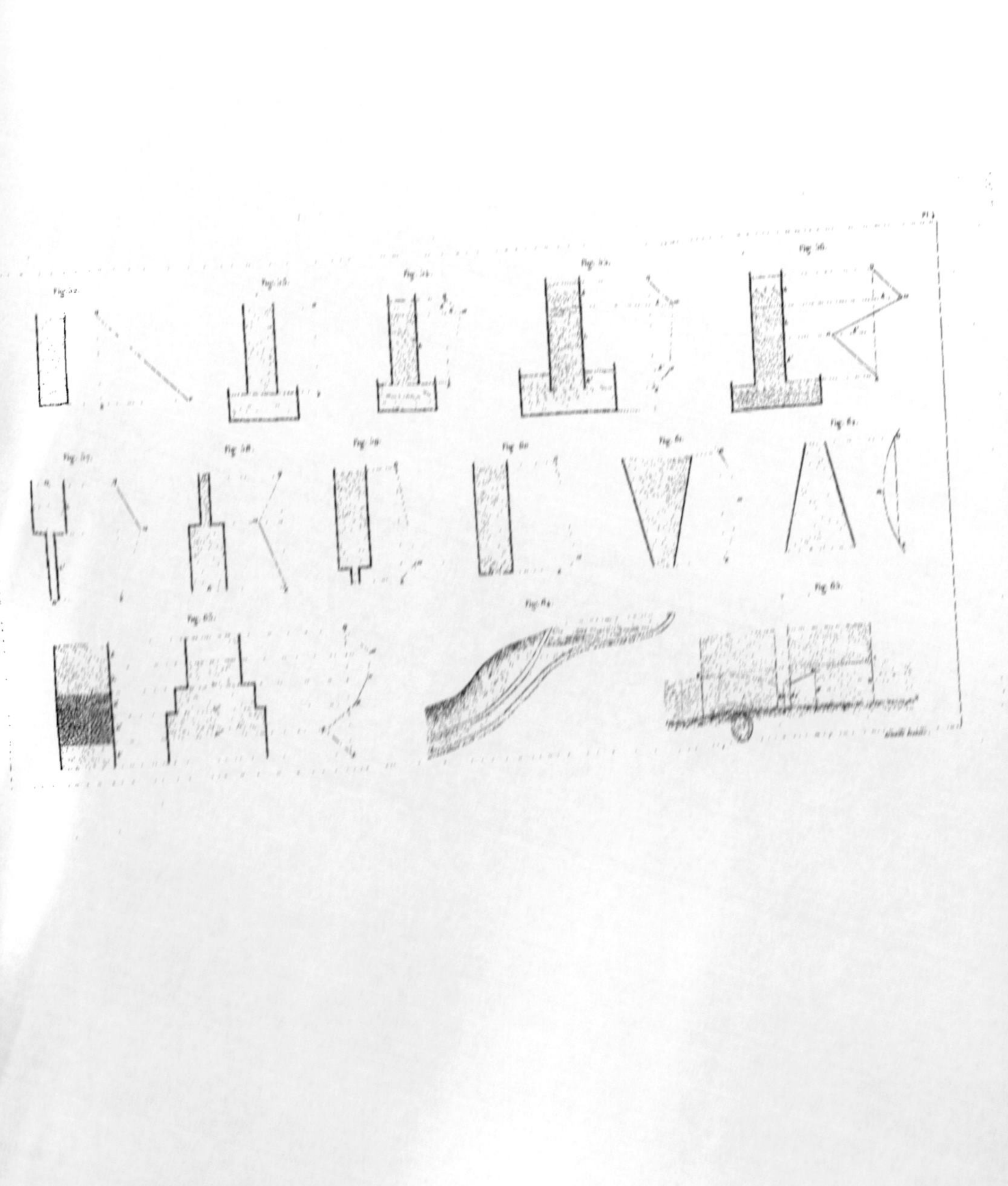

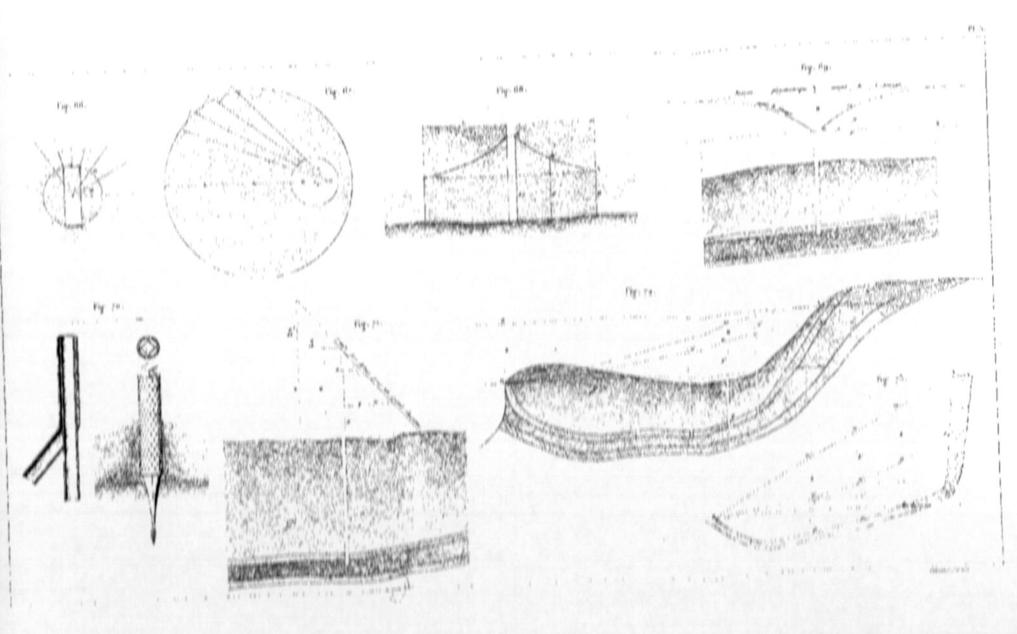

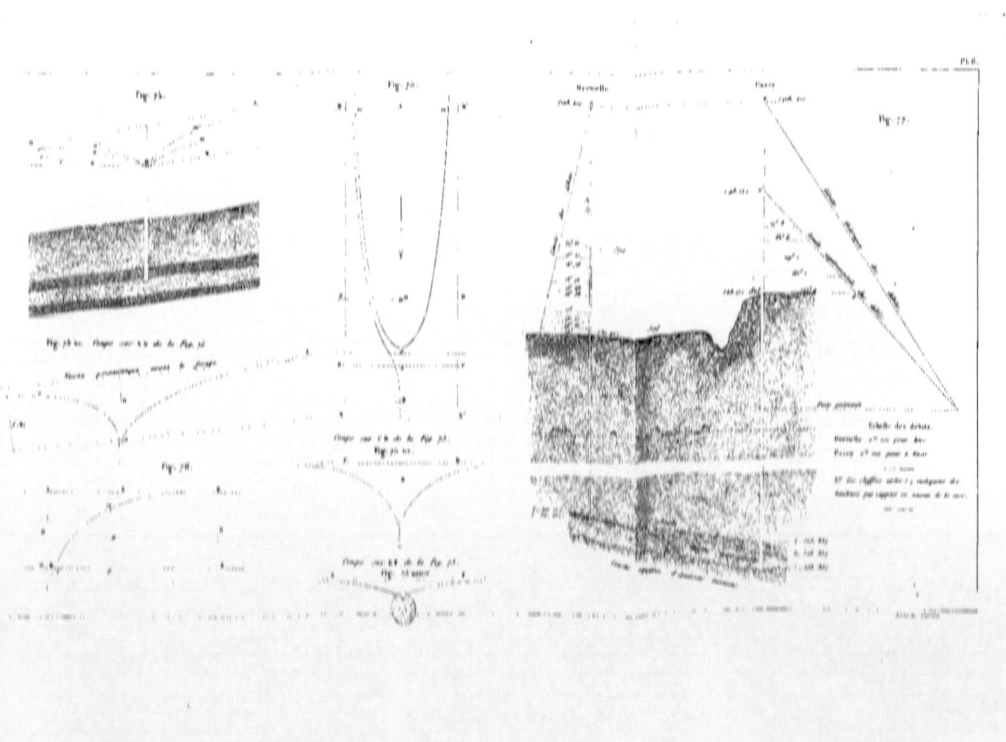

www.ingramcontent.com/pod-product-compliance
Ingram Content Group UK Ltd.
Pitfield, Milton Keynes, MK11 3LW, UK
UKHW020428200726
13857UKWH00002B/338

9 782012 997615